"十四五"职业教育部委级规划教材

浙江省高水平职业院校和专业（群）重点建设教材

U0740707

软装家纺材料及其应用

杜群　陈运能 ◎编著

中国纺织出版社有限公司

项目一

家居装饰材料总体认识

知识目标

1. 对家居装饰及材料有初步认识。
2. 了解装饰材料在家居装饰设计中的作用及发展趋势。
3. 了解家居装饰材料的品种及分类。

能力目标

1. 通过学习与调研，对家居装饰材料有初步的整体了解。
2. 能够正确识别与区分不同类别家居装饰材料。

实践训练

家居装饰材料调研与总体认识。

一、家居装饰概述

（一）家居装饰

随着人们生活水平的提高，人们对品质生活的要求也在不断提高。人们对于居住环境的要求，不仅满足于居住空间遮风挡雨、保暖的基本功能，更对空间环境的质量、艺术审美、居室装饰的实用性、舒适性、风格化和个性化等提出了更高的要求。现代家居装饰，就是要为人们提供合理、便捷、舒适、安全、美好的行为空间和心理空间。

从装饰构成上看，现代家居装饰包括硬装和软装两大部分。

硬装，即硬装修、硬装饰，是指除了必需的基础设施以外，为了满足房屋的结构、布局、功能、美观需要，添加在建筑物表面或者内部的固定无法移动的装饰物，是建筑本身延续到室内的一种空间结构的规划设计。主要是对建筑内部空间界面如墙面、地面、天花板等，按照一定的设计要求进行二次处理、对分割空间的实体和半实体等内部界面的处理，以及电线、水管、采暖等布线工程。

软装，即软装修、软装饰，是指用艺术陈设的手法创造美学生活的设计实践活动。通过自然环境配合业主的生活习惯打造一个舒适科学的生活空间，不仅使室内空间美观，还要根据业主的生活起居习惯使其日常活动区域更舒适合理化，同时满足主人的功能需求和精神需求。软装是相对于建筑本身的硬结构空间而存在的，它是对室内空间的二度陈设与布置，是建筑视觉空间的延伸和发展。这是本书关注和讨论的重点内容。

（二）家居装饰设计

在家居装饰设计中，室内建筑设计可以称为"硬装设计"，室内的陈设艺术设计可以称为"软装设计"。近年来，随着整体家居设计、全案设计在家居装饰界的悄然兴起，硬装和软装呈现出越来越多的结合与融合。这也将成为今后建筑和家居装饰的一个重要趋势。在满足客户整体家居装饰设计的过程中，要整合与客户需求相匹配的系统产品服务供应链，使硬装与软装恰到好处地结合，为客户提供专业化、系统化、定制化的整体家居装饰解决方案并付之完整实现。为此，首先必须对装饰材料及其应用规律、技巧有比较全面细致的了解。

二、家居装饰材料的功能

家居装饰材料是整体家居设计的表现主体与承载对象，是家居装饰设计的重要内容。装饰材料的色彩、图案、质地、款式造型等的设计、选配及其陈设对家居整体设计起着关键性作用。

家居装饰材料的功能可以概括为两个方面：实用功能和装饰功能。家居装饰材料不仅对建筑主体结构起到保护和延长使用寿命的作用；同时，合理地设计、选配、陈设家居装饰材料，可以有效改善室内功能环境和艺术环境，满足人们生理、心理、视觉、触觉和安全、卫生、学习、生活、交往等需要。其中，软装材料是家居装饰艺术陈设的基本元素，是现代精致品质生活的重要物质构成。成功的家居装饰材料设计与应用能给人以美好的精神享受。

三、家居装饰材料的分类

家居装饰材料种类繁多，常见的有以下分类方法。

（一）按装饰特性分

按装饰特性分，家居装饰材料包括硬装饰材料和软装饰材料两大类。

硬装饰材料（简称硬装材料），指在对地面、墙面、天花板及水电管道、采暖工程等的硬装施工过程中需要用到的材料，主要包括墙砖、地砖、石材、地板、门窗、板材、油漆、涂料、胶水、五金、水管、电线、卫生洁具等。

软装饰材料（简称软装材料），是指室内空间中所有可移动或易更换的装饰产品，主要包括家纺布艺、家具、灯具灯饰、装饰画与工艺饰品、花艺绿植等，有的也会把既具有实用功能又具有装饰性的日用家居用品也列入软装材料。

（1）家纺布艺。家居环境中所有纺织纤维制品，包括床品、抱枕、窗帘、地毯、墙布、餐厨杂饰布艺、卫浴盥洗纺织品等。

（2）家具。包括床类、沙发类、桌几类、柜类、椅凳类等家具。

（3）灯具灯饰。包括吊灯、吸顶灯、壁灯、台灯、落地灯、筒灯、射灯、灯带等。

（4）装饰画与工艺饰品。包括装饰画品（如中国画、西方绘画、现代工艺装饰画、综合材料、纤维艺术作品等）、装饰挂件（如挂钟、挂镜、挂盘、工艺品挂饰、纤维布艺挂件）、摆件饰品、装饰性抱枕靠枕等。

（5）花艺绿植。包括花器、花材、绿植等。

（6）日常家居用品。包括餐具、杯具、酒具、洗漱套件、厨房调味套件等。这些产品除了能满足基本的实用功能外，其外观精致美观，兼具装饰作用，是现代时尚生活品质的重要体现，因此也成为家居陈设的重要内容。如图1-1所示。

图1-1　装饰性日用品套件

（二）按行业习惯分

按行业习惯，家居装饰材料可分主材和辅材两大类。

主材是指装修中的成品材料、饰面材料及部分功能材料，主要包括地板、瓷砖、墙纸墙布、吊顶、石材、洁具、橱柜、门窗、灯具、开关、插座、五金件等。

辅材是指装修中要用到的辅助材料，主要包括水泥、沙子、砖、板材、龙骨、防水材料、水暖管件、电线、腻子、胶、木器漆、乳胶漆、地漏、角阀、软连接、保温隔声材料等。

（三）按装饰部位分

按不同的装饰部位，家居装饰材料可分内墙装饰材料、地面装饰材料、顶面装饰材料、门窗装饰材料和卧室、客厅、书房等空间的软装配饰材料。

1.内墙装饰材料

内墙装饰的功能或目的是保护墙体、保证室内使用条件和使室内环境美观、整洁和舒适。墙体的保护一般有抹灰、油漆、贴面等。

内墙的装饰效果由质感、线型与色彩三要素构成。由于内墙与人近距离接触，较外墙或其他外部空间而言，质感要求更细腻；线型有细致柔和、粗犷有力等不同风格；色彩根据主人的爱好及房间内在性质决定，明亮度则可以随具体环境采用反光性、柔光性或无反光性装饰材料。常见内墙装饰材料有：

（1）墙面涂料。包括各种乳胶漆、油漆、各类涂料、硅藻泥等。

（2）墙面砖。包括各类瓷砖、墙砖等。

（3）石材。包括天然花岗石、天然大理石、青石板、人造花岗石、人造大理石等。

（4）装饰墙板。包括各种木质装饰墙板、塑料装饰墙板、复合材料装饰墙板等。

（5）金属装饰材料。包括各种铜雕、铁艺、铝合金板材等。

（6）墙面装饰玻璃。包括平板玻璃、镜面玻璃、磨砂玻璃、彩绘玻璃等。

（7）墙纸墙布。包括塑料墙纸、纺织纤维墙纸、复合纸质墙纸，化纤墙布、无纺墙布、锦缎墙布、塑料墙布等。

（8）墙面装饰品。包括各类墙贴、壁毯、壁挂工艺饰品等。

2. 地面装饰材料

地面装饰的目的主要有三方面：保护楼板及地坪，保证使用条件并起到装饰作用。

地面必须保证必要的强度，具有耐腐蚀、防潮、表面平整光滑等基本使用条件。此外，不同的部位有不同的要求，如浴室、厨房等的地面防水要求较高，卧室采用木地板舒适性、保暖性较好。标准较高的地面还应考虑隔音吸声、隔热保温以及富有弹性、使人感到舒适、不易疲劳等功能，可使用中高档地毯。常见地面装饰材料有：

（1）地面砖。包括各种彩色釉面砖、通体砖、玻化砖、仿古砖、陶瓷锦砖（马赛克）等；

（2）石材。包括各种天然花岗石、天然大理石、人造花岗石、人造大理石等。

（3）地板。地板按材质包括木质地板和塑料地板等。木质地板包括实木地板、复合地板、实木多层复合地板、强化复合地板、软木地板、竹木地板、木塑地板等。塑料地板按使用状态可分为块材（或地板砖）和卷材（或地板革）两种。

（4）油漆涂料。包括过氯乙烯地面涂料、环氧树脂地面涂料、聚氨酯地面涂料、RT-107地面涂料等。

（5）地毯。包括各种纯毛地毯、化纤地毯、混纺地毯等。

3. 顶面装饰材料

顶面可以说是内墙的一部分，但由于其所处位置不同，对材料的要求也不同，不仅要满足保护顶面及装饰目的，还需具有质轻、防潮、耐脏等特点。

顶面装饰材料应选用浅淡、柔和的色调，不宜采用浓艳的色调。常见的顶面多为白色，以增强光线反射，增加室内亮度、美观、整洁、舒适。常用顶面装饰材料有：

（1）涂料。包括各种乳胶漆、油漆、多彩涂料、幻彩涂料、仿瓷涂料等。

（2）石膏板。包括各种纸面石膏板、石膏板装饰板等，是目前应用最广泛的一类吊顶装饰材料。

（3）PVC板。一种空心合成塑料板材，包括各种聚氯乙烯装饰板、聚苯乙烯塑料装饰板、聚苯乙烯泡沫装饰板等。

（4）金属装饰板。常见材质有铝、铜、不锈钢、铝合金等，如铝合金穿孔吸声板、铝合金条形扣板、铝合金压花板、铝合金格栅等。

（5）生态木。即人造木，是将树脂和木质纤维材料及高分子材料按一定比例混合，经高温、挤压、成型等工艺制成一定形状的型材。生态木具有很好的稳定性，而且防水、防腐、保温隔热。生态木在制作中添加了具有提高光和热稳定性、抗紫外线和低温耐冲击等作用的改性剂，因此具有强的耐候性、耐老化性和抗紫外线等性能，不易发生变质、开裂、脆化等现象，在客厅、餐厅、卧室、阳台、卫浴间都可以使用。

（6）其他顶棚装修材料。包括矿棉吸声板、石棉水泥板、玻璃棉装饰吸声板等。

（7）顶棚纺织装饰材料。如遮阳帘棚、装饰棚幔等。

4. 门窗装饰材料

（1）门窗材料。按材质，常见有木质门窗、钢门窗、铝合金门窗、塑钢门窗等。

（2）门窗装饰材料。如窗帘、门帘等。

（四）按材质分

家居装饰材料按材质分，常见的有木材、石材、陶瓷、纺织品、毛皮和皮革、塑料、金属、玻璃、油漆、涂料等。

（五）按功能分

家居装饰材料按功能分，常见的有吸声、隔热、防水、防潮、防火、防霉、耐酸碱、耐污染等种类。

四、家居装饰材料的基本特征

（一）颜色、光泽和透明性

颜色是装饰材料的一个重要基本特征，是影响整体装饰风格的重要因素，不同颜色的材料给人以不同的感受，如红色、黄色给人温暖、热烈的感觉，蓝色、绿色给人宁静、清凉、安静的感觉。

光泽是材料表面方向性反射光线的性质。材料表面越光滑，则光泽度越高。不同的光泽度可改变材料表面的明暗程度、扩大视野或造成不同的虚实对比，也会对产品的风格产生重要影响。如光亮和磨砂两类表面效果的家具具有不同的风格；丝光棉床品具有类似丝绸的外观和质感。

透明性是光线透过材料的性质。利用不同的透明度可隔断或调整光线的明暗，造成特殊的光学效果，也可使物象清晰或朦胧。

（二）表面质感、表面纹理和立体造型

由于材料的原料、组成、配比、生产工艺及加工方法不同，其表面会呈现多样的质感特征，有细致的或粗糙的、平整的或凹凸的、坚硬的或疏松的等。

为达到一定的装饰目的，通常对装饰材料表面纹理，如天然花纹（天然石材、木材）及人造花纹图案（窗帘、地毯、墙布墙纸、陶瓷墙地砖）等也有特定的要求。

除了表面纹理，装饰材料的立体造型可以丰富装饰的质感，提高装饰效果，如塑料发泡印花壁纸、浮雕装饰板、簇绒地毯、植绒窗帘、雕镂隔板等。

（三）尺寸和形状规格

室内装饰对于砖块、板材和卷材等装饰材料的尺寸和形状都有特定的要求和规格。其中，除卷材的形状和尺寸可在使用时按需要剪裁和切割外，大多数装饰材料都有一定的形状

（如长方形、正方形、多角形等几何形状）和尺寸规格，以便按要求选用。

（四）基本使用性能

装饰材料还应具备一些基本使用性能，如具有一定强度、耐水性、抗水性、耐腐蚀性等，以保证材料在一定条件下和一定时期内使用而不被损坏。

五、家居装饰材料的发展趋势

为顺应时代发展的潮流，家居装饰材料的发展也是日新月异。近年来，主要呈现出以下一些特点、趋势。

（一）绿色、节能、环保

绿色、节能、环保是当今家居装饰的主流。如今，人们会更多地关注自然环境的变化以及自身的健康，无毒、无害、节材、节能、环保的家居装饰材料将拥有广阔的发展空间，如无甲醛墙面漆和木器漆，环保无毒；大规格和薄型墙地砖不仅美观，还能节材，提高施工效率。对装饰材料的质量标准控制也更加严格，生态环保、卫生保健等功能性产品是发展趋势，如负离子窗帘、抗菌防螨床品等，都受到消费者的欢迎。

（二）质轻、高强、高性能

高分子复合材料在家居装饰中的应用越来越多，高分子复合材料最大的优点是博各种材料之长，具有高强度、质轻、耐温、耐腐蚀、防潮防湿、绝热、绝缘、无挥发性、无毒无害等特点。现代建筑向高层发展，对材料的重量有更加严格的要求，由于高分子材料具有质量轻、强度高等特点，在高层建筑中应用十分广泛。高分子复合材料门，防水、防火、耐腐蚀、隔音效果好、高强度、高韧性，弥补了全木门的缺陷，而且大大节约木材资源。高分子复合材料地板比传统木质地板强度高、耐水性好、稳定性好、防火、防滑、防白蚁，而且安装和保养简单，更经济和节能环保。在制作家具时，利用高分子面板贴面比传统的油漆漆面操作简单、快捷、美观，而且花色多样、光泽度高、装饰性强、耐磨、防水、易清洁，防蛀、防腐，且无任何有害气体释放。

（三）规范化、精细化

装饰材料种类繁多，涉及专业面广，具有跨行业、跨地区等特点。因此，在形形色色的材料中，必须严格产品的规范化、系列化、标准化，统一规格，严控产品质量和精细化尺寸标准，才能更好地推广应用，避免不必要的浪费。

（四）多功能

装饰材料一物多用的设计可以解决产品功能的单一性，提高了产品的使用价值，使资源充分利用，越来越受到消费者的喜爱。如可折叠、可变形家具和车饰纺织品等，可有效提高使用率。

（五）定制化

整体家居设计（全屋设计）是未来发展趋势，装饰材料定制也会成为常态，并且会更注重材质、款式、色彩等整体风格的协调，呈现系列化、配套化，在实用性的基础上承载了更多的文化和艺术内涵。

（六）智能化

在消费升级和消费转型背景下，数字化时代新兴领域的产品消费如"智能家居"等关注度持续提升，从一定程度上体现出未来的消费潮流。"智能家居"涉及照明控制系统、家居安防系统、电器控制系统、互联网远程监控、电话远程控制、网络视频监控、室内无线遥控等多方面。在这些前沿技术的支持下，人们可以越来越轻松地实现全自动、智能化的家居生活。

综上所述，家居软装设计就是要根据客户喜好和特定的软装风格，通过对软装元素、材料进行设计与选配，对居室空间按照一定的设计风格和要求进行软装工程施工与陈设，最终呈现出既实用舒适、又美观悦目的整体空间效果。本书以家居设计相关软装元素、材料为重点内容，介绍家居软装家纺材料的品种、特点及应用。

项目二

软装家纺材料基础认知

知识目标

1.了解家纺布艺的含义。

2.掌握家用纺织品及家纺材料的含义。

3.掌握家用纺织品分类及常见品种。

4.熟悉家纺材料（纤维、纱线、面料、辅料）的常见种类及特点。

能力目标

1.正确识别家用纺织品的品种与类别。

2.能正确判别家纺材料（面料、辅料等）的种类。

3.能根据家纺产品特点和要求合理选配材料。

实践训练

1.参观家纺面辅料库，学习认识家纺材料。

2.调研家纺市场，了解家纺产品及材料的应用。

3.纺织纤维鉴别实验。

4.家纺织物基本规格参数与性能检测。

　　家纺是家用纺织品的简称，软装中的家纺布艺是指家居软装修中的纺织类装饰品和家居日用纺织品。家纺布艺广泛应用于客厅、卧室、餐厅、卫浴间等各类家居空间，其占据面积大，实用性强，装饰效果好，是最重要的软装元素大类之一。产品包括窗帘帷幔、地毯地垫、墙布贴饰、床上用品、抱枕靠垫、餐巾桌布、卫浴毛巾及其他布艺杂饰等。近年来，还出现了易折叠收纳的家纺布艺箱、柜、袋子，以及时尚沙发、椅、凳等布艺包覆软家具等。软装家纺布艺除了具有重要的日常实用功能外，还能柔化生硬的室内空间线条、营造室内的艺术美感、装饰美化居住环境，为居室营造高贵典雅、奢豪华丽、清新自然、浪漫现代等不同格调，是空间软装的重要内容。

　　软装家纺布艺主要由纺织材料构成，包括纺织纤维、纱线绳带、织物面料，还有其他一些附配件。家纺材料对软装布艺的实用性和外观装饰性等具有非常重要的作用，是软装设计中家纺布艺选配的重要考虑因素。

一、家用纺织品概述

（一）家用纺织品的含义

纺织品按最终用途可分为服装用纺织品、家用纺织品和产业用纺织品三大类。狭义的家用纺织品是指室内环境中，主要是家居环境中的日常生活用或装饰用纺织品，如床单、被褥、毛巾、窗帘、地毯、墙布、挂毯等。广义的家用纺织品是指由纤维、纱线、织物，以及毛皮、皮革、草质等加工制成的，可直接使用于各类室内场所（如家居、宾馆、饭店、医院、办公室、会议厅、体育运动场馆等）和室外场所（如海滨沙滩、露天游泳池、广场、草地等），以及交通工具（如飞机、汽车、火车、轮船等）空间内的除服装和产业用纺织品以外的所有纺织制品，其涵盖的范围非常广泛。

通常所述的家用纺织品一般指狭义的家用纺织品，简称"家纺"。商用领域也称作"布艺产品""软装布艺"，或简称为"布艺"，以突出其艺术美化装饰的效果。

（二）家用纺织品的分类

家用纺织品种类繁多，按用途分常见以下类别。

1. 床上用品类

床上用品简称床品，是日常用家用纺织品主要品种之一，常见产品有被褥类、罩单类、毯类、枕垫类、席类、帐类等，如图2-1所示。

图2-1 床上用品类家纺：床品套件、盖毯、垫褥、帐幔、凉席等

（1）被褥类。如羽绒芯被、羊毛芯被、蚕丝芯被、棉絮芯被、中空纤维芯被、床垫、垫褥、睡袋等。

（2）罩单类。如床单、床罩、床笠、床裙、被套、枕套、枕巾、被面被里等。目前市场上常见的床品套件由被套、床单、枕套、抱枕套等配套产品组成，根据件数不同，有三件套（被套1、床单1、枕套1）、四件套（被套1、床单1、枕套2）、六件套（被套1、床单1、枕套2、抱枕套2）等。

（3）毯类。如毛毯、绒毯、线毯、毛巾毯等。

（4）枕垫类。如枕头、枕芯、抱枕、靠枕、靠垫、坐垫等。

（5）席类。如夏草席、蔺草席、亚麻席、竹席、藤席、冰丝席等。

（6）帐类。如蚊帐、帐篷等。

2. 挂帷帘饰类

挂帷帘饰类家纺包括帘类和幕类，如图2-2所示。

图2-2 挂帷帘饰类家纺：窗帘、帷幔、屏风

（1）帘类。如窗帘、窗纱、遮阳帘、门帘、浴帘等。

（2）幕类。如帷幔、屏风、幕布等。

3. 墙面贴饰类

墙面贴饰类材料常见的有墙纸、墙布、瓷砖、石材、木板、玻璃、金属、塑料、硅藻泥、油漆、涂料、集成墙板等，其中纺织品类墙面贴饰材料就是墙布，常见品种类别有素色墙布、印花墙布、提花墙布、绣花墙布、非织造墙布等。如图2-3所示。

图2-3 墙面贴饰类家纺：墙布

4. 地面铺饰类

地面铺饰类材料有瓷砖、石材、地板、地毯等，其中家纺类主要有地毯、地垫、地毡、防滑垫、擦脚垫布等，如图2-4所示。

5. 家具覆饰类

家具覆饰类家纺包括家具包覆类和家具盖饰类，如图2-5所示。

图2-4 地面铺饰类家纺：地毯、地垫

图2-5 家具覆饰类家纺：布艺床面料、沙发布/套

（1）家具包覆类。指布艺套床、布艺沙发、席梦思床垫等软体家具表面包覆织物面料，也称家具布。

（2）家具盖饰类。指各类家具盖饰用罩、套和巾、布等，如沙发套、沙发巾、床垫罩（套）、椅套、家用电器罩（套）等。

6. 卫生盥洗类

卫生盥洗类家纺包括洗漱清洁用纺织品和卫浴布艺装饰套件等，如图2-6所示。

图2-6 卫生盥洗类家纺：毛巾、浴巾、浴衣、地垫、洁具套等

（1）洗漱清洁用纺织品。指洗浴、清洁、妆容用纺织品，常见的有毛巾、面巾、擦手巾、浴巾、浴衣、浴垫、地巾、搓澡巾、搓脚巾、化妆巾/棉、湿纸巾、手帕等。

（2）卫浴布艺装饰套件。如马桶盖布、坐垫套、卫生洁具垫（套）等。

7. 餐厨隔垫类

餐厨隔垫类家纺包括餐用类和厨用类，如图2-7所示。

图2-7　餐厨隔垫类家纺：桌布、餐垫、餐巾、围裙、隔热垫等

（1）餐用类。如餐桌布、餐巾、餐垫、杯垫、桌旗、餐具套、茶巾等。

（2）厨用类。如围裙、袖套、隔热垫、隔热手套、洗碗巾、清洁布等。

8. 布艺杂饰类

布艺杂饰类包括室内各种布艺壁饰挂件、布艺日用品、布艺玩偶饰品等，如图2-8所示。

图2-8　布艺杂饰类家纺：椅垫、靠垫、收纳架、纸巾套、纤维艺术壁饰等

（1）布艺壁饰挂件。指纺织品挂饰品、墙贴、纤维艺术、装饰织物挂画等，如壁毯、拼布布艺壁挂、布艺软雕壁饰、像景织物装饰画、布艺贴饰、绳编挂件、纤维艺术装饰挂件等。

（2）布艺日用品。其品类众多，如用纺织材料制成的抱枕、靠垫、坐垫、布艺收纳箱（蓝、袋、包）、纸巾盒套、名片盒套、信报袋、报刊架、挂历、书皮、笔记本皮套、手机套袋等。

（3）布艺玩偶饰品。如布艺玩具玩偶、布艺花饰，包括玩偶形状的抱枕、靠枕等。

（三）家用纺织品的材料

1. 家纺材料涉及的纺织基本概念

家用纺织品由纺织纤维材料通过纺织等工艺加工制成，下面介绍家纺材料涉及的纺织基本概念。

（1）纤维。纤维通常是指直径（或宽度）十几纳米（甚至几纳米）到几十微米（甚至上百微米），长度比直径大许多倍的物体。纺织纤维种类很多，按纤维来源分类，可分为天然纤维和化学纤维两大类，如棉、羊毛、桑蚕丝、亚麻、涤纶、锦纶、腈纶等；按纤维的性能特征分类，化学纤维可分为普通化学纤维、差别化纤维、功能性纤维、高性能纤维等。

（2）纱线。纱线是由纺织纤维组成的，具有一定的细度和强伸度等性能的连续长条。纱线又可分为单纱和股线两类。

单纱是直接由纺织纤维沿轴向排列并加捻或不加捻而形成的，具有一定细度、柔软性和强伸度等性能的细长物体。通常，又可分为短纤维纱、长丝、短纤维与长丝复合纱等。

短纤维纱（简称短纤纱）由十几根或上百根短纤维（包括天然短纤维或化纤切段纤维等）沿轴向排列并经旋转加捻而成，可用于制线、制绳、织布、刺绣等。

长丝是由天然蚕丝或化纤长丝组成的具有一定细度的连续纤维束，分为加捻或不加捻长丝、普通长丝或变形丝等。

短纤维与长丝复合纱，如棉涤包芯纱，是由长丝与短纤维复合加捻而制成的长丝和短纤维的复合纱。它在具备短纤维纱特性的同时，由于连续长丝的作用而具有很好的强伸度、弹性回复和毛羽少、纱线光洁等性能。

股线是用两股或两股以上单纱并合加捻而成的连续纤维长条，根据其合股数可分为单捻股线（如双股线、三股线、五股线）和复捻股线等。

（3）织物。织物为平面状、柔软且具有一定强伸度等力学性能的纺织纤维制品。按加工方法不同，可分为机织物（俗称梭织物）、针织物、编结物和非织造布等。如图2-9所示。

（1）机织桌布　　　　　（2）针织经编窗纱　　　　　（3）无纺布墙纸

图2-9　家纺织物举例

机织物是指由相互垂直排列的两个系统的纱线按一定规律交织而成的织物。

针织物由一组或多组纱线纵向或横向结成线圈互相串套编织而成的织物，其中，线圈是针织物的最小基本单元。针织物通常分纬编针织物和经编针织物两大类。纬编针织物为纱线横向编织，每一横列由一根纱线形成；经编针织物为纱线纵向和横向编织，每一根纱线在一个横列中只形成一个线圈，每一横列是由许多根纱线形成的。

非织造布，又称非织造织物、无纺布，是由纺织纤维直接构成的纺织制品。这种纤维层可以是梳理网或是由纺丝方法直接制成的纤维薄网，纤维杂乱或定向铺置，与机织物、针织物的形成原理及结构不同。

此外，织物中还有编结物和复合织物。其中，编结物是由多组纱线用倾斜交编方法形成的织物；复合织物是用上述四类织物（机织物、针织物、非织造布、编结物）和各种膜片之中的两类或者多类叠层黏结而成的织物。编结物和复合织物在家纺中都有较多应用。

2.家用纺织品的材料种类和用途

家用纺织品种类繁多，差异很大，构成家用纺织品的材料也多种多样。家纺材料可以分为面料和辅料两大类。家纺面料作为家纺产品的主体材料（如床品、窗帘面料），或包覆在表面的主要材料（如沙发面料），通常分为织物类和非织物类两类。织物类是指由纺织纤维材料加工而成的面料；非织物类则包括毛皮、皮革、蔺草等。家纺辅料即作为家纺主体材料制成家纺成品所需的补充辅助材料，包括各类填絮料、基布、里料、衬料和各类配饰配件等，其种类与服装辅料比较相似，但由于家纺与服装的使用及工艺要求不同又有很大区别。家纺材料的种类和主要用途见表2-1。

表2-1 家纺材料的种类和主要用途

种类			主要用途
面料	织物类	机织物	床品、抱枕、窗帘等外表层面料，常见素色织物、小提花织物、大提花织物、印花织物、绣花织物等
		针织物	常见针织盖毯、窗纱、椅套、床品套件、抱枕等表层面料
		非织造布	常用于墙布，广泛用于餐厨清洁巾布、化妆巾棉、湿纸巾也有用于制作装饰性花艺等
		编织物 编结物	线、带、绳、藤、草、竹等编织品，常见纤维艺术装饰品、绳编挂件饰品、藤艺、竹编座椅、躺椅、装饰品、草编凉席、坐垫、工艺品等
	非织物类	天然毛皮和皮革	多用于高档沙发家具、坐垫椅套、家居饰品表面包皮、真皮席等
		人造毛皮、人造皮革（人造革、合成革）	多用于中低档家具产品，如沙发、座椅、软床等

续表

种类			主要用途
辅料	里料衬料	机织物	多用于内芯类产品、窗帘内衬里布等
		针织物	多见于复合面料的基布底料等
		非织造布	多用作衬料、底料、复合面料的基布等
	填絮料	纤维填絮料	如棉花、羽绒、蚕丝、羊毛、驼毛、化纤等填絮料，或不同纤维的混合填絮料等
		天然植物填料	如荞麦、稻谷、中草药、茶叶、花草、棕榈等
		其他人造填充或造定型料	如海绵、乳胶、泡沫塑料及各种人造材料颗粒等
	配饰配件	缝纫线或装饰线材	缝纫线、绣花线、装饰线等
		装饰配料	花边、流苏、装饰带、珠片、水晶、烫钻等
		辅助配件	拉链、纽扣、系带、绑带、挂钩、轨道、帘杆等。

（四）家用纺织品的制作流程

以纺织纤维为原料，家用纺织品的一般制作工艺流程是：纺织纤维经过纺纱、织造、染色和印花、后整理等工序加工制成织物面料或辅料；然后用家纺面料和辅料，按照设计款式、结构等要求缝制加工、包装成家纺成品。有些家纺产品还需要填充填料来完成造型或增加保暖等功能。以家纺床品套件为例，其制作流程如图2-10所示。

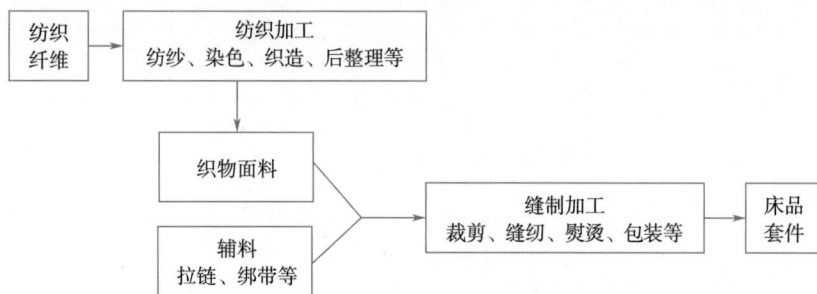

图2-10 家纺床品套件一般制作流程

二、家纺材料认知：纤维

（一）纺织纤维的类别

纺织纤维是指具备可纺性，具有一定的稳定性和一定的柔软性、强伸度等性能的纤维。用于家用纺织品的纤维可称为家用纺织纤维，与其他纺织纤维一样，根据其原料来源可分为天然纤维和化学纤维两大类。

1.天然纤维

天然纤维指自然界存在的、可以直接获得的纤维，如从自然界的植物、动物和矿物之中获取的纤维，因此又分为植物纤维、动物纤维和矿物纤维。家纺中常用的天然纤维有棉、麻、丝、毛四大类，它们各有其性能特点、优势和主要应用领域。

2. 化学纤维

化学纤维指以天然或合成的高分子聚合物为原料，经过物理化学处理和纺丝加工制成的纤维，可分为再生纤维和合成纤维两类。

再生纤维是以天然聚合物或失去纺织加工价值的天然纤维为原料，经人工溶解或熔融再纺丝加工制成的纤维，也称人造纤维。家纺中常用的有：再生纤维素纤维，如黏胶纤维、莫代尔纤维（Modal）、莱赛尔纤维（Lyocell）/天丝（Tencel）、竹纤维、铜氨纤维、醋酯纤维、富强纤维、丽赛纤维等；再生蛋白质纤维，如牛奶纤维、大豆纤维、花生纤维等；再生无机纤维，如玻璃纤维、金属纤维、岩石纤维等。

合成纤维是以天然小分子化合物，如石油、天然气等为原料，经化学聚合和纺丝加工而成的纤维。家纺中常用的合成纤维有聚酯纤维（涤纶等）、聚酰胺纤维（锦纶）、聚丙烯腈纤维（腈纶）、聚丙烯纤维（丙纶）、聚乙烯醇缩甲醛纤维（维纶）和聚氨酯纤维（氨纶）等。

家纺常用纤维的主要种类见表2-2。

表2-2 家纺常用纤维的主要种类

天然纤维	植物纤维	种子纤维	棉、木棉等
		韧皮纤维	苎麻、亚麻、黄麻、大麻（汉麻）、罗布麻等
		叶纤维	蕉麻、剑麻、菠萝叶纤维等
		果实纤维	椰壳纤维等
	动物纤维	动物毛发纤维	绵羊毛、兔毛、驼毛，山羊绒、牦牛绒、鸭绒、鹅绒等
		动物分泌物纤维	桑蚕丝、柞蚕丝等
	矿物纤维	天然无机纤维	石棉等
化学纤维	再生纤维	再生纤维素纤维	黏胶纤维、莫代尔纤维、莱赛尔纤维/天丝、竹纤维、铜氨纤维、醋酯纤维、丽赛纤维等
		再生蛋白质纤维	牛奶纤维、大豆纤维、花生纤维等
		再生无机纤维	玻璃纤维、金属纤维、岩石纤维等
	合成纤维	聚酯纤维	涤纶/PET纤维、PBT纤维、PTT纤维
		聚酰胺纤维	锦纶（尼龙），有锦纶6、锦纶66等
		聚丙烯腈纤维	腈纶
		聚丙烯纤维	丙纶
化学纤维	合成纤维	聚乙烯醇缩甲醛纤维	维纶（维尼纶）、水溶性维纶
		聚氯乙烯纤维	氯纶
		聚氨酯纤维	氨纶/莱卡（Layca）等
		其他纤维	芳纶、乙纶等

此外，化学纤维还有改性差别化纤维、功能性纤维和高性能纤维，如超细纤维、着色纤维、阳离子染料可染涤纶、阻燃纤维、抗起球纤维、抗静电纤维、抗菌纤维、聚乳酸纤维（PLA）、超高分子量聚乙烯纤维、碳纤维等。

（二）纺织纤维的标识

1. 常见纺织纤维汉英名称对照（表2-3）

表2-3　常见纺织纤维汉英名称对照

纤维	汉语	英语	汉语	英语	汉语	英语
天然纤维 nature fiber	棉	cotton	羊毛	wool	蚕丝	silk
	亚麻	linen（flax）	山羊绒	cashmere	柞蚕丝	tussah silk
	苎麻	ramie	羊羔毛	lambs wool	兔毛	rabbit hair
化学纤维 chemical fiber	黏胶纤维 人造丝	viscose rayon	莱赛尔 天丝	Lyocell Tencel	醋酯纤维	acetate fiber
			莫代尔	Modal		
	聚酯纤维 涤纶	polyester terylene	锦纶 尼龙	polyamide Nylon	腈纶	acrylic
	丙纶	polypropylene fiber	氨纶 （莱卡）	polyurethane fiber /spandex（Layca）	维纶	vinylon /vinalon
	金属纤维	metallic fibre	镀金属纤维 （金银丝）	metallized fibre		

2. 家纺常用纺织纤维代号（表2-4）

表2-4　家纺常用纺织纤维代号

纤维	棉	麻	羊毛	蚕丝	黏胶纤维	涤纶	锦纶	腈纶	丙纶	维纶	氨纶
代号	C	L	W	S	R	T PET/PES	N PA	A AC	PP	V	PU

3. 纺织纤维成分标识

纤维成分是纺织面料的重要属性，是家纺产品消费、使用者最关注的内容之一，它们对产品性能起着决定性作用。因此，纤维成分也是产品法定标识的主要内容，是家纺产品设计、选用的重要依据。

织物面料的纤维成分标识可用纤维含量百分比加纤维名称来表示，有中文、英文、数字等表示形式。

（1）完全由一种纤维组成，可以使用"纯""pure"或"100%"进行标注。例如：纯棉织物，100%棉、100%cotton；纯羊毛织物，100%羊毛、100%wool、pure wool。

如果含有不超过5%的装饰纤维，可使用"装饰部分除外"或类似的词语；装饰纤维的含量可以不标出，如"全羊毛、装饰部分除外"或"100%羊毛，装饰部分除外"。

（2）如果织物由两种或两种以上纤维纱线织成，则按纤维含量优先的顺序说明纤维的成分及含量。例如：腈纶48%、羊毛8%、莫代尔33%、氨纶11%（AC48%、W8%、modal 33%、PU11%）；混纺比为65：35的涤棉混纺织物可表示为T/C 65/35或聚酯65%、棉35%。

（3）当纤维含量不足5%时，也可以不用通用名称，可用"其他纤维""other fiber"来表示。当产品中有一种以上的此类纤维时，则共同用"其他纤维""other fibers"来表示。例如:96%涤纶、4%棉也可标注为96%涤纶、4%其他纤维；92%涤纶、4%棉、4%黏胶也可标注为92%涤纶、8%其他纤维。对于具有明确功能的重要纤维，如弹性纤维和功能性纤维，其含量虽低于5%，也应该注明其成分，例如：96%醋酯纤维、4%氨纶。若产品中含有羊毛、羊绒和蚕丝等，必须标注其实际含量，例如：97%棉、3%羊毛。

（4）对起绒织物，应将正面或绒毛面的纤维含量与背面或底布面的纤维含量分开说明，分别表示出各自的百分比，并注明正面和背面的比率，例如：100%尼龙绒毛，100%棉底布（底布占60%，绒毛占40%）。

（三）家纺用纤维的特点及其应用

不同的纤维材料具有不同的性能特点，因而适用于不同用途的家纺产品。家纺设计师和生产技术人员必须充分了解它们的特点，并考虑风格、价格成本等综合因素，进行科学合理的选择、运用。

1.棉纤维

（1）棉纤维的种类。棉纤维根据其长短、粗细和色泽品质可分为长绒棉、细绒棉和粗绒棉三类。长绒棉长度最长，细度最细，棉纤维品质最好，价格也最高。长绒棉长度通常为33~45mm，其强度高、光泽好、吸湿性好，柔软光洁，是高档棉织物的原料，适用于轻薄、精细的高支床品家纺面料。细绒棉长度为23~33mm，是世界上分布最广泛的棉种，产量最多，应用也最广。粗绒棉纤维粗短，常用于混入细绒棉中纺制较粗犷的织物，如窗帘、餐厨隔热布艺产品等，或用作被絮、垫褥及填充料等。

（2）棉纤维主要性能特点及其应用。

①柔软、舒适，吸湿性好、透气性好，但缩水率较大。全棉、涤棉织物适用于与身体直接接触的家纺产品，如床单、被套、枕套、毯类、靠垫等床上用品，吸湿、透气、舒适性好；还常用于毛巾、浴巾、浴袍等卫浴巾类产品，手感柔软、吸水性好。

②易于染色，色泽鲜艳，色谱齐全，但色牢度不够好，尤其黑色等深色产品水洗时，要注意深、浅色产品最好不要混一起，防止相互沾色。

③保暖性好，适合做被子、垫褥、靠垫等的填芯絮料；全棉或混纺磨毛织物床品套件冬季使用松软、暖和、舒适。

④耐热性好，适合做餐厨隔热、布艺产品等。

⑤耐光性好，抗光老化性能优，但长时间在阳光下暴晒会引起褪色和强力下降。弹性回复较差，织物易起皱且折痕不易恢复。可与涤纶等化纤混纺来改善织物的强度和抗皱性、洗可用性等。

⑥耐碱不耐酸，可经碱缩、丝光等改性处理以明显改善织物的光泽及光洁度，提高断裂强力。涤棉烂花织物就是利用棉纤维的不耐酸性，按照花纹要求，用酸腐蚀掉一些部位的棉纤维而形成不同透明度的花纹，常用于窗纱面料。丝光棉织物光洁、滑爽，具有丝绸般的光泽和质感，常用于高档床品套件。

⑦一般不被虫蛀，但在潮湿环境下易发霉变色。全棉床品要定期换洗、及时晾晒干爽，并存放于干燥箱柜中，防止受潮发霉变质。卫生间要注意通风、保持干燥，防止毛巾、浴巾等滋生细菌发霉。

2. 麻纤维

（1）麻纤维常见类别。麻是自然界中最丰富、人类最早使用的纺织纤维原料之一，它们具有很多优良的性能。家纺产品常用的麻纤维有亚麻、苎麻、大麻（汉麻）、罗布麻、黄麻、剑麻、葛麻、荨麻等。其中，亚麻与汉麻、罗布麻等韧皮纤维细胞壁木质素少，纤维素含量较高，麻纤维品质比较好，可用于纺制成各种细薄麻织物；而黄麻等韧皮纤维细胞壁木质化多，纤维粗短、不整齐，多用于纺制地毯、墙布、壁挂等。

麻织物吸湿放湿性优，透气性好，抗紫外线与抑菌性能优良，强度居天然纤维之首，染色性好，耐酸碱性好，具有很好的天然风格，在墙布、地毯、配饰等家纺产品中应用很广。

（2）麻纤维的特性。

①纤维强度高，在天然纤维中强度最高，伸长最小，最不容易变形。苎麻强度高于亚麻，湿强高于干强。

②耐水性好，吸湿、放湿、透气性很好。

③染色性好，不易褪色。

④麻纤维表面有竖纹横节，织物风格自然粗犷，手感粗糙，刚性大，弹性差，不耐磨，抗皱性差，易皱褶且不易恢复，热定型差。

⑤化学稳定性和耐热性比棉好，有良好的绝缘性，不易起静电。耐晒性较好。

⑥耐碱性好，可通过碱缩和丝光改善织物手感、光泽和强度。经液氨整理、铜离子基整理剂整理后，性能更优。

⑦抗霉菌性好，不易发霉，耐虫蛀。

⑧麻织物缩水性较差，如果未经过预洗工艺处理，下水会有较大缩水现象；但在下过一次水后，就不会再有明显的缩水。在选购和使用时需要注意：现在市场上的品牌亚麻床品，一般都会经过水洗工艺的预处理。

（3）麻纤维的应用。麻纤维的独特性能及其天然、绿色、环保性使其在家纺领域的应用越来越广泛。苎麻纤维长度较长，细度细，可纺线密度小的纱线，用于直接生产机织家纺装饰织物。麻织物具有凉爽、挺括、透气、吸湿透湿等特点，可用于床单、被套、窗帘、台布、茶巾、餐巾、家具装饰布、贴墙类产品等。

亚麻纤维细，长度较长，织物无刺痒感和粗糙感，吸湿、透气，具有良好的抑菌性，滑爽、易洗、快干，常用作床上用品等。亚麻凉席手感柔软、不起毛、质地坚固耐用、凉爽、吸湿透湿、抗菌防菌，不粘皮肤、不产生静电，防虫防霉，是一种时尚流行的家纺产品。

大麻（又称汉麻）纤维细长，织物无刺痒感和粗糙感，且拉伸强度高，尺寸稳定性好，抑菌抗菌性好，抗静电性好，对染料吸附性能好，对音波、光波具有良好的消散作用，防紫外线辐射能力好，吸湿排汗性能优异，且安全环保，是性能优良的家纺织物材料。

黄麻纤维粗而短，多用于纺制线密度大的纱线，用作针刺或簇绒地毯基布、仿古挂毯基布，也可用于图书馆、博物馆等建筑用墙布等装饰织物基材。

近年来，开发了许多优良的麻类混纺家纺产品，例如由55%苎麻与45%棉混纺的色织配套家纺产品，有床单、床罩、枕套、窗帘、靠垫等，其坚牢、吸排湿、耐磨性能为一般的纯棉制品所不及。苎麻与黏胶纤维的混纺织物，手感滑爽、吸湿性好。苎麻与腈纶的混纺织物，既有苎麻的优良透气性、吸湿和放湿性，又有较好的悬垂、干爽、挺括及抗皱等特点，很好发挥了两种纤维的优势。

3. 羊毛纤维

羊毛属于天然动物毛。天然动物毛的种类很多，有绵羊毛（绵羊绒）、山羊绒（山羊毛）、马海毛、兔毛、骆驼毛、牦牛绒等，纺织上用得最多的是绵羊毛，最珍贵的是白山羊绒。

（1）羊毛纤维分类。羊毛纤维根据其细度品质可分为超细毛、细羊毛、中粗毛和粗毛。

（2）羊毛纤维主要性能与特点。

①羊毛纤维有天然卷曲，纤维间蓬松，含有大量静止空气，导热系数小，使织物蓬松、有弹性、保暖性好。

②羊毛纤维表面粗糙有鳞片，具有缩绒性，即羊毛纤维集合体在湿热和机械外力的作用下，羊毛鳞片层会膨胀、张开并相互咬合，使纤维缠结，形成不可恢复的毡缩。在羊毛织物的洗涤过程中，强烈的机械外力搓洗会使织物严重收缩、紧密变硬。而利用羊毛的缩绒性，可对羊毛织物进行缩绒整理，增加毛织物呢面的紧密细洁度，呢绒表面被挤出一层细密的绒毛，使毛织物手感丰满、柔软，保暖性好。

③羊毛纤维细而长、柔软，有很好的光泽、延伸性和弹性回复性，因此具有非常好的保型性和热定形性、尺寸稳定性，织物挺括、平整，抗折皱性好。

④羊毛纤维吸湿性好，染色性能优良。

⑤羊毛织物耐酸性好，但不耐碱，使用碱性洗涤剂会影响织物的手感和品质，使用时最好用中性洗涤剂，保持织物的品质和耐久性。

⑥羊毛强力较高，耐磨性、耐疲劳性较好，抗起毛起球性一般，较耐用。

⑦羊毛织物耐热性一般，熨烫时要衬垫湿布；阳光紫外线对羊毛有破坏作用，不宜

暴晒。

⑧羊毛织物抗静电性较好，抗污性好，阻燃性也较好，燃烧时有强烈臭味。

⑨由于羊毛纤维属于蛋白质纤维，吸湿性很好，故羊毛织物易受虫蛀和霉变。

（3）羊毛纤维的应用。不同粗细的羊毛纤维在家纺织物中都可应用，但是适用特点、领域各不相同。超细毛、细羊毛的纤维细而均匀，毛丛长而整齐，色泽洁白、光亮，杂质少，品质优，纺纱性能好，是高档纺织原料，常用于织制蓬松、丰满、细软的高档寝用毯等床上用品或高档窗帘、帏幔等，柔美高贵。中粗毛、粗毛则多用作各类高档地毯、艺术挂毯、装饰用毡垫、填充料及家具覆饰织物，厚实、高贵大方。精细羊毛等价格较高，羊毛纤维与其他纤维混纺或交织可以改善织物性能，降低成本。毛混纺绒线也是家纺装饰织物广泛应用的材料，特别是用于手编、钩织绣产品等，如手工毯、簇绒绣、十字绣等。

4. 蚕丝

蚕丝是熟蚕结茧时吐出的丝液凝固而成的连续长纤维，属于天然长丝，它是人类最早利用的纤维之一，是中华民族的伟大发现与发明。

（1）常见蚕丝品种。蚕丝可分为桑蚕丝（家蚕丝）和野蚕丝两大类。

桑蚕丝又称桑丝，从家蚕茧中缫取，最早在我国利用。桑蚕丝生丝为白色略带黄灰，经精炼脱胶后则洁白、光亮、细、柔。桑蚕丝是蚕丝中产量、用量最大的，在家纺中主要用于制作高档床品和高档蚕丝被等。

野蚕丝常见的有柞蚕丝、蓖麻蚕丝、天蚕丝、樟蚕丝、柳蚕丝等，其中以柞蚕丝为主要品种，也是最早在中国得到发现利用。

柞蚕是以柞树叶为食料吐丝成茧的野生蚕。因缺少人工管理，再加上自然环境和品种等多方面的影响，柞蚕丝手感生硬，色泽较深，呈天然黄褐色，色素不易去除，难以染色。柞蚕丝单丝较桑蚕丝粗，其纤维间的抱合力较差，光洁度、均匀度、光泽和柔软度不如桑蚕丝。柞蚕丝具有蛋白质纤维的优良服用性和舒适性，被广泛应用于服装、壁挂、挂帷、床上用品、高档家具用绸、椅垫及被芯等。由手工或机纺而成的柞蚕粗规格丝俗称大条丝，其色泽淡雅，纤度粗，条干极不均匀，丝条蓬松、柔软，适用于织制粗犷、立体感较强的中厚型装饰织物，是高档地毯的最优质材料之一。

天蚕丝是一种无需染色而具有天然绿色的野蚕丝，具有淡绿色宝石般的光泽。它的纤度比桑蚕丝稍粗，与柞蚕丝接近，手感柔软滑糯，纤维强度高、韧性好，无需染色便能织成艳丽、华贵的丝绸织物，被誉为"纤维钻石""绿色金子"。其经济价值可比桑蚕丝高30倍，比柞蚕丝高50倍。但由于产量极低，仅于高档丝织品中作点缀用。

（2）几种常见蚕丝纤维名称。

①生丝。生丝俗称"厂丝"，属于高档蚕丝，是由数根茧丝经缫丝依靠丝胶黏合而成的天然长丝，主要用于织制高档床品、装饰织物，如多彩被面、高档床单被套枕靠、装饰壁挂、高级窗帘、纱幔，刺绣、印花等高档装饰织物。

②熟丝。熟丝是由生丝经练漂脱胶的蚕丝，具有丝绸光泽、光洁、细腻等优异性能，手

感柔软，染色色泽丰富。根据具体产品进行双根或多根并合加捻后，用于织制各种最高档的家纺床品、装饰织物，如各种织锦缎、古香缎、软缎、锦类织物等。

③双宫丝。双宫丝是以双宫茧为原料缫制而成的丝，丝条较粗，糙节多，条干均匀性差。但强力好，光泽较好。双宫丝织物表面较粗犷，风格独特。常用于挂帏、床上用品、靠垫、高档家具覆饰织物。

④绢丝。绢丝由生产过程中的回丝、断丝、乱丝、疵茧丝为原料纺纱而成，为蚕丝短纤维纱。手感柔软、光泽柔润自然，强力高，条干均匀度一般，呈现出一定的粗细节效果，可用于织制高档装饰织物和高档装饰缝纫线、刺绣用线等。

⑤䌷丝。䌷丝是用绢丝的下脚料纺制而成的蚕丝短纤维纱线。含杂较多、纤维较短，纤维长短差异大，一般只适宜纺制线密度大的纱线。纱线较蓬松、柔软，纱线和织物表面有不规则的毛粒，强度高、弹性好、光泽柔和、悬垂性很好，可制作各类家纺装饰织物，如高档台布、挂帏织物、床上用品等。

（3）蚕丝主要性能与特点。

①蚕丝纤维截面为近似扁三角形，色泽优雅悦目，手感滑爽，质轻细软，吸湿性好，透气、舒适。

②强度较高，断裂伸长率较小，具有良好的弹性，但抗皱性差，水洗后易皱，须经熨烫整理恢复平整。

③不耐酸、碱。对弱无机酸具有一定的稳定性，浓无机酸可使丝织物水解。但在浓酸中浸渍极短时间并立即用水冲洗，丝素可收缩30%~40%，利用这种酸缩现象可对丝织物进行缩皱整理。强碱对丝织物破坏严重，故洗涤时不宜用碱性洗涤剂，要使用中性洗涤剂。

④导热性小，保温性好，蚕丝被轻软、保暖，是高档的床上用品。

⑤耐光性差、易老化，暴晒会使蚕丝织物强力和手感、弹性变差，色泽泛黄或褪色，故要防止长时间暴晒，宜晾晒。

⑥丝织物相互摩擦易产生独特悦耳的"丝鸣"声，这是真丝绸特有的性质之一。

⑦蚕丝是天然蛋白质纤维，易受虫蛀，也会霉变。

⑧桑蚕丝染色性好，色泽鲜艳纯正，色谱齐全；柞蚕丝不易染色。

⑨柞蚕丝的品质，如纤度、光洁度等不如桑蚕丝，但强度较高，耐酸碱性比桑蚕丝好，柞丝织物湿水后会发涩、变硬。

（4）蚕丝的应用。蚕丝是一种珍贵的纺织原料，在我国已有5600~6000年悠久的历史，并从西汉（公元前202年）开始就大量输出国外，从而形成了闻名于世的"丝绸之路"。2000多年前，蚕丝纤维在我国就已用于家居寝被和室内外装饰织物中，如古代的缎被、罗纱帐、屏风、巾帕、旌旗、绢画等就已广泛采用蚕丝织物。现代社会，人们根据家纺产品织物具体用途、外观和性能要求不同，选用蚕丝纤维品种也有所不同，如生丝、绢丝、䌷丝等。

5. 黏胶纤维

黏胶纤维是再生纤维素纤维的主要品种，其主要原料是木浆料、棉短绒，其基本性质与棉很相似，是家纺织物中的常用纤维。

（1）黏胶纤维的类别。黏胶根据其纤维长度可分为黏胶短纤维和黏胶长丝。黏胶短纤维一般长度近似于棉纤维，故也称人造棉；黏胶长丝又称人造丝。

（2）黏胶纤维主要性能与特点。

①手感柔软、滑爽，织物悬垂性好，但刚度、回弹性、形态尺寸稳定性较差，易褶皱，不够挺括，易飘荡、变形。

②吸湿性和透气性很好，其吸湿性在所有化学纤维中最佳，舒适性比合成纤维好，故常与涤纶等混纺。

③染色性好，染色效果优于棉、羊毛等天然纤维。

④普通黏胶纤维的强度和手感在干湿状态下差异很大。吸湿后强度明显下降，故不耐水洗，湿牢度差，不耐磨；下水后易膨胀，织物手感发硬，缩水率大。高强力黏胶纤维和高湿模量黏胶纤维，如富强纤维，比普通黏胶纤维强度高，湿态强度下降较小，尺寸稳定性较好。

⑤黏胶纤维耐酸碱性比棉纤维差，遇中强碱纤维强力降低，易损坏。

⑥黏胶纤维具有明亮的光泽，但其光泽不如天然丝柔和、丰富。

⑦黏胶纤维耐虫蛀，但不耐霉菌，耐腐蚀性差。

（3）黏胶纤维的应用。黏胶短纤维可代替棉纤维生产装饰织物，性能近似于棉。织物手感柔软、悬垂性好，染色性好，多用于挂帏、覆盖类家纺织物。纤维长度介于棉纤维与毛纤维之间的中长型黏胶纤维可用于仿毛产品，可与羊毛混纺，降低织物成本，而且具有良好的毛型感，可用于中高档家纺产品。黏胶纤维常与涤纶、腈纶，或毛、麻、涤纶、腈纶等多种纤维混纺、交织或复合，能改善合成纤维织物的吸湿性和舒适性，手感柔软、舒适，适于织制毛型中厚织物。有光黏胶丝光泽明亮，染色鲜艳，色谱全，常在七彩缎、花软缎、织锦缎、古香缎、锦类等高档家纺大提花丝织物中作花纬，能较好地体现艳丽、明亮的花纹效果。

6. 醋酯纤维

醋酯纤维又称醋酸纤维，它是一种半合成的再生纤维素纤维，由含纤维素的天然高分子化合物经化学加工而成，主要成分是纤维素醋酸酯，在性质上与纤维素纤维相差较大。

（1）醋酯纤维主要性能与特点。

①比黏胶纤维轻，表面像真丝，光泽优雅自然，手感柔软平滑。

②纤维强度较高，悬垂性较好。

③耐高温性差，难以通过热定型形成永久保持的褶裥。

④吸湿性和耐酸碱性较好。

（2）醋酯纤维的应用。醋酯纤维大多具有丝绸风格，多制成光滑柔软挺爽的绸缎，如塔夫绸等。与棉、羊毛或合成纤维混纺，织物易洗快干、不霉不蛀，富有弹性，不易起皱。在家纺产品中运用比较广泛，如制作窗帘、台毯、床罩、挂帷、墙布等。为避免缩水变形，宜采用干洗。

7. 铜氨纤维

铜氨纤维是再生纤维中的高档品种，产量很小。它是将纤维素浆粕溶解再纺丝凝固加工而成。它能制成极细的单丝，外观很像天然蚕丝，具有与其他再生纤维丝相似的物理化学性能，主要可用于高档装饰织物和仿丝绸产品等。

8. 涤纶

涤纶是聚酯纤维的商品名称，有涤纶长丝和涤纶短纤维之分，为改善涤纶长丝外观和性能，还可加工成弹性或蓬松性较为优异的涤纶变形纱，如DTY等。涤纶是纺织服装和家纺织物中最常用、产量最高的化学纤维。

（1）涤纶主要性能与特点。

①强度高，韧性好，且湿强与干强几乎相同。

②弹性回复性很好，织物挺括、抗皱，形态尺寸稳定，不易变形，洗后免熨烫，洗可穿性很好。

③耐磨性好，织物坚牢耐用，但易起毛起球，抗起球性差。

④耐晒性好，耐热性和热稳定性是常用合成纤维中最好的。

⑤耐腐蚀性好，不霉不蛀。

⑥吸湿性差，透气性差，易产生静电，易吸附灰尘。

⑦染色性差。普通涤纶需用高温高压染色，但色牢度比较好，不易褪色。

（2）涤纶的应用。涤纶应用非常广泛。涤纶短纤维常与棉、毛、黏胶纤维等混纺，可以改善其吸湿透气性差的缺点，而且可大大提高织物的挺括性和耐用度。涤纶长丝可纯织或交织、复合，广泛应用于仿丝织物、帐幔、窗帘、透帘等。涤纶变形丝在家纺装饰织物中被广泛采用。经过变形处理的涤纶光泽柔和，手感柔软、蓬松、丰满，纱线表面有短绒、毛圈等，可织成具有仿粗纺毛织物外观的织物，还可用于织制各类机织、针织绒面装饰织物，广泛应用于绒毯、沙发、椅套、家具覆饰等厚型家用纺织品。

9. 锦纶

锦纶是聚酰胺纤维的商品名称，又称尼龙，主要有锦纶6和锦纶66两种。

（1）锦纶主要性能与特点。

①耐磨性很好，在常见纺织纤维中居首位。

②强度很高，弹性回复率优异，耐疲劳性居常用纺织纤维之首，其中锦纶66的力学性能、热性能等又优于锦纶6。

③吸湿性在合成纤维中较好，舒适性、染色性均优于涤纶。

④耐热、耐光性较差，久晒会泛黄，强力下降。

⑤除丙纶和腈纶外，比重较小，质量轻，宜用于制作降落伞、登山服、运动服等；

⑥织物在外力下易变形，保形性较差，成本比涤纶等较高。

（2）锦纶的应用。锦纶多以长丝织制窗纱、帐幔、地毯等家纺织物。其短纤维也可与其他纤维混纺，改善纺纱性能和织物耐用性。高强锦纶多用于耐疲劳性要求高的场合，如车、船、飞机等交通工具内的织物和轮胎帘子布等，其减震好，经久耐用。

10. 腈纶

腈纶是聚丙烯腈纤维的商品名称，又称合成羊毛、人造羊毛。

（1）腈纶主要性能与特点。

①耐光性、耐气候性很好，居各类常用纺织纤维之首，是户外用织物的理想材料。

②弹性、蓬松性好，可与天然羊毛媲美，柔软、舒适，保暖性优。

③吸湿性较差，透气性一般，抗静电性差，易吸附灰尘。

④染色性能很好，可用阳离子染料染色，颜色鲜艳。

⑤抗皱性、耐磨性不如涤纶。

⑥耐热性好，具有独特的热收缩性。

⑦耐酸，但耐碱性较差。

⑧较易起毛起球，但比涤纶、锦纶稍好。

（2）腈纶的应用。腈纶以短纤维为主，可以纯纺，也可与羊毛等纤维混纺，制成毛型织物等。常用于生产拉舍尔毯、人造毛皮、各类机织毛毯、地毯、装饰毯、手工编织工艺挂毯、DIY壁挂等；利用腈纶独特的热收缩性开发的腈纶膨体纱手感柔软、蓬松性好，可用于织制仿裘皮装饰织物，价廉物美。此外，腈纶在簇绒、针刺等非织造装饰毯中也广泛应用。

11. 丙纶

丙纶是聚丙烯纤维的商品名称。

（1）丙纶主要性能与特点。

①丙纶比重小，质轻，是常用纤维中最轻的纤维。

②强度和耐磨性较高，耐腐蚀。

③不吸湿，但具有较强的芯吸作用，疏水性好。

④染色性差，需要采用色母粒着色纺丝制成有色纤维。

⑤耐热和热稳定性差，受热会软化、收缩；耐光性差，易老化受损。

（2）丙纶的应用。丙纶长丝可代替涤纶或锦纶，织制低档装饰用织物。纯丙纶可用于毛巾、毛毯、蚊帐及装饰布、防护口罩、包装绳带等。与羊毛、棉及黏胶纤维等混纺，质地轻，尺寸稳定。丙纶广泛应用于针刺、簇绒等非织造地毯、装饰毯，花色新颖多变，价格低廉。

经过改性，可以改善丙纶的某些实用性能，如中空纤维，可做保暖用絮片、绗缝被絮片、毯类，质轻、蓬松、弹性好、保暖性强；丙纶裂膜丝，可做室内外人造草皮。丙纶变形丝（吹塑纱），可用于生产仿粗纺毛织物的床上用品、家具覆饰织物、罩垫等。但需要特别注意及时将废旧织物回收利用，丙纶容易老化降解成粉末状，易造成水土等环境破坏，且难以处理修复。

12. 维纶

维纶是聚乙烯醇纤维的商品名称，其性能与棉相似，有"合成棉花"之称。

（1）维纶主要性能与特点。

①吸湿性良好，是合成纤维中最好的。

②强度、耐磨性较好，织物耐穿耐用；高强低伸维纶则耐磨、耐用性更好。

③耐光性、耐气候性较好，与棉接近。

④耐干热但不耐湿热，在沸水中收缩率大，可达5%以上，在沸水中连续煮沸3~4小时，会收缩变形甚至溶解。

⑤缩水率大，织物易皱、易缩。

⑥耐酸碱性较好，但不耐强酸，在强酸中会溶解。

⑦染色性较差，染色不鲜艳。

（2）维纶的应用。维纶以短纤维为主，家纺产品中，常用于生产蓬帆布等，维纶帆布使用寿命较纯棉的高一倍以上。维纶还可用于生产可溶性纤维，用于生产高档无捻毛巾、特高支纱等，其织物柔软、舒适，吸湿、吸水性强。

13. 氨纶

氨纶是聚氨基甲酸酯纤维的商品名称，也称弹性纤维。

（1）氨纶主要性能与特点。

①具有高伸长、高弹性、高回复性，纤维能够伸长2~3倍以上，制成的氨纶织物具有15%~35%的舒适弹性；

②耐热性较差，易老化，熨烫温度90~110℃；

③耐磨性、耐酸碱性较好，但遇氯化物和强碱会受损；

④染色性差，不易染色，容易露丝造成面料色差疵品。

（2）氨纶的应用。氨纶通常与棉、麻、毛、丝、涤纶、锦纶等制成包芯纱、包缠纱等再织制成机织物和针织物，用于制作具有弹性的家具罩、沙发套、座椅套等。织物回弹舒适，增加抗皱性，并有利于贴伏在沙发、座椅等表面，保持其平整、服贴的外观。

综上所述，通过上述了解常用纤维的主要性能与特点，可以帮助软装家纺设计师和技术人员根据织物的用途和产品的风格性能等要求，设计并合理选用不同纤维成分的家纺和装饰织物材料，以获得良好的实际使用、装饰效果和市场经济价值。

（四）家纺用纤维的开发应用趋势

家用纺织品是纺织品一个十分重要的应用领域，它与人民的幸福生活密切相关。家纺产品及其相关家纺材料的开发与应用受到极大重视，并呈现出以下特点和趋势。

1. 多种纤维原料混纺

天然纤维与化纤原料性能各异，采用先进纺纱、织造技术进行混纺、复合、交织，可以取长补短，改善织物的综合性能，提升产品性能品质。例如，涤纶与棉、黏、麻、毛等混纺，混纺比例可为涤/棉65/35、涤/棉50/50、涤/棉40/60、涤/黏65/35、涤50/黏30/亚麻20、羊毛50/亚麻28/涤22等。

2. 大力开发应用生态绿色纤维

随着人们健康、环保意识的增强，生态绿色纤维不仅逐步应用于成人内衣、品牌床品等领域，还在婴幼儿及皮肤过敏人群和卫生、医用纺织品等领域应用越来越广泛。

（1）天然彩棉。这是利用生物基因技术培育生产的具有天然色彩的棉花。它使棉织物不经过染色工艺就可拥有一定的色彩，是真正的绿色环保纤维。目前天然彩棉主要有棕色、绿色和褐色三大色系。天然彩棉制品洗涤时宜用中性洗涤剂，不能用酸性洗涤剂；要注意不要接触氧化剂，不要长时间汽蒸，不要高温浸泡、熨烫等。

（2）竹纤维。竹纤维是从自然生长的竹子中提取出的纤维素纤维，是天然的超中空纤维，被誉为"会呼吸的纤维"。竹纤维生长期短，种植面积广，天然再生能力强，资源丰富，制成的产品可在土壤中自然降解，是一种天然、无污染、绿色环保的纤维。竹纤维分为天然竹纤维和化学竹纤维两大类。天然竹纤维主要是竹原纤维，是采用物理、化学相结合的方法制取的竹纤维。化学竹纤维又分竹浆纤维和竹炭纤维。竹浆纤维是一种将竹片做成浆，然后将浆做成浆粕再用湿法纺丝制成的纤维，其生产工艺过程基本与黏胶纤维相似；竹炭纤维是选用纳米级竹炭微粉，经过特殊工艺加入黏胶纺丝液中，再经过类似黏胶纤维的常规纺丝工艺纺制出纤维。

目前市场上服装、家纺类竹纤维产品所用的基本为竹浆纤维。它具有较好的可纺性，加工方便，吸湿性与透气性好，制成的织物服用舒适，手感柔软，细腻光滑，清新凉爽；织物光泽度高，染色性能良好，不易掉色；有耐久的消臭、抑菌、抗菌作用；抗紫外线能力优于棉；强韧性好，耐磨性较高，经久耐用；但其耐酸碱性较差。竹纤维在家纺中的应用很广，可用于制作床单、被套、凉席、窗帘、卫浴巾类等家居用品，受到人们的青睐。

（3）莫代尔（Modal）纤维。莫代尔（Modal）纤维是奥地利兰精公司的专利产品（图2-11），属于再生纤维素纤维。纤维原料通常采用欧洲的榉木，先将其制成木浆，再通过专门的纺丝工艺加工成纤维。其生产加工过程清洁低毒，废弃物可生物降解，是一种绿色环保纤维。Modal纤维被誉为"人的第二皮肤"，它具有棉的柔软、丝的光泽、麻的滑爽，吸湿性、透气性、染色性均优于棉；干强高于棉，湿强比普通黏胶纤维高许多。Modal纤维织物柔软、细腻、平整、光滑，悬垂性很好，具有接近天然真丝绸的效果；且越洗越柔软，越洗越亮丽，耐穿性好，还具有天然的抗皱性和免烫性。

图2-11　奥地利兰精公司莫代尔纤维商标

（4）莱赛尔（Lyocell）、天丝（Tencel）纤维。莱赛尔（Lyocell）纤维是以木浆为原料经溶剂纺丝方法制得的新一代再生纤维素纤维。其原料取自纯天然植物，制造流程环保，产品可回收或生物降解，被称为21世纪的绿色纤维。德国Akzo Nobel公司1978年取得了其专利，1989年由国际人造纤维和合成纤维委员会正式命名，是国际通用品类名称。天丝（Tencel）

图2-12　奥地利兰精公司天丝纤维商标

是奥地利兰精公司生产莱赛尔（Lyocell）纤维的注册商标名称（图2-12）。

Lyocell纤维具有棉的舒适性、涤纶的强度、毛织物的豪华美感和真丝绸的独特触感及柔软度、悬垂性、光泽。其干湿强度相近，收缩率低，无论在干或湿的状态下，均极具韧性。在湿态下，其湿强远胜于棉纤维。其他各项性能与黏胶纤维及棉相似，具有柔和的触感和适中的弹性，且吸湿性、透气性、染色性好，抗静电性、尺寸稳定性好。可纯纺或者混纺，产品广泛应用于中高档家居服、家纺床品等。

（5）大豆蛋白纤维。大豆蛋白纤维属于再生植物蛋白类纤维，它是以食用级大豆蛋白粉为原料，利用生物工程技术提取出其中的蛋白质，再经过纺丝加工而成。它具有羊绒般的柔软手感，蚕丝般的柔和光泽，优于棉的透气性、导湿性和保暖性，良好的亲肤性等优良性能，被誉为"新世纪的健康舒适纤维"。

大豆蛋白纤维可纯纺，也可与各种天然纤维、化学纤维混纺或交织成机织物、针织物，织物柔软、滑爽，悬垂性好，服用性能优良，可用于家纺床上用品等，产品舒适透气、外观华贵，并且具有良好的抗皱、免烫、洗可穿性。

（6）牛奶蛋白纤维。牛奶蛋白纤维属于再生动物蛋白类纤维，又称作牛奶丝、牛奶纤维，是将牛奶去水、脱脂、加上糅合剂制成牛奶浆，再经湿法纺丝新工艺加工而成。牛奶纤维单丝纤度细，比重轻，触感蓬松，柔软性、亲肤性好，如羊绒般柔细、滑糯；具有丝绸般的天然光泽，外观白皙优雅，悬垂飘逸；保暖性接近羊绒；吸湿导湿性好，透气、爽身、舒适。牛奶纤维吸水性强；其断面为不规则圆形，截面中布满空隙，纵向有许多沟槽，蛋白质分子分布在纤维表面，含有天然蛋白亲水基团，可迅速吸收人体汗液，通过沟槽散发，使肌肤始终保持干爽状态。该纤维能常温常压下染色，颜色鲜艳、柔和有光泽，上染率高，染色后仍可保持产品的原有性能，具有很好的服用安全性；其断裂伸长率、卷曲弹性、卷曲回复率接近羊毛和羊绒；耐磨性、抗起球性、着色性、强力均优于羊绒；强度比棉、蚕丝高，耐穿、耐洗，易贮藏；防霉、防蛀性能比羊毛好。牛奶蛋白中含有氨基酸，故具有独特的润肌养肤和天然抑菌的功能；抗日晒色牢度、抗汗渍色牢度可达3~4级；水洗后易干，洗涤后仍可保持产品原有的良好性能。

牛奶纤维既具有天然蚕丝的优良特性，又具有合成纤维的物理化学性能，可以纯纺，也可以和羊绒、蚕丝、绢丝、棉、毛、麻等纤维进行混纺，用于高档家纺床上用品等。

3. 差别化纤维原料应用越来越广泛

纺织纤维，尤其是合成纤维，有许多独特、优良的性能，但同时也有一些明显的弱点。改变纤维的物理化学表面和截面形态和性能，可赋予纤维新的功能，从而改善面料的光泽、柔软性、保暖性、弹性、伸缩性和手感等。差别化纤维就是通过物理、化学改性，使纤维的形态结构、性能发生变化，从而具有某种特定的性能和风格。差别化纤维进一步完善和拓展了普通化学纤维的性能和品种，并赋予纤维新的功能，从而促进开发织物新产品。差别化纤维种类非常丰富，常见的主要有异形纤维、复合纤维、超细纤维、高收缩纤维、阻燃纤维、抗静电纤维等。

（1）异形纤维。异形纤维指用异形喷丝孔纺制的非圆形横截面的合成纤维。如三角形截面纤维具有亮丽夺目的光泽，可用于装饰性强的家纺织物中，产生闪光效应；变形三角截面纤维具有均匀的立体卷曲特性，可与羊毛或黏胶纤维混纺，织物绒毛丰满、手感爽滑、柔软，可作挂帷、坐垫、家具罩、靠垫套等家纺织物；中空异形纤维卷曲度高，且卷曲自然永久，蓬松性、保暖性好，织物厚实、重量轻，是良好的絮被枕填充芯料。

（2）复合纤维。复合纤维指纺丝时单纤维内由两种及以上的聚合物或性能不同的同种聚合物构成的纤维。该纤维既可兼具多种纤维特点，又可获得高卷曲、高弹性、抗静电、易染性、难燃性等独特功能，是一类非常重要的差别化纤维家纺材料。

（3）超细纤维。超细纤维一般指单丝细度小于1.0dtex的化学纤维。纤维细度与织物手感和舒适性呈正相关的关系，纤维越细，其各项性能越优。超细纤维与普通化纤相比细度更细，纤维表面积更大，具有更加优异的性能，其手感柔软、细腻，柔韧性好，光泽柔和，具有高清洁能力、高吸水、吸油能力和高保暖性等。

超细纤维常用于磨绒织物、仿麂皮织物、高级涂层织物、高档家具用合成革，其织物性能好，强度高、重量轻、色泽鲜艳、防霉防蛀、柔韧性好，价格合理，被广泛应用于火车、汽车、航空运输等的座椅及内部装饰用纺织品。

应用超细纤维生产的高密、超高密织物，手感柔软细滑，密度高，具有良好的防水透湿和透气功能，是新型的防水透气织物。

细旦人造丝纤维织物具有仿真丝效果，甚至具有天然纤维所不及的质地、手感和风格。桃皮绒织物就是轻起绒的微细纤维织物，织物表面绒毛细短、柔软、细腻、温暖。

超细纤维制成的洁净布具有很强的清洁力，除污快而彻底，洗涤后可重复使用，广泛应用于精密仪器、光学仪器及汽车等的清洁布。另外，由80%超细涤纶和20%锦纶制成的高吸水毛巾，吸水速度比普通毛巾快5倍以上，而且手感非常柔软、舒适。

（4）高收缩纤维。一般把沸水收缩率为35%~45%的纤维称为高收缩纤维。高收缩腈纶与常规腈纶混纺可制成腈纶膨体纱，与羊毛、兔毛、麻等混纺制成仿羊绒、仿马海毛、仿麻、仿真丝等产品，织物毛感柔软、质轻、蓬松、保暖性好。利用高收缩纤维丝与低收缩及不收缩纤维丝织成织物后经沸水处理，纤维可产生不同程度的卷曲蓬松，具有很强的仿毛效果；高收缩纤维丝与低收缩纤维丝交织，可织制永久性泡泡纱；纬二重大提花织物中，起花部位采用低收缩纤维丝作表纬起花、高收缩纤维丝作背衬里纬，织物经后处理后，花部凸起，产生高花效应等。高收缩纤维还用于制作人造毛皮、人造麂皮、合成革及毛毯等，毛感柔软、密致，仿真毛皮革效果很好。

4. 新型功能性纤维的开发与应用

利用众多功能性纤维开发功能型、保健型家纺织物也是家纺产品发展的一个重要方向。

（1）变色纤维。变色纤维是指其颜色可以随着环境而发生变化的纤维。其显色材料受到光、湿、热、气压、电流、射线等外部刺激而显示某种颜色，或失去颜色，或改变颜色，从而使纤维或织物变色。变色纤维应用于装饰织物，使织物外观随环境变化而发生变化，如热致感温变色材料在居家或公共环境中应用于窗帘或挂帷织物上，可根据气温变化而调节室内光线的明暗；湿致变色材料可以反映空气相对湿度的变化。

（2）阻燃纤维。阻燃性是家纺织物重要的安全性指标，外贸出口产品有很严格的安全标准要求，需特别注意。

阻燃纤维也称难燃纤维，是指在火焰中仅阴燃，本身不发生火焰，离开火焰后阴燃自行熄灭的纤维。如可采用一种溶胶凝胶纤维阻燃技术，使无机高分子阻燃剂在黏胶纤维有机大分子中以纳米状态或以互穿网络状态存在，纤维能保持优良的物理性能，具有阻燃、隔热和抗熔滴的效果，而且低烟、无毒、无异味。阻燃纤维与普通纤维相比，可燃性显著降低，阻燃纤维产品在燃烧过程中燃烧速率明显减缓，离开火源后能迅速自熄，且较少释放有毒烟雾，广泛应用于家纺、家居装饰以及工业、军事等领域。

（3）新型保温调温纤维。保温调温纤维可分为单向调温和双向调温两大类。双向调温材料具有随环境温度高低自动吸收或放出热量的功能。单向调温材料则只具有升温保暖或降温凉爽的作用。

另一种电热纤维是利用导电纤维通电使纤维发热，利用电热纤维可开发用于医疗保健、加热床单、电热地毯、车辆加热垫等电热家纺产品。

吸收后阳光放热的纤维具有杰出的吸收可见光和近红外线的功能，用这种纤维制成的产品，在有阳光的日子，其温度比普通产品高2~8℃，保温效果明显提高；即使在阴天，其温度也比普通产品高2℃左右，是制作保暖被褥的新型材料。

在聚酯或聚丙烯中混入陶瓷微粒开发的具有远红外吸收和辐射功能的新型纤维，其织物保暖性大大提高，现已广泛应用于床上用品、医疗保健用品上。

（4）防辐射纤维。近年来，防辐射纺织品的开发受到越来越多的重视。由于紫外线等辐射对生物体是有害的，它能够透过云雾、玻璃，深入皮肤内部，逐渐使肌肉失去弹性，使皮肤松弛、出现皱纹。采取后整理方法制成的抗紫外线织物耐洗涤性差。在聚酯中掺入陶瓷紫外线遮挡剂可纺制成抗紫外线涤纶，具有较高的遮挡紫外线性能，而且耐洗涤牢度和手感都较好，可用于制作遮阳产品。

伴随着科技的发展，各种有害辐射正威胁着人们的健康。防X射线纤维、防微波辐射纤维等污染波屏蔽纤维正逐步应用于医疗及家纺产品中，如防辐射门帘、罩盖、围裙等。

（5）抗静电纤维与导电纤维。纺织纤维若导电性好，则不易产生静电；若导电性差，则电荷易聚集而形成静电。静电会给人带来不适甚至产生危险，静电易使织物积聚灰尘等。使织物具有抗静电性的方法很多，用抗静电纤维生产的制品具有抗静电性；非抗静电纤维与导电纤维混纺具有抗静电性；在织物中或纤维制品间隔地织入导电纤维纱可使织物具有抗静电性；金属丝也具有抗静电性。

（6）抗菌防臭纤维。抗菌纤维是在纤维上附加使其具有杀灭细菌及微生物的物质，还可对面料和纤维制品浸轧抗菌防臭药液或抗菌防臭涂层。抗菌防臭纤维织物具有良好的保健功能，在医疗及居家床上用品、毛巾等卫生盥洗中应用广泛。

（7）芳香纤维。芳香纤维能够持久散发天然芳香，具有安神怡人或医疗保健的功效。在家纺产品中，可根据织物用途选择不同香型开发床上用品、装饰壁挂、家居饰品等。

（8）发光纤维。发光纤维是一种用发光材料制成的激活性光学纤维，应用这种纤维可开发夜间发光的家居布艺饰品、装饰壁挂、布艺鞋套等。

（9）磁性纤维。磁性纤维能改善人体细胞极性，使肌体细胞有序化，使人感到舒适和安定，易解除疲劳，用它可开发医疗保健型家纺产品，如床上用品、枕头等。

（10）石墨烯纤维。石墨烯纤维是将石墨烯用物理和化学方式附着在其他纤维上，或者将石墨烯加入人造纤维溶液中纺丝加工而成。石墨烯是到目前为止发现的最薄、强度最高、导电性极佳的新型纳米材料，它具有极好的强度和柔韧性、导电导热性和光学性质。含有石墨烯的纤维拥有很好的导电性，可以解决纺织品在干燥天气等特殊环境中容易产生静电的问题。它还具有保暖性、持久抑菌性，并且和棉一样吸湿透气，穿着亲肤舒适，可抵挡紫外线等辐射。石墨烯纤维可与棉、莫代尔、黏胶纤维等混纺，用于制作高档床上用品和家纺装饰面料，还可用作芯被、枕芯、睡袋、羽绒服等填充物。

（五）纺织纤维的鉴别

鉴别纺织纤维通常可以通过手感目测法来观察和感知纤维的外观特征，通过显微镜法观察纤维的纵、横向结构特征，通过燃烧法、溶解法或着色实验法等来分析纺织纤维的品种类别。以上方法可以单独使用，也可多种方法结合起来进行纤维鉴别，如图2-13所示。

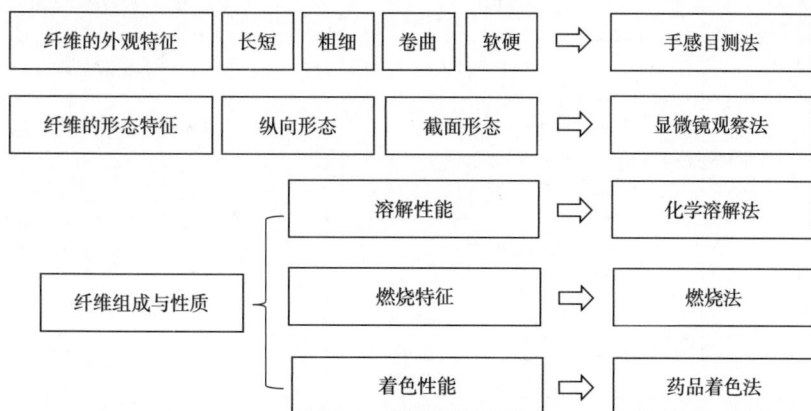

图2-13 纺织纤维鉴别方法

1.纤维鉴别：手感目测法

手感目测法包括根据所掌握的纺织材料知识和经验对织物面辅料、纱线等的质地、光泽、手感等进行感官评判，也可以对面料和纱线拆解出纤维后再进行评判。采用拆解方法根据纺织纤维长短进行初步判别的基本技巧如图2-14所示。此外，还有纤维的色泽、含杂、强度、延伸性、压缩性、硬挺度、细度和长度整齐度等都是手感目测法需要考虑和判别纤维种类时的参考依据。这是一项相当综合性的主观鉴别检验技术方法，需要经过长期实践经验的积累。一般情况下，手感目测法只能提供初步的评判意见，更明确的鉴别需要结合显微镜观察法、化学溶解法等客观检验方法技术一起进行判断。

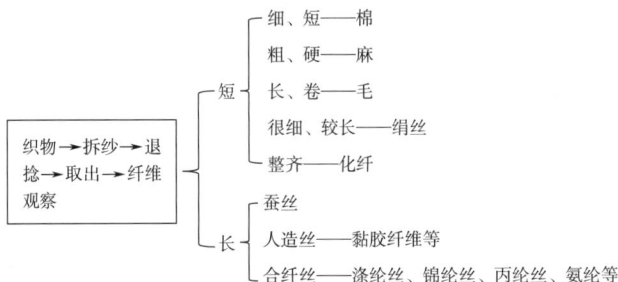

图2-14　手感目测法鉴别纤维示意图

2. 纤维鉴别：显微镜观察法

不同纤维具有不同的纵、横向形态特征，可以通过显微镜观察判断区分。一些常见纺织纤维的纵向和截面形态特征见表2-5和表2-6。

表2-5　纺织纤维的纵向和截面形态特征列表

纤维种类	纵向形态	截面形态
棉	有天然转曲	腰圆形，有中腔
羊毛	表面有鳞片	圆形或接近圆形，有些有毛髓
桑蚕丝	平滑	不规则三角形
苎麻	有横节竖纹	腰圆形，有中腔及裂缝
亚麻	有横节竖纹	多角形，中腔小
黄麻	有横节竖纹	多角形，中腔较大
黏胶纤维	纵向有沟槽	锯齿形，有皮芯层
富强纤维	平滑	圆形
醋酯纤维	有1~2根沟槽	三叶形或不规则锯齿形
维纶	有1~2根沟槽	腰圆形，有皮芯层
腈纶	平滑或1~2根沟槽	圆形或哑铃形
氯纶	平滑	接近圆形
涤纶、锦纶、丙纶	平滑	圆形或异形

表2-6 部分纤维显微镜下的纵横向形态特征

纤维	羊毛	棉	亚麻	桑蚕丝	涤纶	腈纶
纵向形态						
横截面						

3. 纤维鉴别：燃烧法

常用纺织纤维的燃烧特征和织物性能特点见表2-7。

表2-7 常用纺织纤维的燃烧特征和织物性能特点

纤维种类	燃烧难易	燃烧特点	气味	灰烬	织物性能特点
棉	近火焰即迅速燃烧	蓝烟，易续燃	烧纸味	少量灰白色	吸湿透气，柔软舒适，易清洗，不易起毛，易皱，缩水，易变形，可降解
麻	近火焰即迅速燃烧	蓝烟，易续燃	烧纸味	少量灰白色	吸湿，排汗，透气，干爽，强度高，伸长小，易皱，弹性差，刺痒，可降解
毛	燃烧速度较慢	收缩，不易延燃	烧毛发味	松脆黑色	保暖，光泽好，弹性好，保暖，易起毛球，缩水，易毡化，虫蛀，可降解
蚕丝	燃烧速度较慢	收缩，不易延燃	烧毛发味	松脆黑褐色	光滑，柔软，细腻，质感优，光泽优，色彩好，不易打理，易皱，缩水，可降解
锦纶	易燃	近火即卷成白色胶状	氨臭味	黑褐色硬球	表面平滑，较轻柔，吸湿，耐用，易洗易干，有弹性及伸缩性
涤纶	易燃	燃烧时熔化易延燃冒黑烟	芳香气味	黑褐色硬球	强度高，耐用，挺括不皱，弹性好，吸湿差，透气差，易起静电，易起球，可染色，难降解

续表

纤维种类	燃烧难易	燃烧特点	气味	灰烬	织物性能特点
腈纶	近火迅速燃烧	近火熔缩，着火后冒黑烟，易延燃	辛辣味	松脆黑色，硬块	具有类似羊毛织物的柔软、蓬松手感，易染色且色泽鲜艳，易起毛球
丙纶	易燃	缓慢收缩冒黑烟延燃	石油味	浅黄褐硬球	比重轻，吸湿差，吸水好，强度高，耐磨，不耐热，不耐光，易老化，难降解
维纶	易燃	收缩，熔融浓黑烟，延燃	苦香味	黄褐色硬球	强度好，不耐强酸，但耐碱，易起皱，易缩水，染色较差
氯纶	难燃烧，离火即熄	收缩，熔融黑烟自行熄灭	刺鼻辛辣味	深棕色硬块	保暖性良好，难燃，耐酸，耐碱，耐日晒；耐热性差，染色性差

三、家纺材料认知：纱线

纱线是由纺织纤维经过棉、毛、麻、绢等纺纱生产工序加工而成的连续纤维集合体，具有一定的强度、细度和柔软性。

(一)纱线的分类

纱线的种类非常丰富，也有多种分类方法。

1. 按组成纱线的原料分

（1）纯纺纱。指由一种纤维纺制而成的纱线，如纯棉纱、纯毛纱、涤纶纱等。

（2）混纺纱。指由两种或两种以上不同纤维混合纺制而成的纱线，如涤棉纱、麻粘纱、毛涤纱等。

（3）交捻线。指由两种或两种以上不同纤维原料或不同颜色的单纱捻合而成的纱线。

（4）混纤丝。也称为混纤纱，指由两种或两种以上不同长丝纤维混合加工而成的纱线。

2. 按纱线的结构和外形分

纱线按结构和外形不同可分为短纤维纱线（简称短纤纱）、长丝纱线（简称长丝）和特种纱线等。

短纤维纱线中，按纱线内纱的根数又可分为单纱和股线；由两根及两根以上股线再并合加捻而成的纱线则称为复捻股线。

长丝纱由很长的连续纤维（蚕丝或化纤长丝）加工而成。长丝纱分普通长丝（包括单丝、复丝、捻丝和复捻长丝）和变形长丝（假捻变形丝/DTY、空气变形丝、网络变形丝、膨体丝等）。

特种纱线指通过各种加工方法而获得的具有特殊外观、结构和质地的纱线。按其结构特征常见的有花式纱线、包芯纱等。

纱线的结构分类见表2-8。

表2-8 纱线的结构分类

短纤纱线	单纱	长丝纱线	捻丝
	股线		复合捻丝
	复捻股线		变形丝
特种纱线	花式纱线		单丝
	包芯纱		复丝

（1）短纤维纱。由短纤维经纺纱加工而成，简称短纤纱。

（2）单纱。由几十根或上百根短纤维沿轴向排列并经加捻而成，可用于制线、制绳、织布、编结等。

（3）股线。由两根或两根以上的单纱并合加捻而成，根据其合股数可分为双股线、三股线、五股线等。

（4）复捻股线。由两根或两根以上股线合并加捻而成（缆绳），如装饰线、绳索。

（5）长丝纱。由很长的连续纤维（蚕丝或化纤长丝）加捻或不加捻组成的连续纤维束。

（6）单丝。指长度很长的连续单根纤维。

（7）复丝。指两根或两根以上单丝并合成的丝束。

（8）捻丝。由复丝加捻而成。

（9）复捻丝。由两根或两根以上捻丝再经并合、加捻而成。

（10）变形丝。由化纤原丝经变形加工，使之卷曲、螺旋、环圈，而呈现较好的蓬松性、伸缩性的长丝纱。根据变形加工方法的不同分别有假捻变形丝（DTY丝）、网络丝、空气变形丝（简称空变丝）等。

（11）花式纱线。指通过各种加工方法使之具有特殊的外观、结构和质地的纱线，其主要特征是纱线粗细不匀、色彩变化，或有圈圈、结子、绒毛等。一般由芯纱、饰纱、固纱捻合而成，饰纱缠绕在芯纱的周围形成起花效应，固纱在它们之外起加固作用，也有一些花式线无固纱。花式线种类很多，常见的有膨体纱、雪尼尔线、金银线、竹节线、结子线、圈圈线、辫子线、蜈蚣线、拉毛线、彩点线、彩虹线、波形线、螺旋线等，合理使用花式纱线，能织出装饰效果很强的织物。图2-15为花式纱线织物示例。

图2-15 花式纱线织物示例

（12）包芯纱。以长丝或短纤维为纱芯，外包其他纤维一起加捻而纺成的纱。纱芯常为强度或弹性较好的合成纤维长丝（如涤纶、锦纶、氨纶），外包棉、毛等天然短纤维或长丝，使纱线既具有天然纤维的良好外观、手感、吸色性能和染色性能，同时兼有合成纤维的优良性能。如棉氨包芯纱，既有棉的舒适性，又有氨纶回弹好的特点。氨纶包芯纱常用于制作弹力织物，如果与普通无弹纱线间隔使用可使织物产生起皱的效果，如图2-16所示。

图2-16 弹力起皱织物床品

3. 按短纤维长度分

短纤纱中按所采用和组成纤维的长度可分为棉型纱线、毛型纱线、中长纤维纱线，可分别简称为棉纱、毛纱、中长纱。

（1）棉型纱线。用原棉或长度、细度类似棉的短纤维用棉纺工艺设备加工而成的纱线。

（2）毛型纱线。用羊毛或长度、细度类似羊毛的短纤维用毛纺工艺设备加工而成的纱线。

（3）中长纤维纱线。用长度、细度介于棉纤维和毛纤维之间（一般纤维长度为51~65mm，细度为2.78~3.33dtex）的纤维原料，用棉纺或中长纤维专用工艺设备加工而成，具有一定毛型感的纱线。

4. 按纱线花色和后处理分

（1）原色纱。未经任何染整加工、具有纤维原本颜色的纱线称为原色纱，也称本色纱。

（2）漂白纱。经煮练、漂白等加工的纱线称为漂白纱。

（3）染色纱。经染色加工、具有各种颜色的纱线称为染色纱，简称为色纱。

（4）色纺纱。色纺纱是将纤维先染色，然后将不同颜色的纤维混合后再纺制而成的纱线。不同颜色纤维的比例不同，所形成的色纺纱色泽效果也就不同，色彩朦胧、时尚。如图2-17所示。

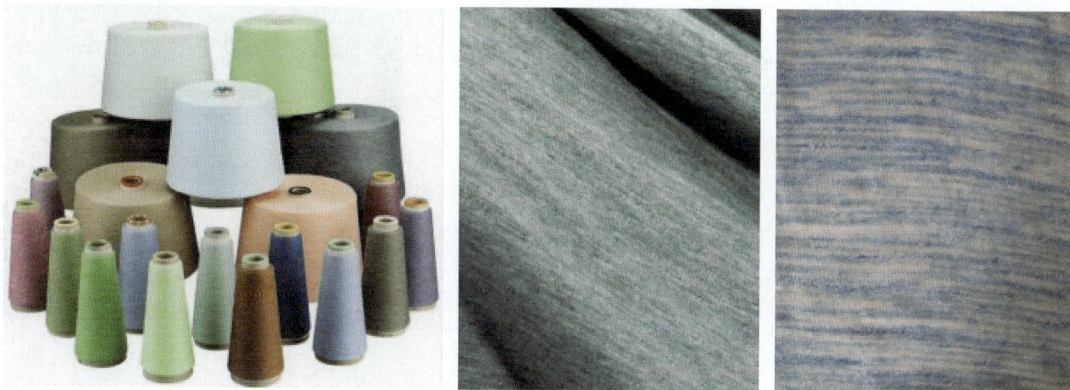

图2-17 色纺纱及色纺织物示例

（5）花色捻线。由两种或两种以上颜色的单纱并合加捻而成的纱线称为花色捻线，其织物具有混色夹花的花色效果。如图 2-18所示。

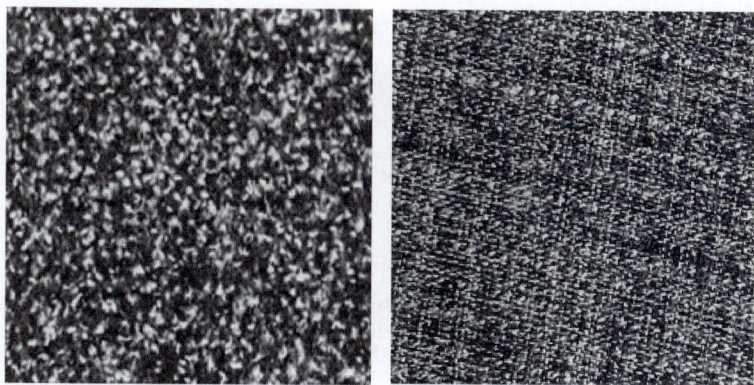

图2-18 花色捻线织物示例

（6）丝光纱。指经丝光加工的纱线，常见的有丝光棉纱、丝光毛纱。丝光棉纱是棉纱经一定浓度的碱液处理而具有真丝一般的光泽和较高的强力的纱，常用于高档衬衫、T恤和家纺床品面料，具有蚕丝般的光泽、光洁滑爽，又保持棉优良的服用性能。丝光毛纱一般是将羊毛经氯化或蛋白酶处理，破坏、剥去羊毛表层的鳞片，以减少纤维细度和羊毛顺向与逆向运动时摩擦系数的差异（缩绒性）。丝光处理后的羊毛纱线具有丝般的光泽和手感，其织物光洁、柔滑、防缩水、可机洗、抗起球。用丝光纱织成面料表面光洁平滑，具有丝绸般的光泽和手感，是高档的家纺材料，如图2-19所示。

（7）烧毛纱。通过烧毛机进行烧毛处理，烧去纱线表面的毛羽，从而使织物表面光洁、滑爽、纹路清晰、抗起球。

5. 按纺纱方法分

纺纱是把纺织纤维加工成纱的重要生产工艺过程。棉、毛、麻、绢丝等纺纱工艺过程有些相似但又有明显的区别。当前棉纺领域常用的纺纱方法主要有传统环锭纺、转杯纺、喷气纺、涡流纺和紧密纺等。环锭纺纱方法已有逾一个半世纪的历史，而后几种是在近几十年甚至是近些年才发展起来的纺纱技术方法，统称为新型纺纱方法。不同纺纱方法制得的纱线具有不同的结构和性能特点。

（1）环锭纺纱。纺纱原理历史悠久。直到今天环锭纺在所有纱线中仍占主导地位，产品应用广泛。这是由于环锭纺机构简单、适纺范围广、成纱质量好。

图2-19　丝光纱面料床品

但环锭纺加工过程长，纺纱速度和产量进一步提高受到限制，特别是纱线毛羽较多，影响了其在一些产品上的品质和应用，如高档衬衫、床品面料。

（2）转杯纺纱。转杯纺纱产品应用领域比较广，尤其在牛仔布、起绒面料等应用上有得天独厚的优势。因为转杯纺以生产粗支纱为主，外松内紧的纱线结构能获得较好的染色牢度和较深的色泽，从而形成牛仔面料蓝中透白的独特风格。

（3）喷气纺纱。由于喷气纱具有毛羽少、条干疵点少等优点，虽然强力较环锭纱低，但强力不匀小，适宜于无梭织机使用；又由于其能够彻底消除针织物的扭矩和斜度，因而一出现即成为针织市场的主流应用产品。喷气纱针织物抗起球等级高，无歪斜，条影少，缩水率低，布面匀整丰满。喷气纱常用于生产家纺面料。

（4）涡流纺纱。涡流纺可以加工涤、棉等纱线，而且具有纺纱速度高、毛羽少等优点，因此在21世纪初得到了快速发展。涡流纱具有环锭纱的结构，并具备更多的功能及流行的特点，纱线毛羽很少，织物起球现象也减少，染色性能及耐磨性好，织物外观光滑，吸湿性好、快干。因而涡流纱织物多用作针织家纺产品等，纱线应用领域比较广泛。

（5）紧密纺纱。欧洲用户将属于环锭纺纱的紧密纺纱作为高品质纱线的标准。这是由于紧密纺成纱毛羽少、强力高，特别适合纺制高支精梳纱，常用于生产机织高档纯棉床品面料、防羽布等，并具有上浆成本低、织造飞花少、织造效率高、织物光泽度佳、外观纹路清晰、色彩对比度强等优点。紧密纺纱的应用将使纺织家纺产品的质量达到一个新的水平。紧密纺纱用于某些高档针织物，常可以省去烧毛工序，加工高档针织产品，但因紧密纺设备成本较高，普通针织物粗支难以承受较高的纱价，在一定程度上制约了紧密纺纱的应用。

6. 按纱线粗细分

（1）粗特纱（粗支纱）。线密度在32tex以上（18英支以下）较粗的纱。

（2）中特纱（中支纱）。线密度在>21~32tex（18~<28英支），介于粗特与细特之间的纱。

（3）细特纱（细支纱）。线密度在>10~20tex（29~<58英支）较细的纱。

（4）特细特纱（特高支纱）。线密度在10tex及以下（58英支及以上）很细的纱。

家纺织物中的棉纱常用规格有97.2tex（6英支）、58.3tex（10英支）、27.8tex（21英支）、32.4tex（18英支）、19.5tex（30英支）、14.5tex（40英支）、11.7tex（50英支）、9.7tex（60英支）、5.8tex（100英支）、4.8tex（120英支）等。中粗特纱及其股线主要用于各类中厚棉型装饰织物、巾被、毯类、沙发等家具的罩、垫等；14.5tex以下（或40英支以上）棉纱常用于生产高档的高支高密床品面料，质感细腻柔滑，用于与身体接触紧密的床上用品。

羊毛纤维纺成的纱线常用的线密度有：8.3~12.5tex（120~80公支）常用于高档挂帷装饰织物的透帘等；12.5~20tex（80~50公支）常用于薄型和中厚型装饰织物；20~40tex（50~25公支）主要用于织制粗支、外观较粗犷的装饰织物；半精梳纱工艺短、成本低且手感柔软，被广泛采用。粗梳毛纱常用的线密度有62.5~125tex（16~8公支），用于各类装饰用毯；125~250tex（8~4公支）用于厚重型装饰用毯。由于羊毛纤维价格高，采用与其他纤维混纺，既可改善某些性能，又能降低成本；或采用毛纱与其他纱线交织也可以达到相同的目的。毛纤维纯纺或和其他纤维混纺的绒线也是装饰织物广泛应用的家纺材料，特别是用于DIY手编、钩织等。

高档桑蚕丝主要用于制织高档装饰家纺织物，如多彩织锦被面、床品套件，高档风景壁挂、像景织物、高级纱帘，刺绣、印花等装饰织物。长丝的常用线密度规格有：14.2/16.65dtex（13/15旦）、22.2/24.4dtex（20/22旦）、30/32.3dtex（27/29旦）、44.4/48.8dtex（40/44旦）、55.5/77.7dtex（50/70旦）等。其中22.2/24.4dtex（20/22旦）、30/32.3dtex（27/29旦）使用最广泛。

（二）纱线的结构参数

纤维和纱线的细度、捻度和捻向是构成织物的重要结构参数。

1. 纤维和纱线的细度指标

纤维和纱线的细度指标分直接指标和间接指标。细度的直接指标有直径、截面积、周长等，单位为微米（μm）、毫米（mm）和μm²、mm²等，因它们实际使用和测量困难而较少用来表示纱线的细度。细度的间接指标分定长制和定重制两类，主要有线密度（特）、旦尼尔（旦）、公制支数（公支）、英制支数（英支）。

（1）线密度（Tt）。指在公定回潮率下1000米长纤维（或纱线）的重量克数，国际法定计量单位为特克斯（tex），简称特，企业习惯称号数或特数。分特（dtex）为特的1/10。如：14.5tex表示在公定回潮率下1000米长纱线的重量为14.5克。其定义式为：

$$Tt = 1000 \times \frac{G_k(g)}{L(m)} \qquad (2-1)$$

其中，Tt为线密度（tex）；L为纤维或纱线的长度（m）；G_k为公定回潮率下的重量（g）。

线密度是定长制细度指标，Tt值越大，纱线越粗。

【例】公定回潮率下200m长的纱线重5.62g，求该纱线的线密度。

解：$Tt = 1000 \times \dfrac{G_k(g)}{L(m)} = 1000 \times \dfrac{5.62}{200} = 28.1(tex)$

（2）纤度（N_d）。指在公定回潮率下9000米长纱线（或纤维）的重量克数，单位为旦（企业习惯用D表示）。如：150D表示在公定回潮率下9000米长纱线（纤维）重量为150克。

$$N_d = 9000 \times \dfrac{G_k(g)}{L(m)} \tag{2-2}$$

其中，N_d为纤度，旦；L为纤维或纱线的长度（m）；G_k为公定回潮率下的重量（g）。

旦尼尔是定长制细度指标，N_d值越大，纱线越粗。多用于表示长丝的细度。

（3）公制支数（N_m）。指在公定回潮率下1克重纱线（或纤维）所具有的长度米数，简称公支（企业习惯用N_m表示）。如：公定回潮率下每克重纱线长1米，则为1公支。

$$N_m = \dfrac{L(m)}{G_k(g)} \tag{2-3}$$

其中，N_m为公制支数；L为纤维或纱线等长度（m）；G_k为公定回潮率下的重量克数（g）。

公制支数为定重制细度指标，N_m值越大，纱线越细。多用于表示毛型纯、混纺纱线的细度。

（4）英制支数（N_e）。指在公定回潮率下1磅（453.6g）重的纱线所具有的长度的840码的倍数，简称英支（企业习惯用S表示）。如公定回潮率下1磅重纱线的长度是840码的32倍，即为32英支，可写成32S。

$$N_e = \dfrac{L'(码)}{G_k'(磅) \times 840} \tag{2-4}$$

其中，N_e为英制支数，G_k'表示纱线重量磅数，L'表示纱线长度码数。

（5）纱线细度指标之间的换算关系。

特数与公制支数换算：$\qquad\qquad Tt = \dfrac{1000}{N_m} \tag{2-5}$

特数与旦数换算：$\qquad\qquad Tt = \dfrac{N_d}{9} \tag{2-6}$

公制支数与旦数换算：$\qquad\qquad N_m = \dfrac{9000}{N_d} \tag{2-7}$

英支制数与特数换算：$\qquad\qquad N_e = \dfrac{c}{Tt} \tag{2-8}$

其中，C为纱线系数，不同类别纤维的纱线系数C不同，例如：棉纱为583，纯化纤为590.5。

2. 纱线细度的表示方法

（1）单纱。用数字和单位表示，如14.5tex、40英支、150旦、32公支、80公支W/T纱等。

（2）股线（或复捻丝）。构成股线的单纱细度相同或不同，其股线细度的表达也有所不同。

①线密度。单纱线密度相同时，股线特数表示：单纱公称特数×股数。如14.5tex×2表示由两根14.5tex的单纱加捻而成的股线。

单纱线密度不同时，股线特数表示：单纱不同特数并列，用"/"相隔。如16tex/18tex表示由两根特数分别为16tex和18tex的单纱加捻而成的股线。

②公制支数。单纱细度相同时，股线公制支数表示：单纱公制支数/股数。如32公支/3表示由三根32公支的单纱加捻而成的股线。

单纱细度不同时，股线公制支数表示：单纱不同公制支数并列，用"/"相隔。如"32公支/26公支/27公支"，表示由三根公制支数分别为32公支、26公支、27公支的单纱加捻而成的股线。

③英制支数。单纱细度相同时，股线英制支数表示：单纱英制支数/股数。如40英支/2表示由两根40英支的单纱加捻而成的股线。

单纱细度不同时，股线英制支数表示：单纱不同英制支数并列，用"/"相隔。如32英支/26英支表示由两根英制支数分别为32英支、26英支的单纱加捻而成的股线。

④纤度。蚕丝复丝常用"股数/D1/D2"表示，如2/20/22表示2根20~22旦尼尔的蚕丝并合而成的丝。

化纤复丝常用"纤度D/纤维根数F"表示，如120D/30F表示其中含有30根单纤维组合成线密度为120旦的化纤复丝。

3. 纱线的捻度

（1）纱线捻度的定义。纱线的捻度指纱线加捻所得单位长度内的捻回数。单位长度通常化纤长丝取1m，蚕丝取1cm，短纤维纱线取10cm。

捻回数是指纱线加捻时，纱条绕其轴心旋转360度即为一个捻回，两个截面间的相对回转数称为捻回数。

（2）纱线按捻度分类。纱线按加捻程度不同可分为弱捻纱、中捻纱、强捻纱。由于纱线粗细不同，其加捻程度不能单纯用捻度来衡量，而要用捻系数等指标。

（3）纱线捻度对织物外观风格、性能的影响。纱线的捻度对织物外观、强力、耐磨、光泽、手感等外观风格、性能有很大影响，主要表现在：

①在一定范围内增加纱线的捻度，纱线和织物强力增加；

②纱线捻度较大，纱线结构紧密，织物手感硬挺、滑爽、光泽较弱；

③纱线捻度较小，纱线强度较弱，织物手感柔软，光泽较好；

④采用强捻纱，可使织物产生绉效应，但加工难度增加，产量降低；

⑤细支强捻纱织制的麻纱织物，质地细洁、轻薄、透凉、滑爽、活泼；

⑥起绒织物，选用弱捻纱便于起绒，绒面效果好；

⑦纺成无捻纱，其毛巾织物就很柔软舒适，毛圈蓬松、整齐，无歪斜；

⑧一般经纱捻度略高于纬纱；薄型织物纱线捻度略高于松软织物；细支纱捻度高于粗支纱；纤维短的纱线捻度高于纤维长的纱线捻度。

⑨紧密纺纱的捻度较高，纱线结构紧密，毛羽少、光洁。

4. 纱线的捻向

纱线的捻向指纱线加捻时纤维扭转的方向。纱线按加捻方向不同，分S捻（左捻）和Z捻（右捻）两种，如图2-20所示。

图2-20 纱线的S捻和Z捻

（三）纱线结构对织物舒适性的影响

在织物中的纱线排列紧密度不变的情况下，纱线结构会对织物舒适性产生一定的影响。

1. 保暖性

低支纱织物，纱线粗，织物厚，保暖性好；反之，纱支高，细度细，织物轻薄凉爽。

2. 吸湿性

纱线捻度小，纱线结构松散，织物吸湿性、透湿性较好。

3. 透气性

纱线细，织物细薄，织物中纱线较细，织物中纱线间隙较大，织物透气性好；反之，纱线粗，间隙小，织物厚实，织物透气性差、保暖性好。

4. 手感

同等纱支情况下，纱线捻度大，刚性大，织物硬挺；反之，纱线捻度小，织物柔软，较易掉毛；易起毛起球。螺旋毛巾采用强捻纱，有质感，用于搓澡触感硬爽；无捻毛巾，手感柔软，特别受女性和婴幼儿童喜爱。

四、家纺材料认知：织物

（一）织物的分类

家纺用织物从前称为装饰织物，但现在的家纺织物范围更广，它包含了室内外空间中的各类日常用和装饰用织物面辅料等。家纺织物品种繁多，也有很多不同的分类方法。

1. 按纤维原料分

按所用纤维原料不同，家纺织物可分为：

（1）天然纤维织物。如棉织物、亚麻织物、羊毛织物、蚕丝织物等。

（2）化学纤维织物。简称化纤织物，包括以下几类。

①再生纤维织物。包括再生纤维素纤维织物（如黏胶短纤、黏胶丝、醋酸丝、铜氨丝、竹纤维、莫代尔、天丝织物等，黏胶织物俗称人造棉）和再生蛋白质纤维织物（如牛奶纤维、大豆纤维、花生纤维织物等）。

②合成纤维织物。如涤纶、锦纶、腈纶、丙纶、氨纶织物等；

③无机纤维织物。如玻璃纤维、金属不锈钢纤维织物等。

2. 按原料构成分

（1）纯纺织物。纯纺织物是指由同一种纤维原料的纱线织制而成的织物，有纯天然纤维织物和纯化纤织物。纯纺织物的特点是体现了其组成纤维的基本性能。家用纺织品中常见的纯纺织物有全棉床单与被套、纯棉线毯、纯羊毛毯、腈纶毯、真丝锦缎被面等。

（2）混纺织物。混纺织物是指由两种或两种以上的纤维原料混合纺制的纱线织制而成的织物。混纺织物的主要特点是可体现所组成原料中各种纤维的性能特点。家用纺织品常见的有涤/棉混纺床单、棉/麻混纺桌布、毛/腈混纺毛毯等。T/C 65/35织物俗称"的确良"。

（3）交织织物。交织织物是指经纬纱采用不同纤维原料的纱线或长丝织制而成的织物，简称交织物。如经纱用蚕丝、纬纱用毛纱的丝毛交织物，经纱用涤纶丝、纬纱用黏胶股线的涤黏交织物等。交织物的特点由织物中不同种类的纱线性能决定，经纬向各向异性。

3. 按织物风格分

（1）棉型织物。棉型织物是用棉型纱线（纤维长度、细度与棉纤维相接近）织制而成的织物。原料不一定局限于棉纤维，还可以是化纤或是混纺纱，如纯棉床单、涤棉被套等。织物通常手感柔软，光泽柔和，外观朴实自然。

（2）毛型织物。毛型织物包括精纺毛织物（精纺呢绒）、粗纺毛织物（粗纺呢绒）、毯类织物（毛毯）等。毛型织物所用纤维较长，细度相对较粗，原料不一定局限在毛，可以使用化纤原料，或是毛与化纤混纺。毛型织物具有蓬松、丰厚、柔软的特点，保暖性能好。家纺中用得很多，常见的有羊毛毯、腈纶毛毯、涤纶绒毯、混纺毛毯等，如珊瑚绒毯、天鹅绒毯等。

（3）丝型织物。丝型织物是用长丝或绢丝等短纤维纱织制而成的织物，包括天然蚕丝织物（真丝、绢纺、紬丝等）、化纤长丝织物、长丝交织织物等。丝型织物表面光洁，光泽好，色泽鲜艳，手感柔滑，悬垂性好。真丝织物常见的有绫、罗、绸、缎、绉、纱、锦、绨、葛、呢、绒、绢、纺、绡14大类，统称为丝绸。相关常用词语有绫罗绸缎、锦绣前程、胸罗锦绣、绨袍之义等，中国传统纺织丝绸文化历史悠久、非常丰富。

（4）麻型织物。麻型织物是由麻或麻混纺纱或仿麻纤维、纱线等织制而成的织物。织物外观自然朴实，吸湿干爽，透气舒适。如有一些独特麻感家纺中常见的如粗细节麻棉混纺窗帘、涤纶仿麻窗纱、棉麻台布、亚麻凉席、黄麻挂毯基布等。

4. 按织造加工方法分

按织物形成或织造加工方法不同，织物可分为机织物、针织物、非织造布、编结物等类，这些织物在家居家纺中都有广泛应用，如图2-21所示。

（1）机织。机织物又称梭织物，是指由相互垂直排列的两个系统的纱线（经纱和纬纱）按一定规律（织物组织）交织而成的纺织品。其中，沿织物长度方向排列的纱线称为经纱，沿织物宽度方向排列的纱线称为纬纱；经纬纱线上下沉浮交织的规律称为织物组织。图2-22所示为最简单的机织物组织平纹的组织图和经纬纱沉浮交织示意图，图中黑色代表经纱，白色代表纬纱。

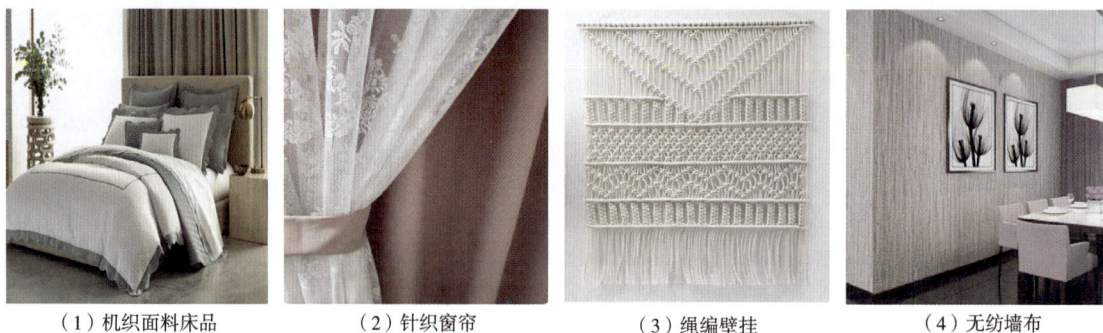

（1）机织面料床品　　　（2）针织窗帘　　　（3）绳编壁挂　　　（4）无纺墙布

图2-21　不同织造方法家纺织物应用

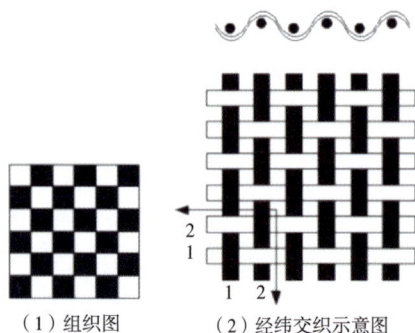

（1）组织图　　　（2）经纬交织示意图

图2-22　平纹组织交织规律示意图

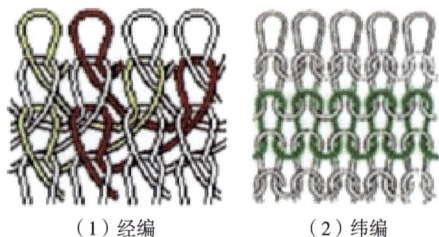

（1）经编　　　（2）纬编

图2-23　针织物结构示意图

机织物具有结构形态稳定、织物平整挺括、强度高等特点。机织物在家纺产品中应用最为广泛，如床单、被套、地毯、窗帘、桌布、毛巾等大都采用机织物。

（2）针织物。针织物是指由一根或一组纱线弯曲形成线圈，线圈相互串套形成的织物。线圈是针织物的最小基本单元。按织造方法不同，分为经编针织物和纬编针织物；按织造工具不同，分为机织针织物和手编针织物。针织物结构示意如图2-23所示。

针织物多孔、透气、质地松软，有较大弹性和延伸性，保型性和尺寸稳定性较差，易勾丝，易卷边、易变形、易起毛起球，纬编针织物易脱散。

家纺产品中，针织物常用于床品、毯类、窗纱、窗帘、沙发套、座椅套、布艺玩具、台布、蕾丝花边等。如图2-24所示。

（1）经编窗纱　　　（2）针织毛线毯　　　（3）针织绒毯　　　（4）针织床品套件

图2-24　针织家纺产品

（3）非织造布。非织造布又称无纺布，是指不经过传统的纺纱和织造工序，直接由纤维或纱线铺置成网，再经过黏合、熔合、针刺等化学或机械方法加工而形成的纺织品。非织造布质轻、产量高、成本低。家纺产品中所用非织造墙布、黏合衬、简易靠垫芯的面料、医用床单、防护布罩、填充絮片等都属于非织造布，如图2-25所示。

（1）各类非织造布   （2）靠垫内芯面料   （3）医用床单

图2-25 非织造布及其家纺产品

（4）编结物。除了机织物、针织物和非织造布，另外还有一类编结物，可以手工或机器编结编织。如棒针、钩针、编结等手工编制品，一般以线、带、绳、藤、草、竹等线材为主要原料，徒手或借助简单工具手工编织或编结制成。藤艺、竹编制品常做成桌、椅、床等家具和工艺饰品；藤编、草编制品常作夏季用凉席、坐垫等；纱、线、绳等，在家用纺织品尤其在以装饰作用为主的纤维艺术作品中常作为主体材料，通过织、钩、编、结或其他方式制成实用品和具有较强艺术感的壁饰挂件等，如图2-26所示。

（1）钩织盖毯   （2）编结饰品   （3）编织壁挂

（4）柳编框篮   （5）手编草席   （6）手编竹席

图2-26 编结家纺产品

5. 按织物组织结构分

机织物组织是指机织物中经纬纱交织结构的规律，可分为原组织（基本组织）、变化组织、联合组织和复杂组织等。

（1）原组织织物。机织物组织中最简单的是三原组织，即平纹、斜纹和缎纹组织。由经纱和纬纱一上一下相间交织而成的组织称为平纹组织；经组织点（或纬组织点）连续成斜线的组织称为斜纹组织；单独的、互不连续的经组织点（或纬组织点）在组织循环中有规律地均匀分布，这样的组织称为缎纹组织。三原组织织物示意如图2-27所示。

（1）平纹组织　　（2）斜纹组织　　（3）缎纹组织

图2-27　三原组织织物示意图

家纺中常用的平纹、斜纹和缎纹织物有细布、平布、粗布、府绸、帆布、夏布、牛仔布、斜纹布、卡其布、法兰绒、华达呢、贡缎、素缎等。原组织织物表面素洁，纹理单一。

（2）变化组织织物。以三原组织为基础加以变化可以获得平纹变化组织、斜纹变化组织和变缎纹化组织。变化组织织物示例如图2-28所示。

（1）平纹变化组织　　（2）斜纹变化组织　　（3）缎纹变化组织

图2-28　变化组织织物示例

（3）联合组织织物。两种或两种以上组织（原组织或变化组织）按不同方法联合可以形成联合组织。常见的如条格组织、绉组织、透孔组织、蜂巢组织、凸条组织、网目组织、小花纹组织等，其织物各自具有独特的纹理结构；如果与经纬色纱配合，可以获得更丰富多样的花色效果，如配色模纹等。联合组织织物示例如图2-29所示。

（4）复杂组织织物。原组织、变化组织、联合组织虽然种类很多、结构各异，但都由一个系统经纱和一个系统纬纱交织构成，结构比较简单，统称为简单组织。

当经纬纱中至少一个方向由两个或两个以上系统的纱线组成，就构成了复杂组织，常见的如经二重组织、纬二重组织、双层组织、多层组织、起绒组织、起毛组织、毛巾组织、纱罗组织等。家纺产品中常见的复杂组织织物有双面经二重（或纬二重）织物、经二重（或纬二重）起花织物、经起花织物、双层（三层、多层）织物、管状织物、双幅织物、灯芯绒织物、平绒织物、长毛绒织物、毛巾织物、纱罗织物等。复杂组织织物示例如图2-30所示。

（1）条格组织　　　　（2）绉组织　　　　（3）透孔组织　　　　（4）蜂巢组织

（5）凸条组织　　　　（6）网目组织　　　　（7）小花纹组织　　　　（8）配色模纹

图2-29　联合组织织物示例

（1）管状组织织物　　　（2）双层织物　　　（3）断档提花毛巾　　　（4）经纬起花织物

（5）纱罗织物　　　　（6）双面绒　　　　（7）灯芯绒　　　　（8）长毛绒

图2-30　复杂组织织物示例

6. 按织物花纹及织机类型分

不同组织结构的织物具有不同的外观纹理，这在机织物中需要通过不同的提综规律来实现经纱不同规律的运动。不同运动规律的经纱越多、花纹越复杂，也就需要越复杂的织造设备来织制。按织物外观花纹特点和织造设备类型不同，机织物可分为素织物、小提花织物和大提花织物三大类。如图2-31所示。

（1）素织物。也称平素织物，由单一的原组织或简单的变化组织构成。素织物结构简单而单一，不同运动规律的经纱只有几种，用简单织机就可织造。素织物表面素洁、没有花纹。家纺中常用于染色、印花、色织、绣花等床品面料，窗帘、窗纱、墙布、家具布等。

（1）素织物床品   （2）小提花靠垫   （3）大提花毛巾

图2-31 不同组织结构家纺织物应用

（2）小提花织物。由联合组织或复杂组织构成，织物表面具有小型花纹，一个花纹组织循环较小，在多臂织机上织造，不同运动规律的经纱数在多臂织机有限的综框数范围内。家纺中常用于床单、被套、盖毯、家居服、窗帘、墙布及餐厨、卫浴用纺织品等。

（3）大提花织物。也称纹织物，可以由各种类型的组织共同构成，不同组织在不同花纹部位分布，从而形成各种花纹色彩与图案。大提花织物一个花纹循环中，不同运动规律的经纱数达到几十甚至上万根，必须在大提花织机上才能织制。

大提花织物在各类家纺产品中应用非常广泛，常见如用于床品、餐垫桌布、窗帘、地毯、墙布、装饰挂毯、像景织物、卫浴毛巾，以及沙发、床垫等软体家具面料，等等。

大提花织机依靠几十根甚至上万根独立运动的纹针控制经纱运动，提综最复杂，可织制的花纹可以较大，可以织制大提花织物、小提花织物和素织物；多臂织机一般依靠16~24片综框来控制经纱的运动，不同运动规律的经纱穿在不同的综片上，经纱运动规律受综框数量的限制，可以织制小提花织物和素织物。如图2-32所示。

（1）踏盘织机   （2）多臂织机   （3）大提花机

图2-32 不同类型织机

7. 按印染加工方法分

（1）白坯织物。由本色纱线织成，未经漂染、印花的织物统称白坯织物，简称白坯布。

（2）漂白织物。白坯织物经过漂白加工而成漂白织物，简称漂白布。漂白织物常用作床单、被里、靠垫芯及被芯的面料。

（3）染色织物。白坯织物进行匹染加工而成的均匀着色的织物称为染色织物，也称素色织物，简称色布。绣花床品套件常采用素色织物加绣花而制成。

（4）印花织物。通过手工或机械设备对白坯织物进行印染着色而呈现花纹图案的织物，称为印花织物，简称印花布、花布。对织物进行印花的工艺方法和设备有多种多样，如扎染、蜡染、丝网印花、转移印花、烫印、涂料印花、发泡印花、植绒印花、数码喷印等。

（5）色织物。纱线先经过染色后再织造加工而成的织物称为色织物，也称作色织布。不同的经纬向色纱按照一定规律排列后交织可以形成色织条、格花型；色纱与组织结构相配合可以形成独特花纹效果；将具有不同染色性能的本色纱线间隔排列织成坯布后染色，也能形成色织条格效果；花式纱线也可与普通色纱间隔排列，可以形成独特花色的织物。色织物在家纺床品、窗帘中都有大量运用。

（6）色纺纱织物。色纺纱织物指由色纺纱织成的机织物或针织物。由于色纺纱是由不同颜色的纤维混合后纺制而成的，具有一定的随机性和不规则性，因而其织物具有多种颜色纤维的不规则混色效果；织物中全部或部分采用色纺纱线，织物外观会具有不同的花色效果。如图2-33所示。

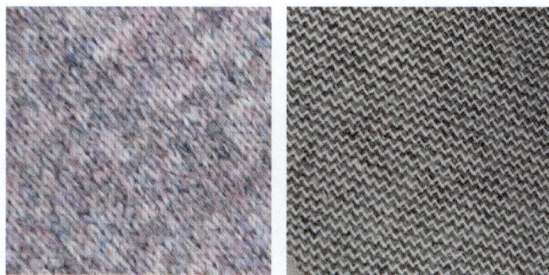

图2-33　色纺纱织物

素色织物、印花织物、色织物床品应用如图2-34所示。

（1）素色床品　　　　（2）印花床品　　　　（3）色织床品

（4）色纺床品

图2-34　不同印染加工织物应用示例

8. 按后整理工艺分

织物的后整理可分为外观整理（一般整理）和功能整理（特殊整理）。外观整理主要是改变织物的外观、手感、悬垂性等风格特征；功能整理则是以改善织物的表面和内在性能为主。

（1）外观整理织物。常见的有漂白织物、染色织物、印花织物、丝光织物、轧光织物、磨毛织物、拉绒织物、轧花织物、折皱整理织物、烂花织物、涂层织物等，如图2-35所示。

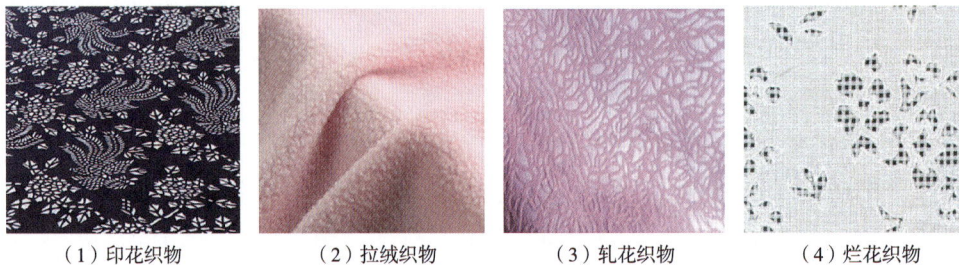

（1）印花织物　　　（2）拉绒织物　　　（3）轧花织物　　　（4）烂花织物

图2-35　不同外观整理织物

（2）功能整理织物。家纺织物按其功能性及后整理加工可分为以下几类：

安全防护功能：如阻燃、抗静电、防辐射、防水、防污、自清洁功能。

卫生保健功能：如抗菌、除臭、防螨、防蛀、抗红外线、抗紫外线功能。

舒适性和服用性改善功能：如柔软、吸湿、透气、干爽、滑润、防缩、防水透湿、抗皱免烫、耐久压烫功能。

智能化功能：如自动调光调色、自动调温调湿、人体与环境信息预测等。

功能性家纺织物的生产通常有两种途径：一种是采用相关的功能性纤维织制织物；另一种途径是通过对织物进行相关的功能整理。

（二）织物的基本参数

织物的参数，是织物在生产、销售、采购和使用过程中涉及的纱线及织物的基础结构规格信息，如织物的幅宽、长度、厚度、平方米克重，织物的密度与紧度，织物中纱线的原料成分、种类、细度、捻度、捻向、颜色及其排花，织物的组织结构等。商业上表达织物的规格参数通常有纱线细度、纤维原料成分及比例、经纬向密度或纵横向密度、平方米克重或每米克重、幅宽和颜色等织物基本规格参数信息。

1. 机织物基本参数

（1）织物的长度、宽度和厚度。

①织物长度。即匹长，以米（m）为计量单位。匹长的大小根据织物的用途、厚度、重量及卷装容量来确定。家纺床上用品织物的匹长，一般小匹为30~40m，大匹为60~70m。织造卷装中常将连续几匹织物作为一卷布下机，称为联匹，如"织物为4联匹，每匹30米"。

②织物宽度。指织物横向的最大尺寸，称为幅宽或门幅，单位为厘米（cm）。织物幅宽的横向最大尺寸指的是织物的可用部分，不包括布毛边部分。织物的幅宽根据织物的用途、织机条件和织造加工过程中的收缩程度来确定。传统织物中，成品棉型织物的幅宽有：

带织物：宽度在30cm以下；

窄幅织物：幅宽30~<81.5cm（32英寸）；

中幅织物：幅宽81.5~<127cm（32~50英寸）；

宽幅织物：幅宽127~<167.5cm（50~66英寸）。

此外，商业上还有特阔织物（167.5cm即66英寸及以上）、双幅织物等。新型织机的发展使幅宽也随之增加，宽幅织物越来越多。床品、窗帘、地毯、墙布等家纺织物的幅宽一般较宽，选用时要结合成品设计要求而定。如窗帘以前常见150cm左右的面料，制作窗帘时一般是竖向使用，对于较宽的窗户需要几幅拼接；现在越来越多见280cm甚至更宽幅的面料。它是根据现在一般住宅的层高设计的定高窗帘面料，制作窗帘时一般是横向使用，即幅宽方向作为窗帘的高度方向，窗帘宽度可以根据窗户的宽度自由选择面料用料。床品面料幅宽常见有150cm、180cm、230cm、250cm、280cm等。

③织物厚度。织物厚度指织物在一定压力下正反两面间的垂直距离，单位为毫米（mm）。织物按厚度不同可分为薄型、中厚型和厚型三类。影响织物厚度的因素主要有纱线细度、织物组织、纱线在织物中的屈曲程度、生产加工时的张力等。织物厚度对织物性能影响很大，如坚牢度、保暖性、透气性、刚柔性、压缩性、悬垂性等。

（2）织物的重量。织物的重量通常以每米或每平方米织物所具有的重量克数来表示。它是织物的一项重要规格指标，也是织物计算成本和报价的重要依据。

①每米克重。全幅1米织物所具有的重量克数称为每米克重（g/m），它与纱线细度、织物密度和幅宽等有关。

②平方米克重。每平方米织物所具有的重量克数称为平方米克重（g/m^2），它与纤维密度、纱线细度和织物密度等密切相关。棉织物常以每平方米的退浆干重来表示，毛织物则常采用每平方米的公定重量来表示。按织物的厚度和重量，织物一般可以分为轻薄织物、中厚织物和厚重织物。

（3）经纬纱细度。指织物中经纱和纬纱的粗细程度。纱线的细度指标主要有特克斯、旦尼尔、公支、英支。其中，特克斯为国际法定计量单位，旦尼尔多用于表示长丝的细度，公支多用于表示毛型纱线的细度，英支多用于表示棉型纱线的细度。

织物内经纬纱细度，可用"经纱细度×纬纱细度"表示。如，14.5tex×14.5tex表示经、纬纱均为14.5tex；棉织物常习惯用英支表示，企业习惯用"S"表示，14.5tex棉纱相当于40S，企业中常表示为40S×40S。再如，经纬纱为双股100英支棉纱，可表示为（5.8tex×2）×（5.8tex×2）或100S/2×100S/2。

（4）织物密度。指织物中单位长度内所排列的经纱（或纬纱）根数，分经纱密度（简称经密）和纬纱密度（简称纬密）。织物经纬密度可用"经密×纬密"表示。

织物密度的计量分公制和英制。公制的织物密度，"单位长度"一般以10cm计，即指10cm织物内的经（纬）纱根数；丝织中"单位长度"也常以1cm计。英制的织物密度，"单位长度"以1英寸计，即指1英寸织物内的经（纬）纱根数。因此，织物密度的公制单位为根/

10cm或根/cm；英制单位为根/英寸。

公制、英制织物密度可通过1英寸=2.54cm的关系相互换算，密度的数值一般取整数或小数取0.5。

【例】织物规格60英寸，C40×C40，133×100，含义是：幅宽为60英寸的棉织物，经纬纱均为40英支单纱，织物经密133根/英寸、纬密100根/英寸；用国际公制单位可相应表示为：152.4cm，C14.5tex×C14.5tex，523根/10cm×394根/10cm，含义是：幅宽为152.4cm的棉织物，经纬纱均为14.5tex单纱，织物经密523根/10cm、纬密394根/10cm。

（5）织物紧度。分经向紧度E_j、纬向紧度E_w和总紧度E，分别以织物中经纱或纬纱的投影面积，或经纬纱总投影面积占织物总面积的百分比来表示。在相同组织条件下，织物的紧度越大，表示织物越紧密。织物的紧度E与织物密度P（根/cm）、经纬纱直径d（mm）或线密度Tt（tex）有关。

$$E_j = P_j \times d_j = 0.037 P_j \sqrt{Tt_j} \tag{2-9}$$

$$E_w = P_w \times d_w = 0.037 P_w \sqrt{Tt_w} \tag{2-10}$$

$$E = E_j + E_w - E_j \times E_w / 100 \tag{2-11}$$

式中：E_j、E_w和E分别表示经向紧度、纬向紧度和总紧度（%）；P_j、P_w分别表示经密和纬密（根/10cm）；Tt_j、Tt_w分别表示经纱和纬纱的线密度（tex）。

【例】C14.5tex×C14.5tex，523根/10cm×394根/10cm织物的紧度计算。

解：
$$E_j = 0.037 \times 523 \times \sqrt{14.5} = 73.7(\%)$$

$$E_w = 0.037 \times 394 \times \sqrt{14.5} = 55.5(\%)$$

$$E = E_j + E_w - E_j \times E_w / 100 = 73.7 + 55.5 - 73.7 \times 55.5 / 100 = 88.3(\%)$$

即使织物的纱线原料和组织相同，如果紧度不同，也会引起使用性能与外观风格的不同。经纬向紧度过大的织物，其刚性增大，抗折皱性下降，耐平磨性增加，手感板硬；而如果紧度过小，则织物过于稀松、疲软、缺乏身骨。

2. 针织物基本参数

针织物的基本结构单元是线圈，其结构紧密程度都以针织线圈长度和密度来评价。

（1）针织物密度。针织物的密度是指针织物在单位长度或单位面积内的线圈数。通常用横向密度、纵向密度和总密度来表示。

横向密度是指沿线圈横列方向5cm长度所具有的线圈纵行数；纵向密度是指沿线圈纵行方向5cm长度所具有的线圈横列数；总密度是指5cm×5cm内的线圈数，等于横向密度和纵向密度的乘积。

针织物横向密度和纵向密度的比值称为密度对比系数。

针织物的密度对针织物的物理机械性能影响很大。密度较大的针织物比较厚实，保暖性较好，透气性较差，强度、弹性、耐磨性及抗起毛起球性和勾丝性也较好。

（2）线圈长度。线圈长度是指每一个线圈的纱线长度，它由线圈的圈干和延展线组成，一般以毫米（mm）为单位。线圈长度与针织物的密度有关，对针织物的机械性能如脱散性、延伸性、耐磨性、弹性、强力以及抗起毛球性和勾丝性等有很大的影响，是评定针织物的一项重要物理指标。线圈长度越长，针织物密度越小、越稀薄；尺寸稳定性、弹性、耐磨性越差，强度越低，脱散性越大，抗起毛起球和抗勾丝性越差，透气性越好。

（3）未充满系数。未充满系数是指针织物线圈长度与纱线直径的比值。它表示针织物在相同密度条件下，纱线细度对疏密程度的影响，反应针织物的紧密程度。线圈长度越长，纱线越细，未充满系数就越大，即针织物中未被纱线充满的空间越大，织物越稀疏。

（4）匹长、幅宽、厚度。

①匹长。针织物匹长由工厂的生产工艺而定，主要考虑织物品种和染整工序加工因素。一种是定重方式，即制成每匹重量一定的坯布；另一种是定长方式，即每匹长度一定。纬编织物匹长多由匹重再根据幅宽和每米重而定。经编针织物匹长以定重方式较多。

②幅宽。纬编针织物的幅宽主要与加工用的针织机的筒径规格、纱线线密度和织物组织等因素有关，一般为40~50cm。经编针织物幅宽随产品的品种和组织而定，一般为150~180cm或更宽。

③厚度。针织物厚度与织物的体积重量、耐磨性、刚柔性及蓬松性等有关。当针织物组织相同时，其厚度主要与纱线直径和纱线相互挤压程度有关；当纱线线密度相同时，针织物厚度与织物组织、密度和原料有关。例如，汗布为单面针织物，其厚度较小。针织物厚度一般用织物厚度仪测定。

（5）针织物重量。用织物每平方米的干燥重量克数来表示，单位为g/m^2。

3. 非织造布的规格

除用品类、成分、幅宽、厚度、长度等外，也用平方米克重表示。这里不做详细讨论。

（三）织物的性能与指标

1. 织物的坚牢度

织物在使用过程中，受力破坏的最基本形式是拉伸断裂、撕裂、顶裂和磨损。

（1）拉伸性能。常用指标有拉伸强力、断裂伸长和断裂功。影响强力的因素主要有：

①纤维原料的性质，如纤维的强力、伸长、模量、弹性、卷曲、抱合。

②纱线的结构与性能，如纱线的结构、粗细、捻度等。

③织物密度。

④织物组织。

⑤后整理。

⑥测试条件，如试样的宽度、长度、拉伸速度、环境等。

（2）撕裂性能。织物边缘受到一集中负荷作用，使织物撕开的现象称为撕裂。撕裂性能指标如下：

①最大撕裂力，即撕裂曲线上的最大峰值。

②五峰均值撕裂力，即撕裂曲线上从最大峰值和依次减小的四个峰值的平均值。

③十二峰均值撕裂力。

④全峰均值撕裂力。

（3）顶破性能。织物受垂直布面的力的作用而产生的破裂称之为顶破。主要指标有顶破强力和顶破高度。

（4）磨损性能。织物布面受反复切向摩擦力的作用而产生的表面破坏称之为磨损。这是织物日常使用中最常见的破坏形式。具体表达织物耐磨性能的指标很多，大致可归类如下：

①经一定摩擦次数后，织物的力学性质、形状等的变化量、变化率、变化级别等。如强力损失率，透光、透气增加率，厚度减少率，表面颜色、光泽、起毛起球的变化等级等。

②磨断织物所需的磨损次数。

③某种物理性质达到规定变化时的磨损次数或时间。如磨到两根纱线断裂或出现破洞时，织物受摩擦次数。此类指标常用于穿着试验。

④平磨、曲磨及折边磨的单一指标加以综合，得到综合耐磨值。

2. 织物的外观保持性

（1）抗起毛起球性。织物在穿着和洗涤过程中，不断经受摩擦、揉搓等作用，织物表面会产生毛茸（起毛），继续摩揉，这些毛茸就会相互纠缠成球（起球），织造外观恶化。织物抗起毛起球性的评价方法指标如下：

①与标准实物样照对比，评出级别，共五个级，5级最好，1级最差。

②单位面积的起球粒数。

③单位面积的起球粒重量。

④起球曲线。

影响起毛起球的因素有纤维品种、纱线和织物的结构、染整后加工、使用条件等。

（2）抗勾丝性。织物中的纱线被尖硬物体勾出织物体外，并造成布面的抽拔丝痕。勾丝会使织物外观恶化，抗勾丝性是织物的重要服用性能之一。其检测评定大多采用实物或标准样照对比评级，5级最好、1级最差。

（3）抗皱性。织物在揉搓外力作用下，抵抗弯曲变形的能力，称为抗皱性。一般织物的外观在没有任何外力作用下，普遍是光洁、平坦、无皱纹的，但经过使用后，织物的表面受折皱变形，产生皱纹，不再平挺，影响外观。检测评定指标：折痕回复角、折皱回复率。

（4）洗可穿性。主要是考核洗涤后的皱缩性。织物洗后不加熨烫或稍加熨烫就可保持平挺而正常使用的性能，称之为洗可穿性，也称免烫性。可以通过测试拧绞法、落水变形法、洗衣机法等方法进行测试，与样照对比评为五级，5级最好，1级最差。

（5）褶裥保持性。织物经熨烫形成的褶裥（含轧纹、折痕），在洗涤后经久保形的程度称为褶裥保持性。可通过熨褶重压法、洗涤评级法、FAST服装面料熨烫性能测试仪来进行测试，与样照对比评级，评为五个级别，5级最好，1级最差。

（6）染色牢度。织物在光晒、水洗、皂洗、摩擦、汗渍、熨烫、漂白，海水、干洗等作用下会发生褪色。该性能的测试方法很多，其主要评价方法是用标准灰色样卡对比评价染色牢度。也可用测色仪测试色差的方法评价。

3. 织物的尺寸稳定性

织物在湿、热、洗涤等情况下会发生长度、宽度及厚度尺寸和织物紧密程度的变化。织物在外界因素作用下尺寸变小，称为织物的收缩性；织物抵抗尺寸改变的能力叫尺寸稳定性。造成织物收缩的原因很多，如纤维吸水后的膨胀而收缩（即缩水）；应力作用缓弹性收缩；热和应力作用下大分子结构变化而导致纤维织物收缩；羊毛的毡化收缩等。服装家纺用织物的收缩性不仅影响产品外观与穿着使用舒服感，而且对其继续使用寿命也产生影响。

4. 织物的风格与手感

织物风格是织物的力学特性作用于人的感觉器官而作出的综合评判。

广义的织物风格包括视觉风格和触觉风格。视觉风格是指织物的外观特征，如色泽、花型、明暗度、纹路、平整度、光洁度等刺激人的视觉器官而使人产生的生理、心理的综合反映。触觉风格是通过人手的触摸抓握，织物的力学性能对人的刺激而使人产生的综合评判。

狭义的风格一般指触觉风格或用手感评价。

目前，织物风格也可以用专门的织物风格仪器进行客观评价。

5. 织物的透通性与舒适性

舒适性是织物服用性能的一个重要指标，它涉及的领域很广，既有物理学、生理学方面的因素，也有社会学、心理学等方面的因素。在人、织物（服装或家纺）、环境三者间相互作用中使人达到生理、心理及其他物理因素感觉的满意可称为舒适；而狭义地将织物使人达到满意的热湿平衡的性能称为织物的舒适性。织物的透通性与舒适性密切相关。对于家纺产品，尤其床上用品来说，织物的通透性是考核其舒适性的重要指标。

（1）保暖性。是织物保暖并使人舒适的重要性能，导热系数、绝热率、克罗值、保暖率等指标都是反应织物导热和保暖性能的指标。

（2）透气性。指织物透过空气的性能，确切地讲，是指织物两面存在空气压差的情况下空气透过织物的性能。在不同的使用环境中对家纺织物的透气性要求是不同的。

（3）透湿性。指织物透过空气中水分（湿气、汽）的性能。在织物两面存在水汽分压压降的情况下，湿气就会向低压方向扩散。透湿性常采用透湿量指标来表示，它指一定条件下单位时间、单位面积织物透过的水汽质量。

（4）透水性。也称防水性，指织物透过液态水的性能。若织物两面存在水压压降的情况，水就会向低压方向渗透。透水性常采用静水压指标来表示，它指水从织物一面到达另一面，出现三滴水或三处出现水滴时的水压。此性能常用于防水织物评价。

（5）润湿性。也称沾水性，指织物表面抗湿的性能。常用润湿法（用水滴在织物表面上形成的接触角表示）和喷淋法（用样照对照评级）测试。

（6）吸湿性。指纺织家纺材料（纤维、纱线、织物）吸收空气中水分的性质。这是材料的一项很重要的性质。常用吸湿指标为回潮率、含水率。纺织材料中水分的重量占材料干重的百分率称为回潮率。纺织材料水分的重量占材料湿重的百分率称为含水率。纺织材料释放出水分的性质常称为放湿性。它们与织物的舒适性有密切关系。

五、家纺材料认知：毛皮与皮革

（一）天然毛皮与天然皮革

毛皮与皮革既是最古老的服用材料，又是很现代的高档软装家纺用材料。从屠宰后动物胴体上剥下的、未经鞣制成革的皮称为生皮（或称原料皮），经过鞣制加工后的带毛之皮称为毛皮，鞣制加工后的光面或绒面皮板则称为皮革。珍贵毛皮动物的皮毛是制作毛皮的高等原料，只有失去制毛皮价值而皮板又比较坚实的动物皮才被用作制革。当然，在毛皮生产和贸易中也要注意世界动物权益保护组织的相关规定。

1.天然毛皮

天然毛皮由动物的毛皮鞣制加工而成，由毛被和皮板构成，皮板密实挡风，毛被的粗毛及绒毛中储有大量的空气，具有极好的御寒保暖性，是防寒的理想材料。而且，毛皮既可用做面料，又可充当里料与絮料。特别是毛皮产品在外观上保留了动物毛皮的自然花纹，通过挖、补、镶、拼等缝制工艺，可形成绚丽多彩的花色。毛皮具有透气、吸湿、保暖、耐用、华丽等特点。家居中用作高档冬季垫褥、坐垫、靠垫、抱枕、地毯等材料。

2.天然皮革

天然皮革由动物皮加工而成，柔韧坚牢，舒适透气。皮革的种类很多，按原料分类有牛皮革、羊皮革、猪皮革、马类皮革、麂皮革、蛇皮革、骆驼皮革等。

（1）牛皮革。常见有黄牛皮和水牛皮等，沙发用革以黄牛皮为主。黄牛皮表面毛孔呈圆形，直深入革内，毛孔密而均匀分散，表面光滑平整、细腻，强度高，耐磨耐折，吸湿透气性好，粒面磨光后亮度较高，面革的线面细密，都是优良的材料。水牛皮表面毛孔比黄牛皮大，不如黄牛革丰满细腻，皮质松软，但强度高，可作箱包及皮鞋内膛底等，但若经过磨面修饰也可制作家纺产品。

（2）羊皮。分为山羊皮与绵羊皮。羊皮表面毛孔呈扁圆形，斜深入革内，且排列清晰，为规律性鱼状，山羊皮薄而结实，柔软且有弹性，成品革粒面紧密，表面细腻，有高度光泽，是制作高档皮鞋、皮装、皮手套的上等原料。绵羊皮质地柔软，延伸性和弹性较好，强度较小，成品革手感滑润，粒面细致光滑，皮纹清晰美观。羊皮细腻柔软，家居品中可用作沙发、抱枕、拖鞋等。

（3）猪皮革。粒面凹凸不平，毛孔粗大而深，毛孔在皮面分布较稀疏，毛根深且穿过皮层到脂肪层，粒面乳头凸起明显，沟纹较深，明显地三点成一组是猪皮革独有的。皮革毛孔有空隙，透气性优于牛皮，但皮质较其他皮粗糙、弹性欠佳。可用作家居装饰等材料。

（4）马类皮革。马类皮革包括驴、马、骡皮革等，它们的毛孔稍大且呈椭圆形，排列为波浪形，皮面光滑细致，革质柔软。其中，前半身皮板较薄，手感柔软，吸湿透气性较好，可用于家纺产品；后身皮板坚实，透气吸湿性较差，不耐折，一般作鞋底用革。

（5）麂皮。麂皮毛孔粗大稠密，皮质厚实，坚初耐磨，皮面粗糙，斑痕较多，多使用绒面革。绒面革细腻、光滑、柔软，透气吸湿性较好，制作产品时有独特风格。

（6）蛇皮革。蛇皮革表面花纹特殊，革面致密，轻薄柔韧，耐折抗拉，可用于饰品的镶拼及箱包的附件。

（7）骆驼革。骆驼革粒面毛孔较大，皮质疏松，可作居室装饰、美术用革等。

不同原料的皮，经过不同的加工和染色处理，可以得到不同的外观风格。家纺用革有正面革和绒面革，且多为铬鞣的猪、牛、羊等皮革，厚度为0.6~1.2mm，具有良好的透气性、吸湿性，并且染色坚牢，柔软轻薄。正面革的表面保持原皮天然的粒纹，从粒纹可以分辨出原皮的种类。绒面革是革面经过磨绒处理的皮革，当款式需要绒面外观或皮面质量不好时，可加工成绒面。一般，革的正面纹粒较好，皮面上无伤残的可制为全粒面革（正面革）。如果正面伤残较多，不便制作全粒面革，可制为正绒面革。倘若正面不能用，可用反面制作为反绒面革。全粒面革光亮美观，不易污染，经济价值和使用价值较高。羊皮革一般为全粒面革，牛皮革和猪皮革尽量制成全粒面革。铬鞣的光面和绒面革，柔软丰满，粒面细致，而且表面涂饰后的光面革可以防水。皮革的条块通过编结、镶拼以及同其他纺织材料组合，既可获得较高的原料利用率，又具有运用灵活、花色多变的特点。

在家居产品中常见的有高档牛皮凉席、真皮沙发与座椅、真皮靠垫和抱枕、真皮拖鞋、真皮灯罩和饰品等。

（二）人造毛皮与人造皮革

为了保护生态，减少对野生动物的捕猎，降低皮制品的成本，采用仿真技术开发了人造毛皮和人造皮革等新品种，这些制品服用性能优良，维护与保养方便，而且价格低廉，可作为天然毛皮与天然皮革的代用材料。

1. 人造毛皮

人造毛皮常见的有针织人造毛皮、机织人造毛皮、人造卷毛皮等。

（1）针织人造毛皮。是在针织毛皮机上采用长毛绒组织织制而成，由腈纶、氨纶或黏胶纤维作毛纱，涤纶、锦纶、棉纱作地纱，使织物表面形成类似于针毛、绒毛层的结构，外观酷似天然毛皮。

（2）机织人造毛皮。是在长毛绒织机上采用双层结构的经起毛组织，地布用毛纱或棉纱作经纬纱，毛绒用羊毛、腈纶、氯纶、黏胶纤维等的低捻纱，经两个系统的经纱与同一个系统的纬纱交织后割绒而成。

（3）人造卷毛皮。是在针织人造毛皮和机织人造毛皮的基础上将毛被加热卷烫而成，或是先将纤维加热卷烫后粘在底布上形成，其外观仿羔羊皮，有花绺花弯，但后者手感较硬。

人造毛皮幅宽绒齐，毛色均匀、多样，花纹连续、图案丰富，质地轻巧，有很好的光泽与弹性，保暖性和透湿透气性优良，不易腐蚀霉烂，容易水洗，结实耐用；保暖性、手感等不如天然毛皮。人造毛皮如图2-36所示。家居中多用于盖毯、地毯、抱枕、拖鞋、玩具玩偶等。

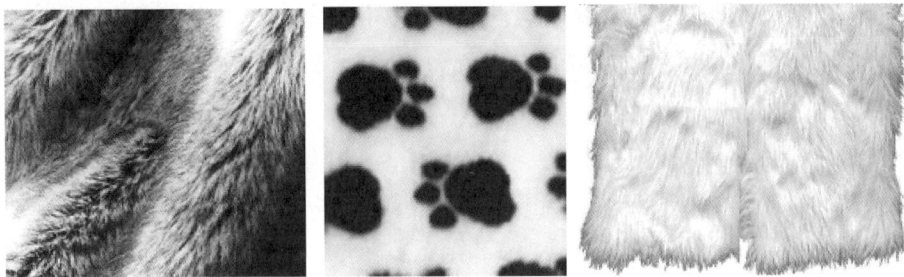

图2-36　人造毛皮示例

2. 人造皮革

（1）人造革。以棉、麻或化纤等为原料，制成机织平纹布、针织汗布或非织造布等具有一定弹性的纤维制品作基布，采用合成树脂（聚氯乙烯、尼龙、聚氨酯等）加入增塑剂、抗疲劳剂和颜料等辅剂制成糊状混合物，涂敷或贴合在基布上，经热处理凝胶后，再轧光或压花等表面处理，即形成人造革。采用涂刮法、压延法可制得普通人造革；加入发泡剂作配合剂时，可制得泡沫人造革。

人造革的优点是具有良好防水性能，耐污易洗；光滑柔软，强度与弹性较好；颜色鲜艳，不脱色；革幅较大，厚度均匀，便于裁制；价格便宜。缺点是透气性与透湿性较差，而且在低温下容易发硬变脆，成品服用舒适性较差。家居中用于制作中低档座椅、沙发、墙面的包布和装饰工艺品等。图2-38所示为几种不同质感的人造革。

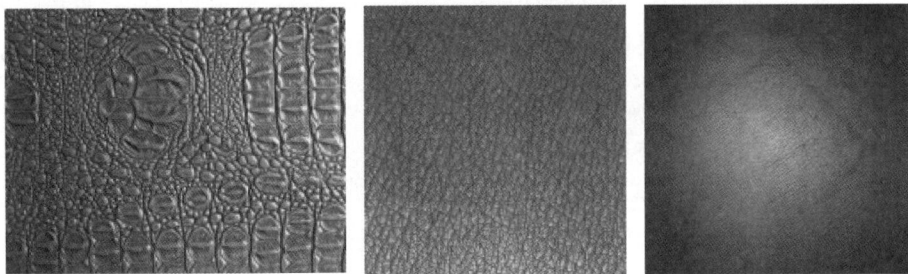

图2-37　人造革示例

（2）合成革。以纤维制品为底布，以微孔结构的聚氨酯树脂为原料进行涂层或贴膜复合制成的拟革制品。根据使用的底布不同，可分为非织造布底布的合成革和织物底布的合成革。

合成革表面美观、丰满柔软，酷似真皮，坚牢耐用，透气透湿，穿着舒适，在外观、手感和服用性能方面优于人造革，可与天然皮革媲美。可制作箱包、鞋、手套和家居用品等。

（3）人造麂皮（仿绒面革）。人造麂皮的加工有两种方式：一是采用聚氨酯合成革进行表面磨毛加工而成的聚氨酯磨毛型人造麂皮；二是采用机械式或电子式植绒方法，将短纤维绒毛固结于涂胶底布上制得的植绒型人造麂皮。

聚氨酯磨毛型人造麂皮具有良好的透湿透水性、较好的弹性和强度并且易洗快干，是理想的绒面革代用品；植绒型人造麂皮具有多种花色，如提花风格、绒面外观、装饰效应等。

两种皮都具有均匀细致的外观，并具有一定的透气性和耐用性，但后者手感较硬。人造麂皮及其制品如图2-38所示。

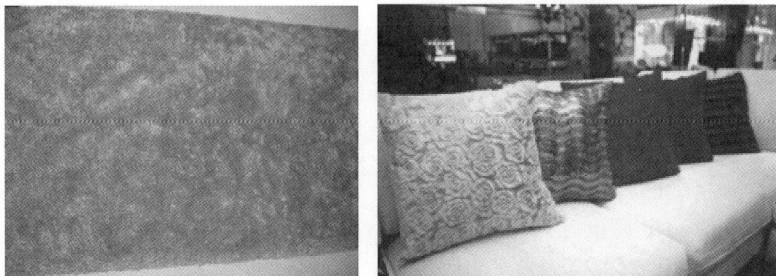

图2-38　人造麂皮及其制品

六、家纺材料认知：辅料

制作家用纺织品，除了需要各类面料以外，还需要用到其他辅助材料，统称家纺辅料。家纺辅料材质组成复杂，花色品种繁多，可归分为以下几类。

（一）家纺里料

家纺里料是指用于家用纺织品夹里的材料，主要有涤纶塔夫绸、尼龙绸、绒布、各类棉布与涤棉布等。经常使用的里子绸类材料有170T、190T、210T、230T涤轮塔夫绸、尼龙塔夫绸与人棉绸；绒布有单面绒、双面绒、经编绒等，一般以平方米克重计量，常见的绒类材料克重为120~260g/m^2。家用纺织品里料一般应用在被、枕、沙发、垫子、抱枕、隔热手套等产品上。

里料的主要测试指标为缩水率与色牢度，对于含绒类填充材料的家用纺织品，里料应选用细密或涂层的面料，以防羽毛钻绒掉绒。

1.家用纺织品里料的作用

使家用纺织品使用方便；减少对面料里层的摩擦，起到保护面料的作用；增加家用纺织品的厚度，起到保暖作用；使家用纺织品平整、挺括；提高家用纺织品档次；对于絮料家用纺织品来说，作为絮料的夹里，可以防止絮料外露；作为毛皮材料的夹里，能够使毛皮不被沾污，保持毛皮整洁。

家用纺织品里料的分类及常用品种见表2-9。

表2-9　家用纺织品里料类别及常用品种

类别		品种
天然纤维里料	棉布里料	棉纱布、棉布里料，平纹、斜纹、缎纹里料等
	真丝里料	桑蚕丝、柞蚕丝里料，纺、绉、绢、绸、缎等
化学纤维里料	再生纤维里料	黏胶纤维、铜氨纤维、醋酯纤维里料等
	合成纤维里料	涤纶、锦轮等里料
混纺与交织里料	混纺里料	醋酯纤维与黏胶纤维混纺里料等
	交织里料	黏胶或醋酯长丝为经纱，黏胶短纤维或棉为纬纱交织成的里料（羽纱）等

2. 家用纺织品里料选用的注意事项

（1）里料的性能应与面料的性能相适应，主要如缩水率、耐热性能、耐洗涤性、抗静电性、防脱散性、强力、厚度以及重量等。

（2）里料的颜色应与面料相协调，里料颜色一般不应深于面料。

（3）里料应光滑、耐用、防起毛起球，并有良好的色牢度，质量可靠，经济实用。

（二）家纺衬料

衬料包括衬与衬垫两种。在家用纺织品中，用衬料的地方不多，一些需要塑形的产品会用到，如纸巾套、挂毯、餐垫、布艺装饰品、墙面挂饰及绣花底布等。衬料能够增强家用纺织品的强力，并使家用纺织品饱满美观；衬布的使用还可以增强家用纺织品的可缝纫性能，易于缝纫操作。黏合衬主要测试缩水率与黏合牢度（剥离强度）两项指标。

1. 衬料的作用

使家用纺织品得到满意的造型；可保持家用纺织品结构形状和尺寸的稳定；有利于家用纺织品加工；提高家用纺织品的抗皱能力。

2. 衬料的分类

根据衬料是否具有黏合性，通常将衬料分为黏合衬和非黏合衬。黏合衬是一种非常重要的家纺辅料，它是在机织、针织或无纺布基布上均匀地撒上黏合剂胶粒（或粉末），通过加热（热融黏合）后与家用纺织品相应的部位结合在一起，从而达到一定的造型效果。

按照衬料所用的材料，家纺衬料的分类如图2-39所示。

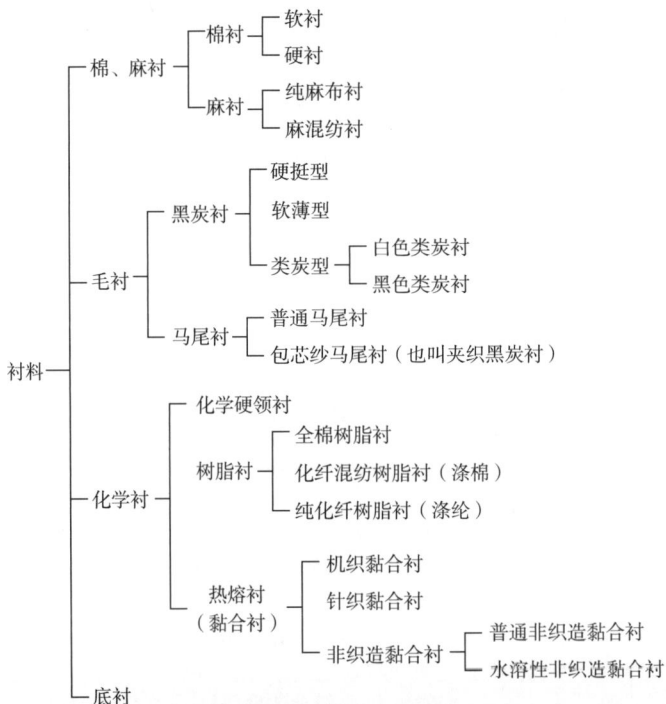

图2-39　家纺衬料的分类

3. 家用纺织品衬料选用要点

（1）衬料与家用纺织品面料的性能相配，主要指衬料的颜色、单位重量与厚度、悬垂性、缩率等。如法兰绒面料要用厚衬料，而丝织面料则用轻柔的丝绸衬布、针织面料使用有弹性的针织（经编）衬布等。

（2）考虑家用纺织品造型与设计的要求，硬挺的衬料一般用于塑形性要求较高的产品，如布艺饰品、纸巾盒套、布艺包等；柔软的衬料一般用于抱枕、坐垫、沙发等产品。

（3）考虑家用纺织品的用途，如有些需经过水洗的家用纺织品则应选择耐水洗的衬料，并考虑衬料的洗涤与熨烫尺寸的稳定性。

（4）考虑价格与成本。

（三）家纺絮填料

在被子、枕头、垫褥、靠垫、布艺饰品等家纺产品中，填料是必不可少的家纺材料。填料除了具有保暖的作用外，还是重要的造型填充材料。常用的填料有棉花、羊毛、驼毛、羽绒、蚕丝、化纤絮填料、不同纤维的混合絮填料等，此外，一些天然植物（如荞麦、稻谷、中草药、茶叶、花草、棕榈等）和人造材料（如海绵、泡沫塑料及各种人造材料颗粒等）也常作家纺产品的填充材料。

1. 絮填料的作用

（1）增加家用纺织品的保暖性；

（2）作为衬里，塑造形状，提高家用纺织品的保型性，如可增加绣花或绢花的立体感；

（3）可以具有防热辐射、卫生保健等特殊功能。

2. 絮填料的分类

（1）絮类。未经织制加工的纤维，其形态呈絮状，所以称絮类填料。通常所说的絮填料是指未经过纺织的散状纤维和羽绒等絮片状材料，没有一定的形状，使用要有夹里，并且要求面里料有一定的防穿透性能，如高密度或经过涂层的防羽布。

（2）材类。将纤维经过织制加工成绒状织品或絮状片型，或保持天然状（毛皮）的材料称为材类填料。

絮填料的常用品类见表2-10。

表2-10　絮填料的分类与常用品种

类别		品种
絮类填料	棉絮	棉花（落棉、低品级棉）
	丝绵	桑蚕丝（生丝、双宫丝、落绵等）、柞蚕丝
	羽绒	鸭绒、鹅绒、鸡毛等
	混合絮填料	蚕丝、棉、涤纶、丙纶等各种天然纤维及化纤混合絮填料
	动物绒	羊毛、羊绒、驼绒、驼毛绒等

类别		品种
材类填料	天然毛皮	绵羊、山羊、兔毛皮等
	人造毛皮	仿羊皮毛、仿麂皮毛革等
	泡沫塑料	聚苯乙烯、聚乙烯发泡塑料等，如雪豆（EPS）
	化纤絮填料	涤纶短纤维（普通、中空、抗菌、阻燃纤维等）、丙纶、腈纶及与其他纤维混合黏结絮填料等，如中空棉（PP）、珍珠棉

3. 絮填料的选用

（1）从家用纺织品的功能性考虑，增加保暖性，如棉被、抱枕、沙发垫等，可选用絮类材料，如棉花、丝绵、羊毛、羽绒等。

（2）增加产品的造型，如应用在挂袋、玩偶等上，可选用材类材料，如海绵、絮片等。

（四）其他家纺辅料

1. 扣紧材料

家用纺织品上的扣、链、钩、环、带、卡等材料对一些产品起着连接和结合的作用，称作扣紧材料。这些材料在家用纺织品中所占的空间不大，但功能性和装饰性巨大，能发挥十分重要的封闭、扣紧和装饰作用，并可调节家用纺织品的局部尺寸，是家用纺织品必不可少的辅料。扣紧材料的运用可以体现设计师的水平，如果运用不当，会破坏家用纺织品的整体效果。

扣紧材料主要有纽扣、拉链、钩、环、卡、绳、带、搭扣等，如图2-40所示。

2. 花边与绦子

花边是指有各种花纹图案起装饰作用的带状织物，按加工方式分机织、针织（经编）、刺绣、编织四类。绦子是用丝线编织而成的圆或扁平状的带状物，一般作镶衣边、枕头、窗帘、装饰品及戏装的装饰用。

3. 珠子与光片

珠子与光片是家纺产品的缀饰材料。珠子是圆形或其他形状的几何体，中间有孔。采用丝线将有孔珠子穿起来，镶嵌在家用纺织品上用作装饰。一般用人造珍珠代替天然珍珠。光片是圆形、水滴形或其他形状的薄片，片上有孔。它们采用各种颜色的塑料或金属制成，用线将它们穿起来，镶嵌在家用纺织品上，在光照下闪闪发光，富丽堂皇。

4. 松紧带与罗纹带

松紧带是织有弹性材料的扁平带状织物，品种繁多，花色丰富。罗纹带是用棉纱与纱包橡胶线针织的带状罗纹组织织物。因表面呈罗纹状凸起，故称罗纹带。常见的颜色有藏青色、元色、咖啡色及少量的其他颜色。

5. 标签、条码等

除了上述辅料外，还有商标、号型尺码带、产品示明牌、条形码等，都是家纺不可缺少的辅料。运用得当，家纺辅料可提高产品的档次及家用纺织品品牌的整体形象，也有利于产品的销售，所以不可忽视，也必须加以重视。

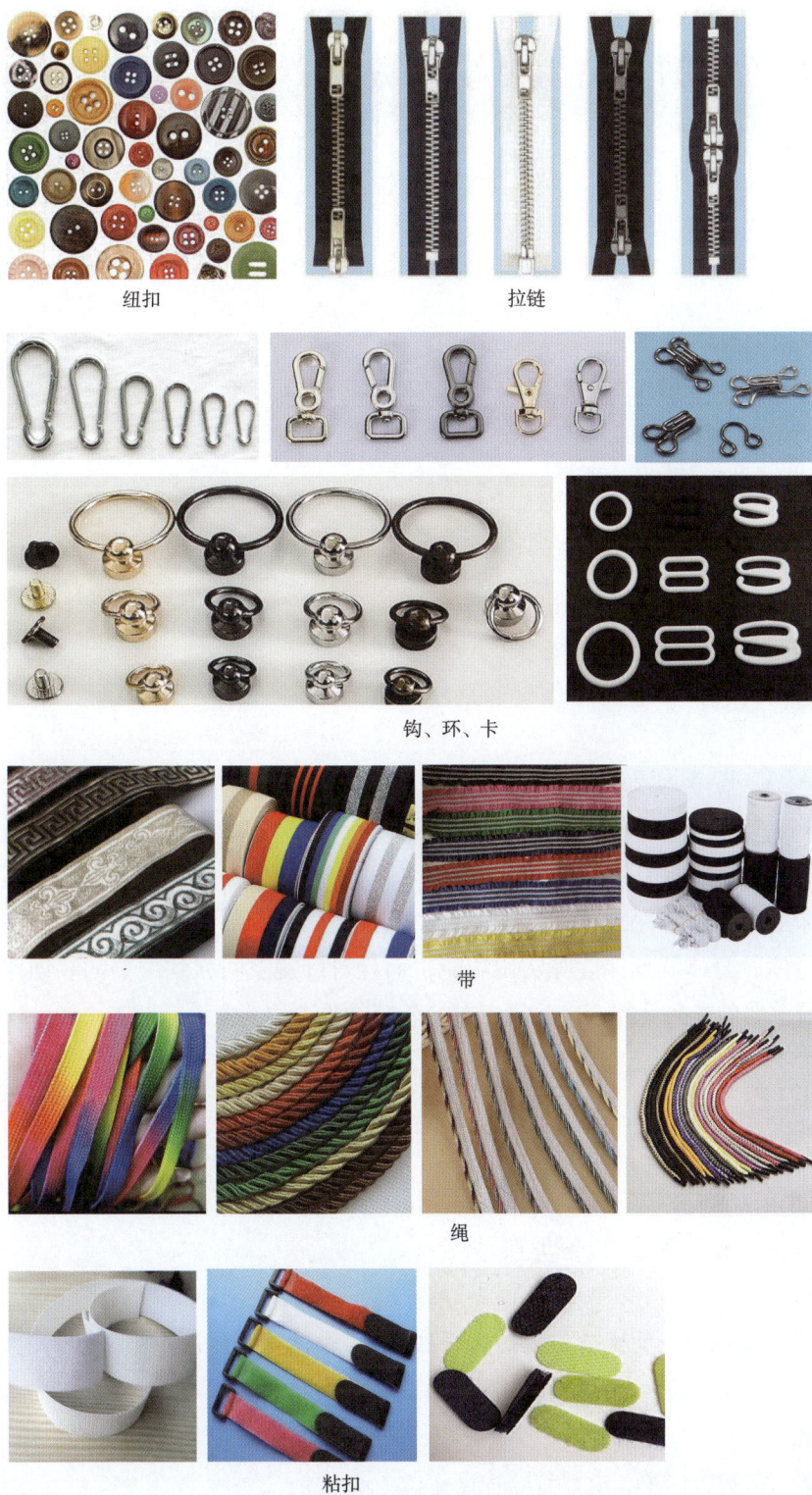

纽扣　　　　　　　　　　　　　拉链

钩、环、卡

带

绳

粘扣

图2-40　家纺扣紧材料示例

项目三

家纺床品认知与应用

知识目标

1. 熟悉床品常见品种类别。
2. 熟悉床品的基本功能与性能要求。
3. 熟悉床品常用材料品种及特点用途。
4. 掌握床品选配要点。

能力目标

1. 能够正确分析与识别床品常见品类。
2. 能够合理选配床品及床品面辅料。

实践训练

1. 对床品及其材料市场调研与分析。
2. 根据软装要求进行床品材料及床品的选配陈设。

床品是床上用品的简称，是人们日常生活必不可少的寝具用品。它不仅具有提供休息睡眠、保暖、舒适、身体调理保健等实用功能，而且对卧室空间起到重要的装饰作用。因此，床品是家纺最重要的产品品类，也是居室布艺软装的重要内容之一。

一、床品的分类

床品类别丰富，可从不同角度进行分类。

（一）按使用功能分

按使用功能，床品常见有以下类别。

1. 盖被类

各类芯被（蚕丝被、羽绒被、棉被化纤被等），春秋被、夏被、空调被，毛巾被（毯）、羊毛毯、线（棉）毯、腈纶毯、拉舍尔毯，睡袋等。

2. 铺垫类

各类床垫、床褥，床单，电热毯、凉席等。

3. 罩盖类

床罩、床笠、床裙、床围，被罩，被面等。

4. 枕靠类

枕头，抱枕，靠枕，枕巾，枕席等。

5. 帐幔类

床幔、蚊帐等。

（二）按产业分

按生产加工产业门类分，床品常见类别如下。

1. 铺盖外套类

指由织物缝制加工而成、铺盖于床上或套在芯类产品外的产品，单件产品有床单、被套、枕套、被单、被面、床罩、床笠、床裙、床围，床旗等；两件以上配套产品组合称为床品套件，常见有四件套（床单1件，被套1件，枕套2件）、三件套（床单1件，被套1件，枕套1件）、六件套（床单1件，被套1件，枕套2件，靠垫套2件）等，如果再增加不同尺寸规格的枕套或靠垫套、或加配芯品则可为更多件套，如八件套、十二件套等。

2. 芯被类

各类芯被类产品，如棉絮被、蚕丝被、羽绒被、化纤被等，一般需加外套使用；轻薄型的春秋被、夏被、空调被等一般填充可机洗的化纤絮填料经绗制而成，可不加外套直接使用。

3. 垫褥类

各类芯填垫褥产品，如棉胎垫褥、羊毛垫褥、驼毛垫褥等。

4. 枕靠类

枕头、抱枕、靠枕、靠垫等，包括外套配内芯。

5. 毯类

如羊毛毯、腈纶毯、棉毯、丝毯，拉舍尔毯、珊瑚绒毯、法兰绒毯等。

6. 巾类

毛巾毯（被）、枕巾等巾类产品。

7. 帐幔类

如床幔、蚊帐等。

8. 席类

包括竹席、草席、藤席亚麻席、牛皮席等。

（三）按使用对象与场合分

不同的使用对象与使用场合的床品有不同的特点和要求，床品的面料与款式、工艺的设计与选用也各有不同。

1. 日常家居用床品

可根据主人喜好，结合居室整体软装风格选用。不同面料、款式适合不同风格居室环境，也可随不同季节气候而变换使用。

2. 婚庆用床品

婚庆用床品是中华民族传统的婚嫁必备品，通常也是各大品牌家纺的特色主打品类，常

图3-1 婚庆用床品示例

结合中国婚俗嫁娶礼仪特点不断推陈出新。如图3-1所示。

3. 婴童用床品

婴童用床品的品质、卫生安全性要求较高，手感细腻柔软，常结合婴童特点采用轻柔、淡雅的纯棉织物，以粉色系、蓝绿色系为主。如图3-2所示。

图3-2 婴童用床品示例

4. 少儿用床品

少儿用床品，一般色彩大胆、鲜艳、明亮，图案形象生动有趣、活泼可爱。常见小动物、小昆虫、海洋生物、果蔬、花朵、卡通、动漫等形象以及游戏、运动图案、几何图案等。造型简洁、有趣、新颖，线条简练夸张，有的可兼具玩具功能，可设计成具有变化或交流的特点以增加趣味性，如可发光、能变色、能发声等。如图3-3所示。

图3-3 少儿用床品示例

5. 青年单身用床品

青年单身用床品具有个性、时尚、舒适、休闲、简约、易护理等特点，常用素色、印花、色织面料，结构简洁。如图3-4所示。

图3-4　青年单身用床品示例

6. 学生用床品

学生用床品常用素雅、温馨或活泼可爱的印花，或色织面料。通常结构简练、易洗涤、易打理等，如图3-5所示。

7. 宾馆用床品

宾馆用床品多采用简单的平纹、斜纹、缎纹结构织物。其中，高档产品常采用高支高密全棉贡缎条格或大提花织物，一般多为纯白色全棉织物。民宿或主题酒店床品的花色比较多样，常用染色、印花、色织、绣花等床品。如图3-6所示。

图3-5　学生用床品示例

图3-6　宾馆用床品示例

二、床品的功能与性能要求

床品通常具有保暖功能、舒适功能和美化功能等。

（一）床品的基本功能要求

1. 保暖功能

床上用品是人们睡眠休息必需的日用纺织品，每个人从出生开始就会用到，其基本功能之一就是保温保暖，使人睡眠休息时不受寒着凉。

2. 舒适功能

一个人每天有三分之一左右的时间在床上度过，床品的舒适性是保证人们睡眠质量、生存健康的重要条件之一。

3. 美化功能

床是卧室的主角，床品是床上陈设的主角。随着人们生活水平的提高，床品不仅满足基本的铺盖实用功能，更成为美化卧室环境的重要内容，直接影响到卧室和居家的整体装饰效果。

（二）床品的基本性能要求

1. 保暖性

选用保暖性良好的纤维材料和面料，并采用蓬松、柔软、回弹性强的絮棉、丝绵、驼毛、羽绒及化纤弹力絮等填充材料，被芯、垫褥需要保持一定的厚度和保暖性。

2. 吸湿透气性

被套、枕套和床单等直接接触人的身体，大多选用天然纤维，较少直接使用吸湿性差的合成纤维，以获得较好的吸湿透气效果。芯类、毯类床品也要求蓬松，具有良好的吸湿透气性。

3. 回弹性

床上用品的回弹性包括织物和填充纤维材料的蓬松度及其受压后的弹性回复性能。被、褥、枕头、靠垫等均需有柔软的手感。纤维原料、纱线结构、织物密度、组织结构、后整理等都会影响织物的手感风格，如绒类织物通常具有较柔软、蓬松的手感性能。

三、床品面料

床品面料是各类床上用品必不可少的重要组成材料，品种繁多，可根据不同的实用性和装饰性要求进行设计或选用。

（一）按面料成份分

按床品面料所用原料不同，可分为棉、麻、丝、毛、化纤等不同类别床品。

棉织物床品，如纯棉的床单、被套、毛巾被等；丝织物床品，如软缎被面、真丝套件等；化纤织物床品，如尼龙蚊帐、腈纶绒毯等；再生纤维织物床品，如采用天丝、竹纤维、大豆纤维、牛奶纤维等织物制成的床品套件。

（二）按原料组成分

床品面料按织物原料成份的组成不同，分纯纺织物、混纺织物和交织物。

纯棉织物是床品套件和毛巾毯类最常用的面料，它吸湿、透气，舒适性好；真丝、天丝等织物常用于中高档床品，其手感柔滑、细腻、舒适，光泽好，体现高贵、奢华；羊毛、腈纶、锦纶、涤纶等纯纺毛织物常用于毯类床品。

混纺织物具有多种纤维原料的特性，能起到优势互补的作用。床品中常用如棉/麻混纺套件、涤/棉印花床单、毛/腈混纺毛毯等。

为了改善单一材料性能，床品面料也常采用不同品种纱线交织而成的织物，如丝/棉、棉/麻、涤/棉等交织的床品套件面料，涤/粘交织抱枕面料等。

（三）按织造方法分

床品面料按织造方法可分为机织物、针织物、非织造布等。

1. 机织物

机织物是床品中应用最广泛的织物类型。床单、被套、枕套等机织物床品常与人体皮肤直接接触，要求织物表面光洁、平整，使用舒适。机织套件床品常采用平纹、斜纹、缎纹等原组织或小花纹组织、大提花组织等织物。巾毯类织物要求有一定的厚度和保暖性。其中，毛巾被、枕巾等采用毛巾组织等织物；毛绒毯常用纬二重组织、双层组织、起毛起绒组织等织物。

2. 针织物

针织物在床品套件、毯类、帐类产品中广泛应用，具有柔软舒适、随意休闲的特点。如拉舍尔经编毛毯、经编蚊帐、纬编床品套件、长毛绒抱枕等。

3. 非织造布

非织造布也称无纺布，成本低，但不耐用，常用于低档或"用即弃"床品中，如医疗卫生用一次性非织造布床单、罩、垫等。常用作普通家纺床品的黏合衬里、地毯衬垫、抱枕内芯套等。

（四）按染整加工方法分

床品面料按不同染整加工方法常分为漂白布、色布、印花布、色织布、特殊整理布等。

1. 漂白布

如医用漂白床单、宾馆用纯白床品套件等。

2. 色布

如素色床品套件，也常加以绣花等做成床品套件、抱枕套、靠垫套等。

3. 印花布

如印花床品套件、印花毯等，使用相当普遍。

4. 色织布

如色织条格床品套件、色织提花毛巾被、色织毛毯等。

5. 特殊整理布

可采用特殊功能整理的织物制作功能性床品，如抗菌床单、远红外被毯、负离子床品套件等。

四、套件类床品

套件类床品是指将不同功用的单件产品组合在一起销售的组合型床上用品。通常大多指用织物制成的床单、被套、枕套、抱枕套等铺盖外套类床品的组合。

（一）套件类床品常见分类

1. 按照组合品类件数

常见有床品三件套、床品四件套、床品六件套、床品八件套等，通常八件及以上组合套件称为多件套。

2. 按照套件面料的生产工艺

常见有素色床品套件、印花床品套件、提花床品套件、绣花床品套件、磨毛床品套件等。

3. 按照套件面料材料类别

常见有全棉床品套件、涤棉床品套件、棉麻床品套件、真丝床品套件、天丝床品套件、大豆纤维床品套件等。

(二) 套件类床品面料设计与选配

套件类床品是贴身铺盖的床品，宜选用柔软、亲肤舒适，吸湿、透气性好的面料。

配套产品可选用同一种面料制成；也常采用A版和B版两种及两种以上面料搭配设计，通过不同色彩、花型、材质面料的搭配，可获得最佳的实用性和装饰性，并使产品具有较高的性价比。如A、B版被套，采用两种不同花型面料组合可以具有两种不同风格；也可以根据表、里不同实用要求，被套里选用舒适性更好的面料，被套面选用装饰性更好的面料，进行合理搭配。

【例】套件床品分析：大提花床品套件，如图3-7所示。

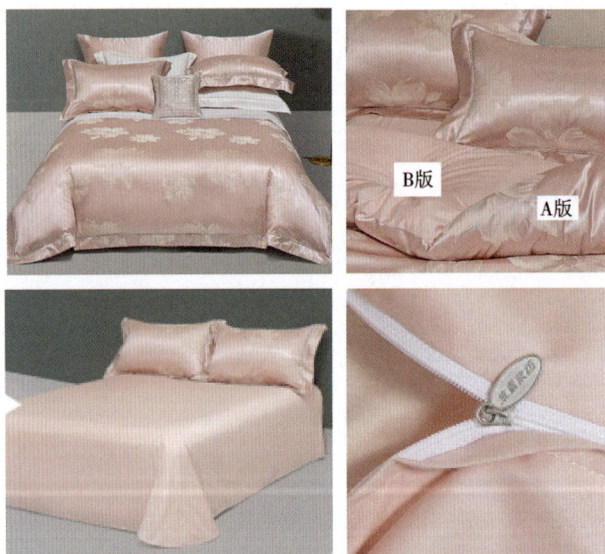

图3-7　大提花床品套件（水星家纺）

1. 产品组成

柔和的粉色系大提花床品四套件，包括被套1件、床单1件和枕套2件，尺寸分别为被套200cm×230cm、床单240cm×245cm、枕套48cm×74cm。

2. 使用面料

被套和枕套的正面采用色织大提花交织的A版面料，经向100旦粉色天丝、纬向40英支白色新疆棉纱，不同材质和颜色的经纬纱线、配合织物组织结构的变化，细密交织形成具有凹凸立体纹理质感的大提花花纹，粉底白花，高雅大气，层次感丰富；天丝与棉的交织提高了织物的综合性能，织物富有丝质光泽感，奢华雅致，又有棉的透气舒适性，触感细腻柔顺丝滑，不易褶皱，色牢度、耐用性提高；但面料工艺复杂、价格较高。被套、枕套的里面（被里、枕里）和床单常用B版面料，为40英支全棉染色贡缎面料，简洁、细腻、平滑，贴身使用柔软亲肤、舒适透气。这样的A、B版面料选配，兼具舒适性和装饰性，而且性价比较高。

3. 辅料

与A、B版面料相配，主要有白色拉链、浅灰色嵌绳及包布、被套内里边角固定绳带、粉色缝纫线等。

4. 缝制工艺特点

床单为圆角，自然下垂，造型简洁圆润；被套和枕套，宽边、浅灰色嵌线，精致优雅；被套内里四角和四周边中间位置加缝绳带扣，与被套相应部位带扣连结固定用。

五、芯垫类床品

芯垫类床品指两层面料中间填充絮填材料，经绗缝等工艺加固制作而成，具有一定厚度、保暖性、蓬松性、弹性或支撑性的床品，包括被芯类、垫褥类、枕芯类、抱枕/靠垫类等，一般加外套后或直接使用，以保暖或垫靠。

絮填材料是芯垫类床品的重要材料，包括纺织纤维、天然植物、人造材料等，其中纺织纤维材料热导率小、保暖性好、柔软舒适，在各种芯类产品中普遍适用；天然植物材料多用于枕芯，如荞麦、稻谷、中草药、茶叶、花草等；人造材料多用于垫褥类或支撑型靠垫类，如海绵、乳胶、人造颗粒等。芯垫类床品中常用絮填材料特点与适用产品见表3-1。

表3-1 芯垫类床品常用絮填材料特点与应用

絮填材料	特点	适用产品
棉花	吸湿、透湿、透气性好，保暖，无静电；但蓬松性较差	被芯、垫褥
木棉	质轻蓬松、富有弹性，但纤维短，易结成小块，不耐用	被芯、枕芯
丝绵	以蚕丝为主要原料，纤维长，网结牢固，较耐用，密度小，蓬松性好，柔软质轻	被芯、枕芯
羊毛、驼毛	保暖、舒适、弹性好，易虫蛀	被芯、垫褥
羽绒、羽毛	质轻，蓬松，热导率小，保暖性好	被芯、枕芯、抱枕、靠垫
化纤	普通聚酯纤维用得较多，但吸湿性较差，不够透气舒适；经过改性的差别化中空纤维，改善了吸湿透湿性，柔软质轻，蓬松度、保暖性增加	被芯、垫褥、枕芯、抱枕、靠垫
花草、中药、茶叶、荞麦皮、稻谷等	天然形态材质的植物果壳、茎叶具有很好的绿色环保性，有些还具有特有的自然芳香和一定的保健功效	枕芯、抱枕、靠垫
海绵、乳胶	柔软、舒适、弹性好	床垫、枕芯、靠垫

芯垫类床品的外部用于包覆絮填材料的面料，根据絮填材料特点和产品档次的要求不同而异。如羽绒被芯的面料对防钻绒性有很高的要求，常采用高支高密防羽布；蚕丝被为了凸显柔滑纤软的质感，宜采用丝柔的贡缎面料；夏被常不加被套直接贴身盖，面料要求柔软、吸湿、透气、舒适，常采用纯棉、天丝等织物；冬被常采用厚实的磨毛等面料，柔软、舒适、亲肤、保暖性好。下面列举几类常见芯垫类产品。

（一）被芯类

被芯由两层面料中间填充纤维材料，经绗缝等工艺加固制作而成，具有一定的厚度与蓬松性，一般加芯套后或直接用作保暖的盖被。按填充材料，主要常见类别如下。

1. 棉絮被（棉胎）

棉絮被芯也称棉胎，由絮片层和包裹层两部分构成。絮片层由棉絮片叠加而成，层数越多，被芯越厚，重量越重；包裹层一般由一层或多层纱布（或网布）构成，防止纤维脱散，并使被芯尺寸稳定。为增加牢度，可以在纱布中增加筋线，或使用绗缝工艺对絮片加固。

棉絮被用天然棉纤维为填充絮材，是传统的保暖床品。由于棉纤维细度较细、有天然转曲，截面有中腔，所以有较好的保暖性。棉花的品级越高，棉絮被的保暖性和舒适性越好。棉絮被的优点是纯天然，静电少，压身，价格便宜；缺点是比较重，蓬松性、弹性较差，使用时间长容易吸潮、变实，保暖性降低，要时常翻新。

普通棉絮被不能水洗，也不能干洗应常翻晒以挥发湿气、消毒杀菌。近年来，以新疆长绒棉制成的棉絮被因其日晒时间长、成熟度高、品质优良、保暖性好、天然健康、绿色环保等特点再次成为人们喜爱的被类芯材。

2. 蚕丝被

蚕丝被芯以蚕丝为主要填充料制成絮片，经制胎并和胎套固定制作而成。填充物含桑蚕丝和（或）柞蚕丝50%及以上的芯被类床品统称为蚕丝被。填充物含100%蚕丝的为纯蚕丝被；填充物含50%及以上蚕丝的为混合蚕丝被。图3-8为蚕茧、蚕丝绵片、手工拉制蚕丝胎芯图例。

图3-8 蚕丝及蚕丝被胎芯

（1）蚕丝被的特点。

①优点：蚕丝是自然界中集轻、柔、细为一体的天然纤维，其主要成分为纯天然动物蛋白纤维，其构造和人类的皮肤是最相近的，内含多种人体必需的氨基酸，有防风、除湿、安

神、滋养及平衡人体肌肤的功效。蚕丝滑爽、透气、轻柔、吸湿、不刺痒及抗静电等特点使其成为制作贴身衣物、床品的上乘材料。用它制成蚕丝被具有贴身保暖、轻柔细腻、透气吸湿、洁净卫生等特点，冬暖夏凉，不干燥，不上火，有利于深度睡眠，具有得天独厚的品质和优点。

②缺点：蚕丝制品由于纤维长度长，易受牵制，较滑腻，弹性较差，时间长容易板结，蓬松度、透气性、舒适度降低。

（2）蚕丝被的种类。按照填充物的不同，蚕丝被主要分为桑蚕丝被、柞蚕丝被、短纤维蚕丝被三种。

①桑蚕丝被。桑蚕丝由家蚕产出，纤维又细又长，白里微微带黄，手感细腻丝滑，有一股淡淡的动物纤维特有的气味。用桑蚕丝制作的被子特别柔软、贴身，适合儿童、女性及老人使用。

②柞蚕丝被。柞蚕丝由北方的野蚕产出，比桑蚕丝略粗，横截面为多孔结构。其原始颜色为灰黑色，柞蚕丝所含的丝胶较多，因此手感较粗，光泽也较暗淡。柞蚕丝被刚性强，蓬松性、保暖性、吸湿透气性好于桑蚕丝被，但价格比桑蚕丝被低。

③短纤维蚕丝被。它是旧蚕丝制品经过机器加工制成的3~4cm长的蚕丝纤维。纤维很短，因此被胎容易散，一般都经过化学漂白。因为制作短纤维的原料比较杂乱，其具体品质也不尽相同。

（3）蚕丝被的质量等级。蚕丝被的质量等级分优等品、一等品和合格品三个等级，优等品和一等品必须是100%蚕丝，合格品蚕丝含量达50%及以上。优等品填充物色差不低于4级，厚度均匀，差异率不大于10%，四角方正（或圆正），四边充实。

（4）蚕丝被质量鉴别。消费者在选购蚕丝被时可以从以下五个方面进行质量鉴别。

①外观。优质的蚕丝外观具有珍珠般的光泽，洁净少有杂质，丝路有序整齐；品质较差的蚕丝往往因添加了漂白剂等化学药品，而使其外观呈苍白色，不具光泽和润泽感，杂质较多，丝路混乱。

②触感。优质的蚕丝触感柔顺滑腻富有弹性，无硬块；劣质蚕丝触感粗糙无柔性，无润泽感，茧茎、茧块、生茧片、蛹蜕相对较多。味道带有油性或霉臭味的蚕丝均为劣质品。

③燃烧。蚕丝燃烧速度很快，立刻化为灰，燃烧后呈松散状灰色，具有毛发烧焦味。

④纤维强度。蚕丝强伸力越好，品质则越佳。同样长的蚕线，拉伸后，越长质量越好。一般好的桑蚕丝可以拉到100cm以上。

⑤使用消毒液进行溶解测试。如果是真蚕丝，放进消毒液中，3~5min后蚕丝会逐渐被消毒液溶解消失。

（5）蚕丝被的保养。

①蚕丝被使用时一般要套上被套，夏季用的薄型可机洗蚕丝被除外。一般蚕丝被芯不能水洗、不能干洗、不能用氯漂、不能熨烫，清洗完毕后必须低温烘干，所以使用过程中要尽量保护不弄脏被芯，脏了一般都是清洗被套。

②避免丝胎变形，不可在蚕丝被上跑、跳、压，要保持被子的蓬松感。

③蚕丝被要经常晾晒，但不要长时间在强烈阳光下曝晒。如果晾晒后发现灰尘用手拍打即可，这样有利于保持蚕丝被的弹性。

④如果长时间不使用蚕丝被，要妥善放置在通风、阴凉的地方，防止蚕丝受潮、板结。存放环境要保持清洁、干燥。

3. 羽绒羽毛被

羽绒羽毛被是以羽绒羽毛为主要填充料并外覆被壳固定的被类产品。

生长在鹅、鸭身上贴近皮肤的绒毛称为羽绒，因呈芦花朵状也称为绒朵、朵绒，比较完整的绒朵称为绒子；生长在鹅、鸭身上外表层呈片状的称为毛片。羽毛绒包括绒子、毛片、损伤毛、羽丝、杂质等。

羽绒比棉花等植物纤维素纤维保温性高。羽绒球状纤维上密布千万个三角形的细小气孔，能随气温变化而收缩膨胀，具有调温功能，可吸收人体散发流动的热气，隔绝外界冷空气的入侵。羽绒较低的空气传导系数、卓越的吸湿排湿性，造就了羽绒被轻柔、保暖、吸湿的特性，至今为止，它仍被认为是世界上最保暖的天然材质。图3-9所示为绒子、毛片和羽绒被芯制品。

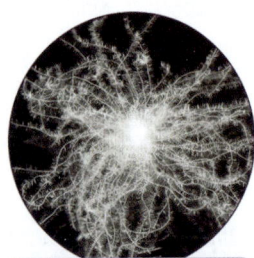

图3-9　绒子、毛片和羽绒被芯制品

羽绒被芯的面料（被壳）通常是采用棉、聚酯纤维、锦纶等原料织造的高密防羽机织物。为增加羽绒被芯的牢度和结构稳定性，常使用绗缝工艺对被芯整体进行填料分割和加固；厚羽绒被芯一般采用立衬工艺，在两层被面之间竖起隔断，把被子分成一个一个空腔，一是给羽绒膨胀的空间，二是防止羽绒位移造成厚薄不均。

（1）羽绒羽毛被的种类。根据填充物中羽绒羽毛及其绒子含量的不同，羽绒羽毛被分为以下几类。

①羽绒被，指填充物成分为100%羽绒羽毛，且绒子含量≥50%的被类产品。

②羽毛被，指填充物成分为100%羽绒羽毛，且绒子含量<50%的被类产品。

③混合羽绒被，指填充物成分为羽绒羽毛和其他纤维的混合物，其中羽绒羽毛占比≥50%，且羽绒羽毛中绒子含量≥50%的被类产品。

④混合羽毛被，指填充物成分为羽绒羽毛和其他纤维的混合物，其中羽绒羽毛占比

≥50%，且羽绒羽毛中绒子含量＜50%的被类产品。

⑤复合羽绒被，指填充物成分为羽绒羽毛和其他纤维，分层、分区分别填充，其中羽绒羽毛占比≥50%，且羽绒羽毛中绒子含量≥50%的被类产品。

⑥复合羽毛被，指填充物成分为羽绒羽毛和其他纤维，分层、分区分别填充，其中羽绒羽毛占比≥50%，且羽绒羽毛中绒子含量＜50%的被类产品。

（2）常见羽绒品种。羽绒羽毛被填充羽绒以鹅绒和鸭绒为主，常见有白鹅绒、灰鹅绒、白鸭绒、灰鸭绒和鹅鸭混合绒等。

与鸭绒相比，鹅绒具有绒朵大、颜色洁白、蓬松度高等优点。天然鹅绒，绒朵大、羽梗小、品质佳、弹性足、保暖强；鸭绒的绒朵、羽梗较鹅绒差，但品质、弹性和保暖性都很高。

羽绒的品质和颜色无关，现有的羽绒主要分为白绒和灰绒两种。白绒的价格通常比灰绒高，但并非灰绒较白绒差，在同等含绒量和充绒量的情况下，灰绒和白绒的舒适性和蓬松度没有明显区别。

（3）羽绒的合格指标。羽绒被芯的品种档次，主要取决于羽绒品种、绒毛内部结构的密度和羽绒纤维的细度，其价格还取决于标准含绒量和充绒量。羽绒被主要指标如下。

①羽绒被的绒子含量。绒子含量是绒子在羽绒中的含量百分比，它的大小直接影响羽绒的品质，羽绒制品标准中规定绒子含量标识为50%~95%。绒子含量越多，保暖性越好。绒子含量不等于含绒量，含绒量100%有可能含羽毛、绒丝等。

②羽绒被的卫生程度。即100g羽绒含有的还原性物质在特定条件下氧化时的耗氧毫克数。耗氧指数≤10为合格产品，否则说明羽绒内含有的还原性物质过多，细菌易繁殖。

③羽绒被的保温性。蓬松度是衡量羽绒质量的标准之一，即30g羽绒在恒定压强下于特定口径容器内所占立方英寸的数值。羽绒的蓬松度越高，保温隔热性能越强。目前高档羽绒被蓬松度在500~700之间。

④羽绒被的清洁性。在1000mL蒸馏水中放入10g羽绒，震荡5000次左右，然后用仪器测定水的透明度，测定羽绒的清洁度。清洁度≥350㎜，说明羽绒内杂质含量达标，不易引起细菌寄生问题。

⑤羽绒被的变质性。即羽绒上残留动物油脂的多少。采用中性滤纸，以索氏抽提法测量4~5g羽绒中的残余脂类质量后得出的比值，为羽绒异味等级指标。超出指标则说明羽绒容易引起变质，影响健康。

⑥羽绒被的透气性。双层夹片结构的羽绒制品重量轻盈，但是绒朵容易移位，在缝合位置也容易出现缺绒的现象；而盒式立体结构的产品，能够保证羽绒分布均匀，同时能让水分立体扩散，增强透气性。

（4）羽绒被的质量鉴别。

选购羽绒被时，可用以下方法鉴别真伪优劣。

一看：看标签信息，包括羽绒种类（鸭绒/鹅绒）、绒子含量、面料材质、产品尺寸等。要注意，羽绒棉、羽丝棉、羽丝绒等都不是羽绒。

二按：将天然羽绒被放松铺平，让其自然恢复三分钟，再用手按压被子，随即将手松开，如果能很快回弹恢复原状，即为佳品。回弹速度越快，羽绒质量越好。如果根本无弹性，则填充料很可能是鸡毛或是其他长毛片粉碎毛。

三摸：用摸捏试其手感柔软程度，有无完整的小毛片或过大过粗的长毛片、羽毛管等。如手感柔软又有完整的小毛片则是正宗产品。

四拍：用力拍打被子，看有无粉尘溢出，粉尘溢出量越少越好。

五揉：用双手揉搓被子，如有毛绒钻出，说明其面料不防绒，不宜选购。

六闻：接近羽绒被作深呼吸数次，无异味则是佳品。

七掂：用手掂一掂羽绒被的重量，同时观看体积的大小，重量越轻体积越大越好。

（5）羽绒被的清洗。羽绒被用久了或者放久了，总会脏或有味道，羽绒被清洗的方式最好手洗，不能干洗，干洗剂会影响羽绒的保暖性。

①先将羽绒被浸入冷水中，让其充分浸润、打湿，浸泡时间看羽绒被的浸湿情况，大概十分钟左右即可。

②将中性洗涤剂（或专门的洗涤剂）溶入温水中，充分混合之后将浸湿的羽绒被加入，泡几分钟，用软毛刷将污渍轻轻刷去。洗羽绒被不能用手揉搓，以防跑绒。

③若是没有专门的洗涤剂，可以用洗衣粉洗，用清水漂过两三遍后，在水中加入两勺食醋，用于中和羽绒被残留的洗衣粉。

④羽绒被洗好后不能用力绞干，应该用手将水分挤出，然后置于通风没有阳光直射的地方晾干，不能暴晒。晾干之后，轻轻拍打被面，使羽绒被恢复蓬松状态。

羽绒被清洗晾干后，通过拍打是可以重新变得蓬松温暖的，如果没有变蓬松，那么极有可能羽绒被的质量不佳或者含绒量比较低。另外，羽绒被不能频繁清洗，视使用情况大约两年洗一次。

（6）羽绒被的保养。

①使用时应套上被套，减少脏污和清洗次数，清洗次数太多对羽绒的保暖性有影响。

②羽绒被的面料是经过防绒处理的，有一点小孔也会钻出羽绒，因此使用时要小心，避免尖锐物刺割被子。

③羽绒被隔一段时间就要拿出来晾干、拍打，特别是雨水较多的季节，更应该做好防潮防湿工作；选择好天气，将被子在通风良好且无阳光直射的地方晾晒，以上午10点至下午3点为最佳时间。

④不用时，羽绒被应该在通风处晾干，然后用塑料袋、薄膜包好，放在干燥的地方。

⑤存放时，不要放樟脑丸等化学物品防虫蛀，化学物品会使羽绒内部的蛋白质结构发生变化，影响羽绒的保暖性。

⑥羽绒被可用真空袋存放，抽去多余空气后可以大大减少存储空间，取出使用时稍晾晒拍打即可恢复蓬松状。

4.羊毛/羊绒被

羊毛被（芯）以纯羊毛或羊毛与其他纤维混合为填充料，经制胎并和胎套绗缝制作而成。羊毛被填充材料主要成分为绵羊毛，经过水洗、脱脂、碳化、梳理加工而成。含羊毛50%及以上的称为羊毛被（芯），含羊毛100%的为纯羊毛被（芯），可使用纯羊毛标志。含山羊绒30%以上的称为羊绒被（芯），含山羊绒95%及以上的称为纯羊绒被（芯）。

（1）羊毛被的特点。羊毛纤维是天然动物纤维，在家纺床品中常用作羊毛毯、羊毛被、羊毛垫褥等。由于羊毛纤维具有良好的卷曲，富有弹性纤维间含有大量的空气，空气传热率非常低，能有效防止外部冷空气的进入与内部热空气的散发，因而羊毛被蓬松、保温性好；同时，羊毛具有极佳的吸、放湿性，能不断吸收自人体散发的湿气与汗液，并将之排放到空气中，使被褥保持干爽，舒适。它的光泽柔和，且富有弹性不易沾污，常年使用仍能保持舒适性。羊毛被的缺点是不太好护理，很容易吸湿气，而且是最容易被虫蛀的材质之一，有湿气后，羊毛被很容易有异味。

（2）羊绒被的特点。

①增加深度睡眠。据权威机构实验表明，羊绒床品能使人的深度睡眠时间增加25%以上，保持心率缓慢平稳并能很好地贴近皮肤。

②吸湿保干、冬暖夏凉。人体在睡眠时会排除大量的水分，羊绒独特的分子结构可将水蒸气吸进中空结构中，羊绒可以吸收自身重量40%以上的水蒸气而无潮湿感，并迅速排除，因此在寒冷时也能保持温暖干爽，炎热时能透气凉爽。

③蓬松柔软，不板结。羊绒拥有至少40%的天然弹性，羊绒被受压后可以恢复原厚度的90%以上，从而保持蓬松、柔软、不板结。

④天然阻燃，安全可靠。羊绒不易点燃，燃烧时不易释放大量的热量、不产生明火、不熔化，并能抵抗剧烈的燃烧，所以非常安全。

⑤防尘阻电，抗菌抑螨。羊绒吸湿性强，不易产生静电，灰尘污垢不易黏附，在将水蒸气释放到外部前先将水分吸收到自身的纤维中，降低了虫螨的寿命周期，所以羊绒被很适合婴儿、哮喘、风湿病人和老人。

（3）羊毛被的选购。选择羊毛被一定要认准是否有纯新羊毛标志，此外还可以通过"一看二闻三摸"来考量羊毛被的质量。

①一看。选购时可使用最简单的方法，从开口处取下一点羊毛用眼观察羊毛被。

第一，看羊毛的色泽。不是越雪白越好，正宗的澳大利亚9个月小羊的毛是米白色的，如果太过雪白，说明羊毛原本品质不是很好，去污去杂的程序比较多，有可能对表层蛋白质有损害。

第二，看纤维粗细长短。根据国际羊毛局的认证规定，一般长约3英寸、细度在28~32μm的羊毛最适合做羊毛被，太细太粗都不好，同时要具有良好的回弹性。

第三，看包裹布料。外层布一定不能够有涂层，这样很有可能内里羊毛油脂率、杂质去除都不过关，用外层布来防止外渗。

②二闻。闻羊毛被的味道。羊毛属于天然动物纤维，经过碳化、清洗、梳理的羊毛不会有任何异味，包括羊膻味儿，但难免会余留些许羊毛本身的气味，属于正常现象。

③三摸。摸外包面料的柔软度，如果被子发硬或者发脆，则可能是面料有海绵或涂层，这样的被子舒适性差且可能甲醛超标。

（4）羊毛被的清洗保养。

①羊毛被使用前，从包装中取出后，在避阳通风处晾大约3小时，避免阳光暴晒，轻拍被子，使被子恢复弹性。

②羊毛被使用时要加被套等外罩物，并间隔一周左右在避阳处定时晾干。以上午十时至下午三时阴凉为最佳，正反各晾2小时即可。

③羊毛被一般不需要清洗，通常使用羊毛被时都会加上被套，平时仅需洗涤被套即可。如羊毛被被芯沾上污垢确实需要清洗，一般可用干洗精洗涤或送干洗店干洗。

④羊毛被存放前，在避阳处晾4~5小时，待被子放凉后再折叠。将3粒左右防虫剂放入羊毛被中，外套一只塑料包装袋密封后，放置在干燥的地方存放。

5. 驼毛被

驼毛被与羊毛被的填充纤维都是天然的动物毛发纤维，很多性能和使用特点比较接近。驼毛被填充的是羊驼毛，羊驼的生长环境昼夜温差特别大，在这种恶劣环境下生存的羊驼，它们的绒毛保暖性特别好，因此被广泛用作床上用品。驼毛被吸湿保暖（保暖性比羊毛被好）、抗辐射、无异味、冬暖夏凉、蓬松柔软、轻盈、天然阻燃，可以增加深度睡眠；缺点是不可水洗和干洗，只能在太阳下晾晒，价格较贵。

6. 化纤被

化纤被，也称纤维被，以化学纤维为填充料，覆盖面料后经绗缝制作而成。填充物可由100%同种化纤、不同种化纤混合、不同种纤维分层复合构成。常用化纤有普通聚酯纤维（涤纶）、中空或多孔聚酯纤维（中空涤纶）、聚丙烯腈纤维（腈纶）、天丝、大豆纤维、功能性特种纤维等。化纤被芯的包覆面料常采用棉、聚酯纤维、再生纤维等原料制成的机织物。

普通被芯中应用最广泛的化纤是聚酯纤维。常规普通聚酯纤维是实心的，吸湿透气性差，蓬松性、保暖性一般；如果在纺丝过程中使纤维内形成很多细管状孔腔而成为中空纤维，纤维截面看起来由很多孔组成，用这种纤维制成的被子称为中空被、多孔被；根据纤维截面孔腔数不同，常见的有四孔被、七孔被、九孔被等。纤维的孔腔数越多，其内储存的静止空气量就越多，保暖性就越好，蓬松感和排湿透气性也好。多孔被具有轻柔、蓬松、保暖、透气、舒适、不贴身、弹性好等优点；可机洗、不易变形；但易生静电，容易吸灰。图3-10为七孔纤维结构示意图，纤维的藕形七孔与三维卷曲结构相结合，增强了纤维的抱合力，松弹、透气性、保暖性好，手感柔软且经久耐用。

根据使用季节要求，采用不同厚度，化纤被可制成空调被/夏凉被、春秋被、冬被等。

【例】功能性化纤被芯：抗菌发热大豆纤维被，如图3-11所示。

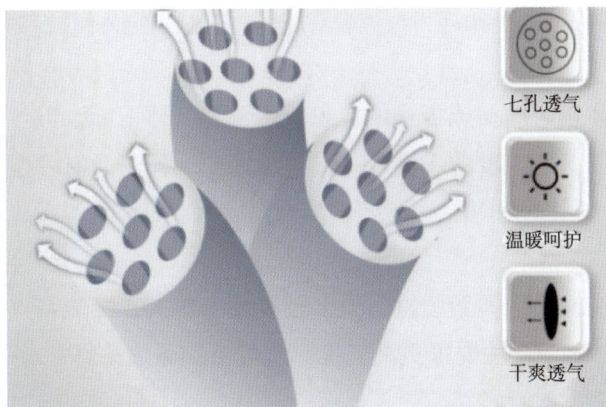

图3-10　七孔纤维结构示意图

图3-11　抗菌发热大豆纤维被

（1）面料。被芯面料采用高支高密磨毛织物，柔软、亲肤、保暖、不易钻绒；面料表面经过银离子抗菌整理，被子接触细菌时，银离子被激活即发挥抑菌功效。

（2）絮填料。内部填充物组成：20%大豆纤维+20%吸湿发热纤维+60%抑菌聚酯纤维。被芯兼具这些纤维的优良特性。

大豆纤维源自天然大豆提取物。纤维内部为多孔结构，保留更多空气，锁温保暖，透气不闷热；手感丝滑，柔和亲肤，纤韧丰盈，回弹性好，蓬松舒适；具有羊绒般软糯、棉般透气、蚕丝般滑爽及柔和光泽，柔软亲肤不压身。

吸湿发热纤维是吸湿后能发热的纤维，在气体变成液体过程中会释放热量，人体静止状态每天会蒸发600mL的气态汗，吸湿发热纤维能充分利用人体气态汗液，吸湿转化放热。

抑菌聚酯纤维，可将含银、铜、锌离子的陶瓷粉等具有耐热性的无机抗菌剂混入聚酯纤维中纺丝而得。抑菌纤维能够抵抗细菌的附着，产品采用控制控释技术，可将低浓度抗菌离子送到面料表面，以抑制产生异味的细菌生长；对肺炎克雷伯氏菌、金黄色葡萄球菌、大肠杆菌、白色念珠菌抑菌率的抑制可达99%；而且对细菌的抵抗和杀灭作用有良好的耐洗性。

（3）缝制工艺。

①四周滚边工艺，加强被芯轮廓，不易跑绒，不易变形，提高品质感；

②走线缜密均匀的绗缝工艺使填充絮料分布均匀、固定、不易跑动结团，提高保暖性。

③四角和四周边中央共八个扣袢，与被套对应位置连结固定，使被芯与被套贴合不易滑移。

（二）垫褥类

垫褥通常指睡眠休息时铺在床板或席梦思上、垫在身体下面，以纤维、乳胶等软质衬垫物为内芯材料，表面以织物包覆的一类床品，也称床垫、褥子。有一定厚度和柔软性，具有保暖御寒、柔软舒适、保护等作用。常见床上垫褥品种列举如下。

1. 絮类垫褥

通常，被芯所用纺织纤维类絮填材料大多也可用于垫褥，性能特点相似，对这类絮类垫褥不再赘述。一般被芯对蓬松性要求更高，也不宜过重；而垫褥通常对平整度要求较高。

2. 乳胶床垫

乳胶可分为天然乳胶、人造乳胶和混合乳胶三种。人造乳胶是由液体硫化制成的类海绵材料，由于生产工艺的原因，较多存在环保问题，舒适性等不如天然乳胶。但天然乳胶掺杂部分人造乳胶可有效提高芯垫的使用寿命。

天然乳胶是从橡胶树上采集的橡胶树汁，每天每颗橡胶树只能产出30mL乳胶汁，因此极其珍贵。家纺中天然乳胶纯度高于95%可称为纯天然乳胶。由天然乳胶制成的乳胶床垫和乳胶枕头属于高档床品。我国天然乳胶多从泰国进口。天然乳胶与乳胶床垫如图3-12所示。

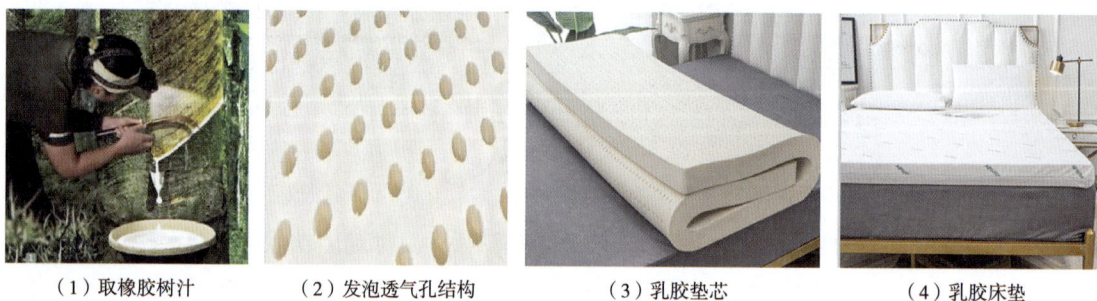

（1）取橡胶树汁　　　（2）发泡透气孔结构　　　（3）乳胶垫芯　　　（4）乳胶床垫

图3-12　乳胶与乳胶床垫

（1）天然乳胶床垫主要特点。

①天然抑菌、防螨。乳胶中的特殊橡胶树蛋白对病菌与螨虫具有天然的抑制性。

②透气、吸湿、舒适。乳胶床垫的发泡过程所形成的蓬松结构，使之具有良好的透气性和吸湿性，冬暖夏凉；受挤压时蜂窝状透气孔产生气泵效应，可以有效排走热量，保持干燥；同时还能减少人体与纤维之间的静电。

③有效改善脊椎变形。乳胶具有快回弹、强支撑的特性，同时本身易成型，无论侧睡还是仰睡，都能持续提供良好的支撑，与人体保持高度贴合，呵护脊椎。乳胶床垫比普通床垫接触人体面积高出3~5倍，能平均分散人体重量的承受力，并能自动调节不良睡姿，令脊椎放松复原。

④静音、抗扰。乳胶床垫蜂窝状气孔能够吸收翻动时的噪音与震动，静音效果强，而且挤压后能够迅速回弹，半夜起床或者翻身不会产生噪音和震动。

⑤天然环保。乳胶原液为天然材质，不含有毒元素，对人体无害；即使在过热或燃烧的情况下，也不会产生有毒物质；天然乳胶床垫使用十多年后，可自行降解，不会污染环境。

⑥耐用。乳胶属于一次成型，加上强回弹性，不易发生塌陷变形；正常使用，避免人为氧化，使用期限可达7~10年；如果汗渍影响泛黄，属于正常现象。乳胶产品建议阴凉通风处晾晒，如果出现掉渣说明已过度氧化，建议更换。

⑦天然乳胶属于天然材料，有少部分人群会对天然乳胶过敏而无法使用天然乳胶制品，选购时要注意。

（2）天然乳胶床垫的真假辨别。真假天然乳胶床垫可从以下几步辨别：

一看：主要看颜色和气孔，真正的天然乳胶芯垫是奶白偏淡黄色的，而假的乳胶芯垫颜色是白色，有的是苍白或者暗白色。天然乳胶是哑光的，表面细腻，按压有皱纹，而且表面会有气孔的痕迹；而非天然的乳胶表面发亮、紧绷、很光滑，没有气孔或是很少。

二闻：天然乳胶床垫闻起来有淡淡的乳香味，那是天然树脂的味道。质量较差的合成乳胶床垫，会有刺鼻的化学气味。有些厂家为了掩盖难闻的化学气味会在制造过程中添加芳香剂，但是只要仔细闻，还是能够辨别的。

三摸：用手压一压床垫，真正的天然乳胶床垫用手压下去会迅速地反弹，而合成乳胶床垫反弹较慢；用手抚摸一下床垫，纯天然乳胶床垫手感舒适，摸上去犹如婴儿皮肤般嫩滑。

四试：主要是试床垫的软硬度。乳胶床垫的软硬度由其密度决定，密度在60~70的，比较柔软，适合喜欢睡柔软床垫的人使用；密度在70~80的，适合喜欢舒适、软硬适中床垫的人使用；密度在80~85的，比较硬，适合喜欢较硬床垫、支撑感要求较高的人使用。

3. 海绵床垫

在泡沫塑料中，一般分为软泡（海绵）和硬泡（应用于隔热保温等建材领域）。海绵学名聚氨酯软泡，主要用于软床、床垫、沙发、座椅、坐垫等的填充或衬垫材料。

海绵床垫的质量与健康睡眠息息相关。优质海绵床垫具有优良的柔软性、回弹性和耐久性，有助于舒适睡眠；劣质的海绵床垫不透气，舒适性差，易老化，使用时间久了其支撑力、弹力显著下降。海绵密度、回弹性、柔软度不同，床垫品质、档次和价格也不同。如高密舒柔海绵、高密高回弹海绵等，具有透气吸湿、舒适支撑、耐用回弹、低气味配方、健康环保等优点。如图3-13所示。

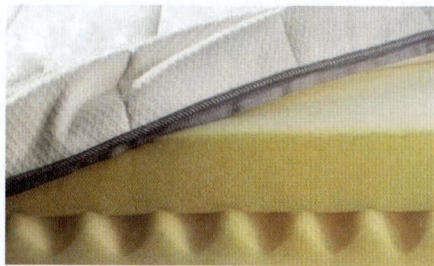

图3-13 海绵床垫

4. 记忆棉、慢回弹床垫

记忆棉是一种特殊聚氨酯泡沫塑料，也称聚氨酯慢回弹海绵，具有缓慢复原、低回弹和高滞后损失特性，绿色安全，无毒无害。记忆棉最早是一种航空航天材料，用于飞船的座椅上，以吸收在火箭（飞船）起飞、飞船返回大气层、一些意外情况（如坠落）时给宇航员造成的巨大冲击力，并改善宇航员座椅的保护性和舒适性，所以也称为太空记忆棉。记忆棉在市场上被广泛运用于隔音耳塞、枕头、护颈枕、床垫等领域。

记忆棉床垫又叫慢回弹床垫，如图3-14所示，具有感温性、记忆性、减压性和抗菌防螨性等特点，现采用标准FZ/T 62024—2014《慢回弹枕、垫类产品》。

图3-14 记忆棉床垫

（1）温感效应。太空记忆棉独有的温感记忆粒子，能跟随体温和室温变化而发生温感效应，冷的时候会变坚硬，热的时候会变柔软；能准确感应人体体重和体温变化，记忆棉形状随身体轮廓而改变，形成完全符合体型的凹凸面，贴服平均承托人体的每一个部位。

（2）释压。一方面因为记忆棉承托性能好，另一方面因其具有慢回弹性，在身体与之接触时不会瞬间回弹产生反作用力，而会产生一个缓冲过程。这样，可以有效避免肌肉受压，缓解肌肉紧张，促进血液循环，帮助人体放松并释放压力，从而减少翻身次数，让睡眠更加舒适。

（3）承托性。记忆棉对人体的承托符合人体工程学原理，在人体重力和体温变化下，记忆棉可达到与人体完美贴合，能给予腰部、臀部、腿部最完美的支撑，有效化解压力，在完美服贴人体自然曲线的同时，令人体脊椎呈自然放松状态，有效减少因为软硬支撑不合适给脊椎带来的压迫，全面呵护脊椎健康。

（4）通风透气。记忆棉由透气性球体细胞组成，形成的微循环空间允许空气在床垫内部自由流通，能有效散热排汗，让整夜睡眠更加通气，舒爽，帮助快速进入良好的睡眠状态。

（5）互不干扰。记忆棉具有吸音降噪抗干扰的功能，能最大限度减少睡眠中的干扰因素，提高深度睡眠质量。

5. 棕榈床垫

棕榈床垫主要采用天然山棕或椰丝，经高温热压而制成。优质的棕榈床垫经过严格的除菌去酯处理，绿色环保，通爽透气，质地紧实，不易坍塌变形。全棕床垫比海绵或乳胶类床垫要硬，对人体有较好的承托作用，能够保护体脊，对腰痛、腰椎间盘突出等疾病起到良好的预防和保健作用，能够保护骨骼正常发育，因此非常适合老年人和发育中的儿童使用。缺点是劣质棕榈床垫受潮容易滋生细菌，易虫蛀、霉变，易塌陷变形；棕榈床垫加工时需要用黏胶剂将棕榈材料黏合热压成块状，要注意甲醛含量。图3-15所示为椰棕/高弹海绵双面床垫结构示意图。

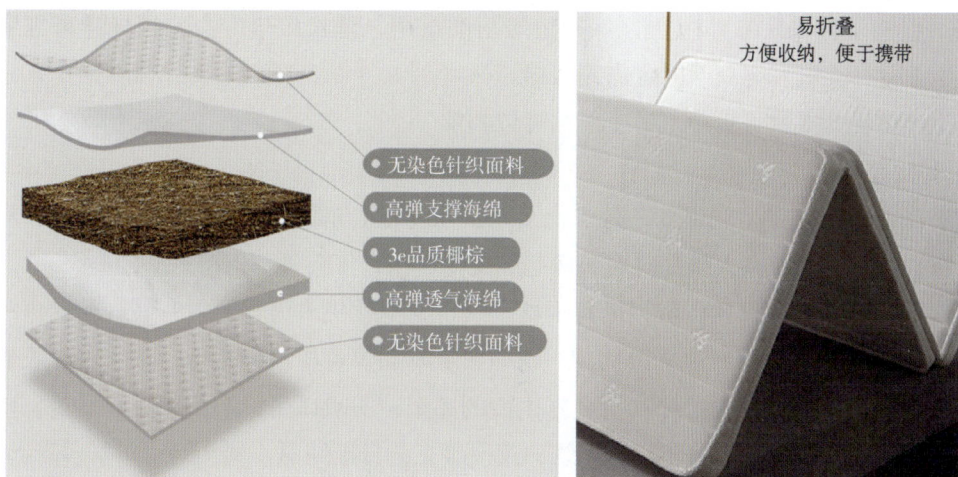

图3-15 椰棕/高弹海绵双面床垫

上述海绵、乳胶、记忆棉、椰棕等床垫芯材，可单独制成床垫，也可采用多种芯材分层组合成多层复合结构，这样能充分利用各自优点，提高性价比。使用时常外加柔软、弹性好的针织或机织面料外套，抗菌、可拆洗，提高卫生性，也能起到保护作用，延长使用寿命。

【例】针织乳胶抑菌记忆海绵床垫，如图3-16所示。

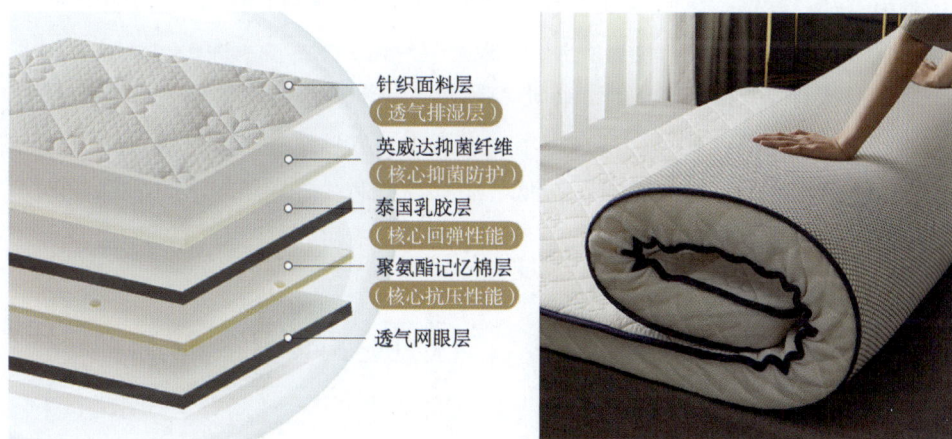

图3-16 床垫五层结构设计示意图

（1）主体芯材由记忆棉和乳胶层构成，兼具两者优良性能，并能提高性价比。

（2）上铺一层抑菌纤维片状絮棉，具有抑菌防螨的作用。

（3）上表面和侧表面为填芯空气层针织面料，柔软透气，也常与絮棉层绗缝为一体，立体绗缝花型增加了美观性，也使表层面料与絮棉层有更牢固紧密的连接。

（4）下表面为针织经编网眼面料，坚牢而透气。

（5）床垫整体兼具柔韧性和支持性，回弹性好、久压不易变形，透气舒适，抑菌防螨，表层面料可拆卸便于卫生清洁。

（6）缝制工艺采用立体包边，保护边缘耐磨耐用，延长床垫寿命；绗缝针脚细腻、紧密，做工细致，美观并有利于固定内衬絮棉。

（7）床垫轻便柔软可折叠，易于压缩打包收纳。

（三）枕芯类

枕芯是枕头的主要组成部分，是织物经缝制并装有填充物（如纺织纤维或发泡材料等），用作枕在头下的物品，在人睡眠时对头部起到支撑作用，使头颈部保持良好的姿态。

据考证，中国古代汉代以前，已有铜枕、玉枕，但枕头多为竹、木所制；西汉出现了漆枕和丝织枕头，甚至用天然香草做枕芯；到了唐宋时期，瓷枕最为盛行，从北宋起人们开始在陶瓷枕上写诗作画，抒发情怀和对美好生活的愿望；明清以后，纺织印染业发达，硬质枕逐渐被丝织软枕所取代，随着印染、刺绣、镶嵌等工艺日渐纯熟，枕头变得丰富多彩起来。

在古代，枕芯的填充物多为天然材料，如棉絮、蚕丝、羽绒、稻草、芦花、绿豆、荞麦皮以及一些中草药等。现代社会随着科学技术的提高，枕芯填充物品种越来越多，由新型化学纤维材料制成的芯类产品在弹性回复力、保暖性、蓬松度、舒适感、功能性、耐洗性及使用寿命等方面往往表现突出。按填充材料不同，常见枕头/枕芯材料有中空纤维枕、羽绒枕、蚕丝枕、羊毛枕花草谷物枕、乳胶枕、充气枕等。

枕芯的包覆面料一般要求吸湿排汗、透气、细腻、柔软舒适、抗菌防螨、不钻绒、抗起毛起球，常用全棉、涤棉、聚酯纤维等织物制成。为了便于拆卸换洗，枕芯包覆面料可做成拉链开口的结构。

枕头常见形状有长方形、正方形、圆形、桶形、异形等。枕头常见规格有单人枕、双人枕、成人枕、儿童枕、婴儿枕等。现在市场上成人用长方形枕芯一般常规尺寸约为长74cm、宽48cm。为满足不同消费习惯的需要，分低、中、高枕芯，分别填充不同量的填充物。如图3-17所示。

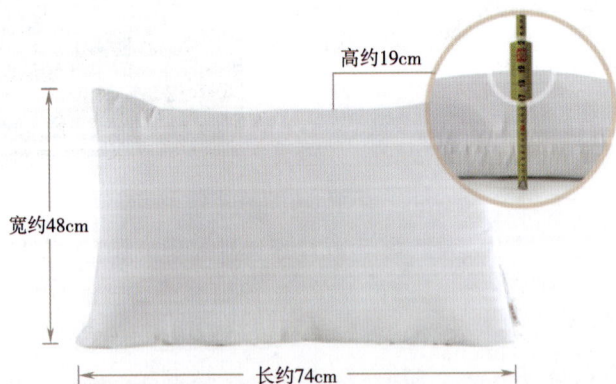

图3-17 枕芯尺寸

与枕（芯）结构类似的还有抱枕（芯）和靠枕（芯），抱枕、靠枕形状多为正方形，常规尺寸有45cm×45cm，50cm×50cm，55cm×55cm，60cm×60cm，80cm×80cm等；也有长方形或圆形、心形等异形。抱枕、靠枕的填充芯材最常用的是中空涤纶等化纤絮棉和羽绒等，一般要求柔软蓬松、具有一定弹性。

使用时一般会在枕芯/抱枕芯外加枕套/抱枕套配合使用，便于拆卸清洗，也具有装饰性。套件中，一般枕套/抱枕套面料与被套面料配套一致。不同使用场合对抱枕面料的重点要求也有所区别，如床上用抱枕与身体直接接触较多，抱枕可选用淡雅、亲肤的全棉、真丝等舒适性更好的面料；沙发上的抱枕靠枕，对装饰性、耐污性、耐用性等要求更高；冬季用抱枕常用毛绒类面料，触感温暖柔和。下面列举几种常见的枕芯。

1. 化纤枕

化纤枕（芯）是以化纤或化纤混合纤维为填充絮料并包覆面料而制成的枕（芯）。枕芯中使用最多的化纤是聚酯纤维，包括普通聚酯纤维、中空聚酯纤维、功能性聚酯纤维等。聚酯填充物拥有其他填充物不可比拟的回弹性能和功能性。如中空棉枕填充絮料为中空卷曲高弹聚酯纤维，质轻柔软、弹性回复性好，是性价比较高的常用枕芯类型。通过对聚酯纤维的改性，还可使其具有抗菌、红外线、负离子等特殊功能。化纤枕一般可以水洗，可整体机洗。

2. 羽绒枕

羽绒枕（芯）是以羽绒为主要填充材料并包覆防羽面料而制成的枕（芯）。羽绒枕芯一般采用鸭绒、鸭毛、鹅绒、鹅毛等经水洗、高温灭菌除味等而制成，蓬松柔软，具有优良的吸湿排湿性能。羽绒间密布许多小气孔，能较快吸收人体的汗液并及时散发，保持枕芯的干爽；羽绒可随气温的变化而自然地收缩膨胀，从而产生调温、调湿功能，透气性高，可给人体提供干爽舒适的"小环境"。另外，羽绒蓬松饱满，有很好的回复弹力，使用一段时间后稍晾晒拍打，便会恢复蓬松原状。

为了兼顾枕芯的柔软度和支撑力，常会采用羽绒与一定量羽毛科学配比分层配置，帮助疲劳的肩颈头部瞬间放松。图3-18所示为羽绒/毛片分层结构的鹅绒枕，表面上层和下层采用95%白鹅绒，中间层采用白鹅毛片，使其软硬适中，既触感柔软又有承托力；表层采用绗缝结构，提高了羽绒分布的均匀性和稳定性。

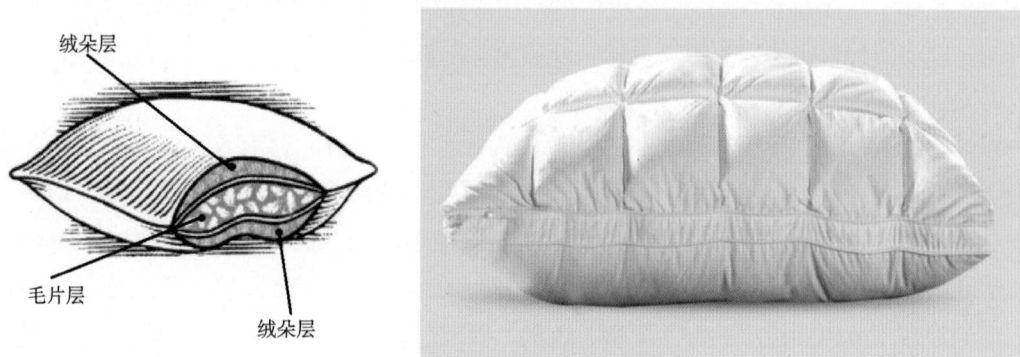

图3-18 分层结构鹅绒枕

羽绒枕高度一般为低枕16cm左右（睡下约7cm），中枕18cm左右（睡下约9cm），高枕

20cm左右（睡下约11cm）。充绒量不同，价格也不同。

羽绒枕芯面料要求防钻绒、吸湿透气、不易起毛起球抗菌防螨，翻动时不易产生噪声。

3. 蚕丝枕（丝绵枕）

蚕丝枕也称丝绵枕，是填充蚕丝或蚕丝与其他纤维的混合絮并包覆面料而制成的枕芯。丝绵枕摸上去光滑细腻，柔软轻盈，吸湿排汗，尤其适合喜欢睡软枕的人使用。

（1）蚕丝枕的功效。

①可以促进睡眠，有益健康。蚕丝的丝胶成分中含有18种氨基酸，能散发出细微的分子即"睡眠因子"，可使人的神经处于安定状态，从而降低心脏和血管承受的压力，增进睡眠的质量，减缓衰老。蚕丝枕头能明目、养目、养脑等，新生儿肺火旺盛，使用蚕丝枕可醒脑、凉爽止汗，祛暑退火；老年人使用可祛风除湿、聪耳明目、和胃化浊。

②拥有良好的御寒力和恒温性。人们称蚕丝为"纤维皇后"，它含有纤维中最高的"丝容积空隙"，在天冷时能降低热传导率，保暖性强。

③具有防螨、抗菌、抗过敏及亲肤的天性。蚕丝中的成分不仅可使皮肤细腻有光泽，而且还能防止螨虫和霉菌的滋生，尤其是对过敏体质更有益处。

（2）丝绵枕保养。一般丝绵切忌水洗，也不能在太阳底下暴晒，以免其蛋白质成分遭到破坏而结块变形，影响使用效果。一般丝绵枕头应放在通风的地方晾干，轻轻拍打后存放在干燥的环境中。使用时一定要在外面套枕套，以便经常换洗。

4. 木棉枕

木棉枕以天然木棉纤维为填充材料，外包覆面料制作而成。木棉纤维是一种天然非棉纤维，属锦葵目木棉科植物，是一种单细胞果实纤维，主要成分是纤维素，是天然环保型纤维。木棉纤维的细度仅有棉纤维的1/2，中空率却达到86%以上，是一般棉纤维的2~3倍，是天然纤维中最细、最轻、中空度最高、最保暖的纤维材质，具有生态、轻柔、保暖、光洁、抗菌、防蛀、防霉、不易缠结、不透水、不导热、吸湿性强等优点。木棉枕吸湿透气，柔软轻盈，天然环保，对皮肤和呼吸道无刺激。

木棉枕芯不能水洗，使用一段时间后容易出现板结、发硬等现象，可放在阳光下晾晒一段时间，并适当拍打，使棉絮恢复蓬松，并避免受潮发霉。

5. 蚕沙枕

蚕沙也称蚕砂，由家蚕蛾幼虫的粪便晾晒而成，蚕食桑叶，微有青草气。蚕沙是《本草纲目》所载传统中药材，性温味甘辛，具有利湿化浊、祛风除湿、和胃化浊、活血通脉、镇静安神、明目降压等多种功效。干燥的蚕沙呈短圆柱形小粒，长2~5mm，直径1.5~3mm，表面灰黑色，粗糙，有6条明显的纵棱及3~4条横向的浅纹，两端略平坦，呈六棱形，质坚而脆，遇潮湿后易散碎。优质的蚕沙干燥、色黑、坚实、均匀、无杂质，是难得的枕头填料。

蚕沙枕吸湿透气、具有清凉败火之功效，给肝肺火旺者使用，可清热凉血，有辅助治疗的作用；还有镇惊熄风的作用，民间常给夜哭的婴幼儿使用，有安神作用，可吸虚汗、防吐奶、防起疹，还可周正头型。如图3-19所示。

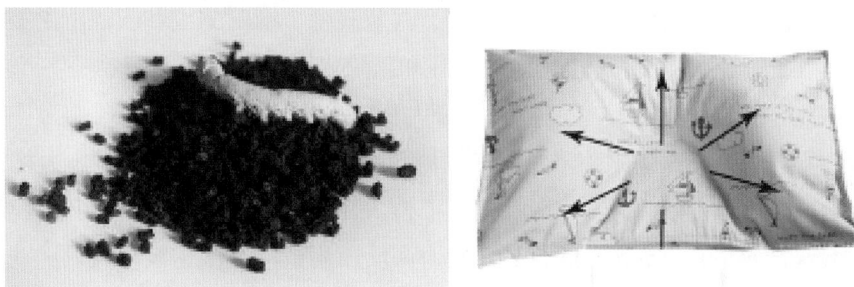

图3-19 蚕沙及蚕沙枕

蚕沙枕芯的包覆面料常用全棉机织物，吸湿透气，可制成拉链开口便于拆洗。蚕沙枕芯填充物不能水洗，使用一段时间后，应定期在通风良好处晾晒。宜存放于阴凉干燥处，并防止虫蛀霉变。

6. 花草植物枕

花草植物枕的枕芯填充花卉、草药、茶叶、谷物等生态植物，常见如薰衣草、艾草、玫瑰、决明子、茶叶、绿豆、稻糠皮、荞麦壳、竹炭等。它们不仅具有枕垫的实用功能，还多具有这些材质特有的气味和保健等功能。

（1）薰衣草。薰衣草是天然的香草植物。去除花枝和花叶，留取花瓣，保存天然芳香精华，自然风干后精心筛选晾制制成薰衣草枕芯。气味芬芳，具有安定情绪、祛风、降血压、解毒等功效，能使肌肉放松，促进睡眠。

（2）决明子。决明子性微寒，略带青草香味，枕着其睡觉闻着其味道，犹如睡在青草丛中。其种子坚硬，又可对头部和颈部穴位进行按摩，所以对肝阳上亢引起的头痛、头晕、失眠、脑动脉硬化、颈椎病等，均有辅助作用。夏季凉爽舒适，冬季温暖御寒。

（3）荞麦壳。荞麦壳为蓼科荞麦属植物荞麦的果皮，是生产粮食荞麦的副产品。优质的荞麦壳呈棱形，具有较好的韧性，不易破碎，用作枕芯填料软硬适中、质轻，塑型和吸水性能好，较轻；缺点是弹性较差，而且翻身及头颈部活动时枕头有响声，对于失眠等睡眠较差的人来说，可能影响入睡。制作枕芯用的荞麦壳完整率（或称成壳率）一般应在80%以上，同时应洁净无尘，无荞麦粉残留。

（4）稻壳：稻谷外面的一层壳，主要由一些粗糙的厚壁细胞组成，蓬松、透气性好；有一定塑型性，比棉花或弹簧要好。但其锋芒容易刺破布料，刺激皮肤。而且也有和荞麦壳枕芯类似的容易产生响声的缺点。稻壳枕具有缓解颈部疼痛，改善颈椎病、肩周炎，缓解压力等功效。

（5）茶叶。茶叶多含有较高的氨基酸、维生素、矿物质、茶多酚和生物碱，具有多种营养和药效成分，透气、排汗、散热，具有茶叶本身的自然清香，有助于保持清爽、甜美的良好睡眠。

（6）竹炭。以五年生以上高山毛竹为原料，经纯氧高温及氮气阻隔延时煅烧，使竹炭具有的微孔更细化和蜂窝化，具有超强的吸附能力，并富含矿物质，能产生负离子、释放远红外线，具有净化空气、去除异味、吸湿防霉、调节湿度、抑菌驱虫和阻隔电磁波辐射等功效。与人体接触能去湿吸汗，促进人体血液循环和新陈代谢，缓解疲劳。

　　有些花草中药在枕芯中用量过多会使气味太浓郁，反而影响正常睡眠，为了兼顾实用性、功能性、保型性和舒适睡眠，非医药专用的日常用枕也常将这些材料作为枕芯的一部分，结合化纤絮棉等芯材一起制成功能性枕芯。图 3-20 所示的中药枕，采用分区填充工艺，枕芯中部凹槽部分分别设置数条药草插袋，两边和反面用聚酯纤维饱满填充，曲线设计，适配颈椎，符合人体睡眠习惯，充分放松头颈。有的产品中每个药袋可单独取出，方便清洗。

图 3-20　药袋结构中药枕芯

7. 乳胶枕

　　乳胶枕以天然乳胶为填充材料，并包覆面料制作而成。乳胶取材自然，天然环保，有淡淡的乳香味。乳胶芯材一次成型加工而成，波浪人体工学设计，如图 3-21 所示，高低弧形曲线与头颈肩处无缝吻合，分解颈部压力，确保睡眠时头颈肩颈肌肉得到充分的放松，还可缓解打鼾。枕芯质地细腻，内部蜂窝结构，增大空气循环，吸湿、透气、散热好，不闷热；弹性回复好，释压性好，不易塌陷。乳胶枕最佳密度在 40~45 之间，太大太小都不好。

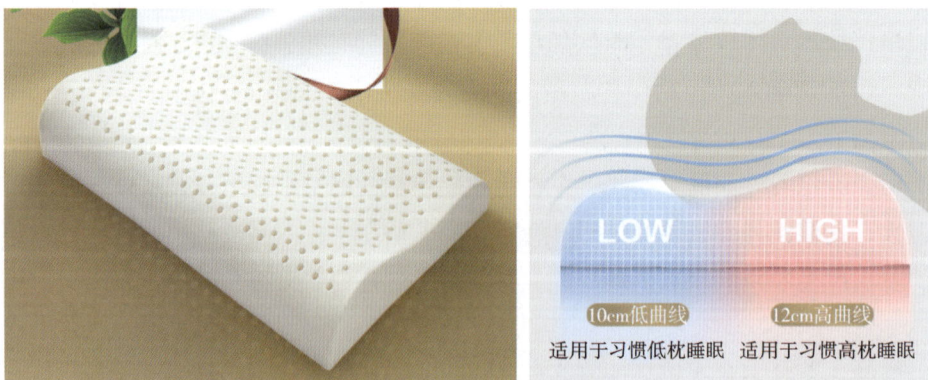

图 3-21　乳胶枕芯（博洋家纺）

8. 慢回弹枕/记忆棉枕

　　慢回弹枕也称记忆棉枕，采用聚氨酯慢回弹海绵制成，它是一种具有开放式单元结构的聚氨酯高分子聚合物，有显著的黏弹特性，其分子在受到外力压迫时会发生"流动"而移位变形，并受分子间力限制而反弹力弱，从而将压力均匀分散至整个接触面，当压力消除时，需要3~15s的时间慢慢恢复到原来的形状。

慢回弹枕芯最主要的特点是被人体压迫后能自动变形，与人体头颈曲线很好地贴合，并提供压力均匀的支撑，对身体不存在压力集中点，使人体的舒适性大大提高，有利于血液循环。慢回弹聚氨酯泡沫还具有温度敏感性，与皮肤接近部分受热后逐渐变得柔软，自动调整到令人舒适的形态，而对于下方未接触到人温度的部分，依然可以保持充分的支撑力。

慢回弹枕芯的质量要求主要包括复原时间、回弹率、气味、温度敏感指数等指标。聚氨酯填充料不可水洗、干洗，不能暴晒。储藏时不宜长久压在重物下面，以免发生永久变形。

乳胶枕芯和慢回弹枕芯的包覆面料大多都采用具有较好弹性和延展性的针织物，对填充材料起到保护作用，并能很好地与填充材料贴合；枕套通常做成拉链开口，便于拆卸清洗。

六、毯类床品

毯类床品按规格和用途，常见的有双人盖毯、单人盖毯、童毯、沙发盖毯、膝盖搭毯等；按照纤维原料，常见的有棉毯、羊毛毯、丝毯、腈纶毯、涤纶毯、混纺毯、毛皮毯等；按毯面结构特征，常见的有毛巾毯、线毯、呢面毯、短绒毯、立绒毯、毛毯等；按毯面织造工艺，常见的有机织毯、经编针织毯、纬编针织毯、手工编织毯等；按毯面花色工艺，常见的有素色毯、色织毯、印花毯、平织毯、提花毯、雕花毯、喷花毯、压花毯、挖花毯、羊剪绒毯等；按特殊功用，常见的有电热毯、抗菌防霉毯、抗静电毯、超柔毯、防水毯等。

（一）毛巾毯

毛巾毯也称毛巾被，由毛巾组织形成的毛圈织物制成。毛巾毯手感蓬松柔软舒爽，具有良好的吸水性和透气性，一般多用于夏季。常用原料有全棉、竹纤维等；常见工艺有素色、色织、提花、割绒、印花、绣花等。毛巾毯毛圈分布，分单面毛圈和双面毛圈。图3-22所示为双面提花毛巾毯，花纹凹凸加上提花缎档，毯面有很强的层次感和立体感。将毛圈割绒处理，还可制成割绒巾毯，柔软细腻，吸湿排湿性更好。纯棉毛巾毯要经常晾晒，注意防潮防霉变。毛巾毯可以水洗；收纳于干燥处。毛巾毯表面毛圈要注意防止勾丝。

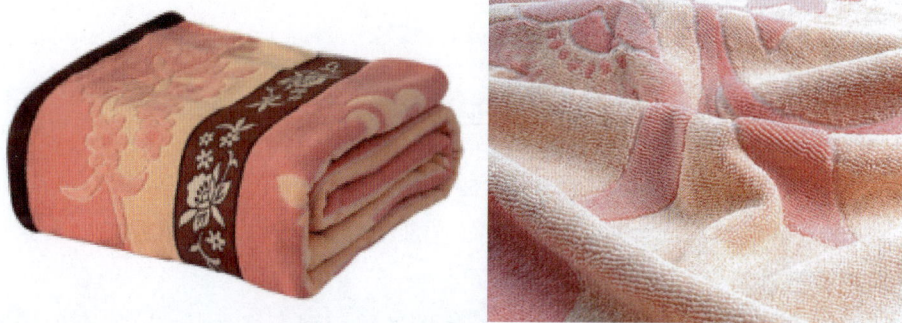

图3-22 大提花毛巾毯（青岛利晔家纺）

（二）多层纱毯

多层纱毯一般由全棉机织多层组织面料制成，通过多层接结组织结构重叠一体织造而成多层稀疏密度纱布，层数常见4~10层，甚至更多。经纬多种色纱配合，通过多层组织换层设计还可以织成正反面不同色的多层提花纱毯，如图3-23所示。多层纱毯各层疏密交织、轻薄透气、松软舒适，可作夏季盖毯、空调毯、婴幼儿被毯、沙滩毯、浴巾等使用。

图3-23　色织大提花多层纱毯

（三）线毯

线毯通常指采用棉线、丝线、毛线（羊毛、腈轮及其混纺等）等股线织制而成的非起绒起圈类铺盖物。线毯类别按织造工艺有机织、针织或编织等类；按组织花纹有素织、小提花、大提花等类；按印染工艺有染色、印花、色织等类，如图3-24所示；可做床上薄盖毯或沙发搭毯等。线毯一般布面丰满，质地坚牢耐用，手感较挺括，不粘身。

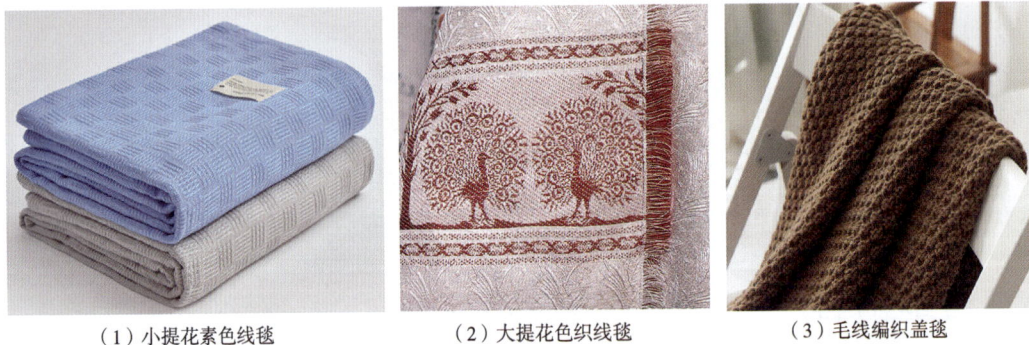

（1）小提花素色线毯　　　　（2）大提花色织线毯　　　　（3）毛线编织盖毯

图3-24　线毯

（四）毛毯/绒毯

毛毯是采用动物纤维（如羊毛、马海毛、兔毛、羊绒、驼绒、牦牛绒等）、化学纤维（如腈纶、涤纶、黏胶纤维等）或混纺织造而成的表面有长短、丰满绒毛的一类家纺床上用品。它具有独特保暖功能，结构一体，可盖可垫。

毛毯的外观形象多样，常见有绒毛丰满蜷缩的绒面型、绒毛挺立又富有丝绒感的立绒型、绒毛顺而长的顺毛型、状似羔皮的滚球型、不规则波纹的水纹型等。

1. 纯羊毛毛毯

纯羊毛毛毯采用100%优质纯羊毛织制而成。羊毛纤维具有优良的保暖性，蓬松柔软，回弹性好，天然环保，不易起静电；但较重、易虫蛀。

纯羊毛（绒）毛毯日常使用时，应经常阳光晾晒，并轻轻拍打，将毛毯表面黏附的杂物灰尘清除掉，使毯面保持清洁、蓬松和柔软。禁止机洗，应送专业的干洗店干洗。收纳时须将毛毯平整折叠放入袋中，并加入干燥防蛀剂，置于阴凉干燥处；禁止挤压，应保持毛毯的蓬松和弹性。

图3-25为高档纯羊毛水纹毯，是羊毛毯传统经典品种，上海凤凰毛毯是有近百年历史的中华老字号毛毯，其纯羊毛提花水纹毯是传统经典品种，毛质纤细柔长似水纹，毯面蓬松丰满，双色提花独幅花卉富贵大气，历久弥新，是传统婚嫁首选床毯。

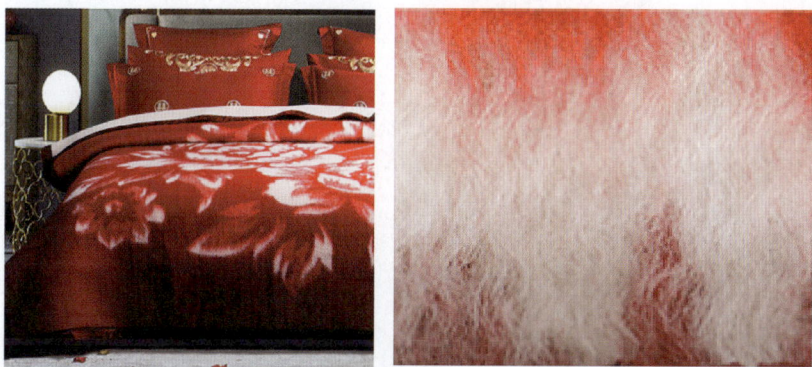

图3-25 纯羊毛水纹毯（凤凰家纺）

2. 拉舍尔毛毯

拉舍尔毛毯指用拉舍尔经编机织成胚毯，然后经割绒、印花、裁剪和包边等后道工序制作而成的毛毯，如图3-26所示。常用原料有腈纶、涤纶、锦纶、棉、蚕丝、羊毛、羊绒、牦牛绒、新合纤、再生纤维等。

图3-26 拉舍尔毛毯（维科家纺）

拉舍尔毛毯绒面细腻、丰满，立毛感强，手感松软、厚实、舒适，色彩图案丰富多彩，保暖而透气，绒毛固着坚牢不易脱落。收纳时须将毛毯平整折叠放入柜中或袋内，防止挤压，可保持毛毯质地柔软而富有弹性。拉舍尔毛毯通常按以下分类。

（1）按结构分。有长绒拉舍尔毛毯（经编毛毯，可做单层或双层毛毯）、短绒拉舍尔毛毯（经编毛毯，可做单层或双层毛毯）、双层绒织机仿拉舍尔毛毯（一般只做双层毛毯）等。

（2）按毯面绒毛类型分。有丝光型、滚球型、羔羊型、狐皮型、虎皮型以及仿貂皮型、仿裘皮型等。

（3）按毯面花色分。有素色毯、印花毯、压花毯、剪花毯等。

3. 法兰绒毯

传统法兰绒以羊毛为原料，经过织造、绒缩、拉毛等工艺加工而成，常用于制作外衣、裤子等。目前家纺市场上常见的法兰绒毯，大多是仿法兰绒的质感，一般采用100%聚酯纤维织制，经过加密、缩绒和拉毛处理而成。法兰绒毯手感细腻柔暖、绒面紧实平整，不易掉毛、不易起球，柔韧性好，回弹性佳，不易板结，亲肤舒适，如图3-27所示。

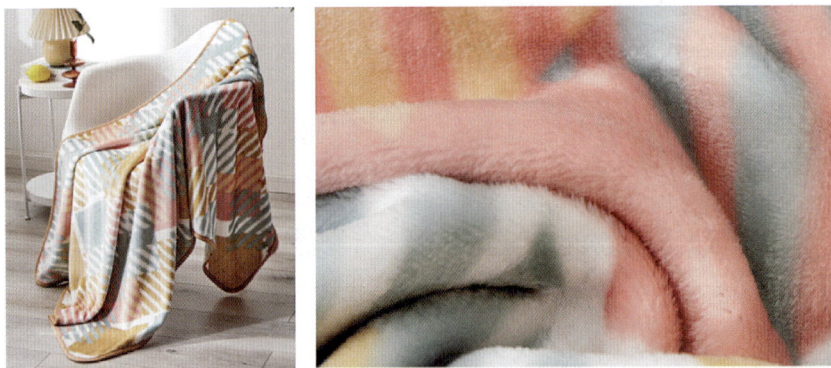

图3-27　法兰绒毯（洁丽雅家纺）

4. 珊瑚绒毯

珊瑚绒是一个商品名，常见以100%聚酯纤维 DTY150旦/288f、DTY150旦/144f为原料制成。由于涤丝纤度细，弯曲模量小，纤维间密度较高，呈珊瑚状，覆盖性好，犹如活珊瑚般，体态轻盈，色彩斑斓，故称之为珊瑚绒。珊瑚绒毯表面绒毛细腻蓬松，具有优越的柔软性，保暖性好，不起球，不掉色。采用新型改性超细涤纶纤维制成的珊瑚绒毯吸水性能出色，是全棉产品的几倍，但易起静电，会有轻微掉毛现象。可用双面珊瑚绒面料单独制成薄毯，也可用单面珊瑚绒面料制成床品四件套，或与羊羔绒等其他面料组合制成冬季用床品套件，保暖、舒适。如图3-28所示。使用前可先过水洗一遍，洗去浮毛；另外，建议皮肤易过敏者和哮喘者慎用。

5. 摇粒绒毯

摇粒绒毯又叫羊丽绒毯。摇粒绒是针织绒类织物的一种，由毛圈织物或毛绒织物经剪毛和摇粒后形成，具有颗粒状绒球外观。摇粒绒毯正面拉毛蓬松密集，且不易掉毛、起球；反面拉毛稀疏匀称、蓬松，弹性好，质地柔软、绒面耐洗刷。摇粒绒毯通常按以下分类。

图3-28　珊瑚绒毯及套件

（1）按原料规格分。按原料规格的不同可分为长纤摇粒绒和短纤摇粒绒。短纤摇粒绒一般由32英支涤纶短纤纱织成，长纤摇粒绒一般由涤纶长丝织成，按长丝的不同又可分为DTY低弹丝摇粒绒、有光丝摇粒绒。

（2）按加工工艺分。按加工工艺的不同可分为素色摇粒绒和印花摇粒绒。素色摇粒绒又可分为抽条摇粒绒、压花摇粒绒、提花摇粒绒等。

【例】法兰绒/羊羔绒双面双层盖毯，如图3-29所示。

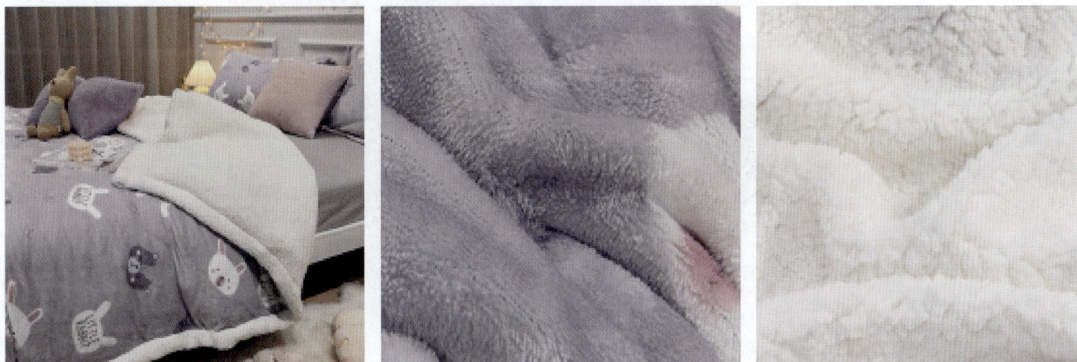

图3-29　法兰绒/羊羔绒双面盖毯

采用A、B双版双面双层绒面设计，温暖加倍。A版法兰绒面料，绒毛细腻均匀，蓬松柔绵，拥有牛奶般顺滑舒适体验；B版羊羔绒面料，厚实保暖，内聚热外御寒，暖柔舒服；两层之间中空层锁温蓄热。原料为100%聚酯纤维，织造时加入导电丝，利用电晕放电原理达到抗静电效果；不易缩水变形、不易起球、不易褪色；柔密易打理，可直接机洗，不易变形。

七、席类床品

根据使用材料不同，席类床品常见品种有竹席、藤席、草席、亚草席、亚麻席、冰丝席、牛皮席、乳胶席等。凉席的尺寸一般与床板一致，不要超过。如图3-30所示。

（一）竹席

竹席是以竹子为原料加工制作而成的席子。竹子可以加工成多种形态，制成不同种类的竹凉席，常见的有以下几种。

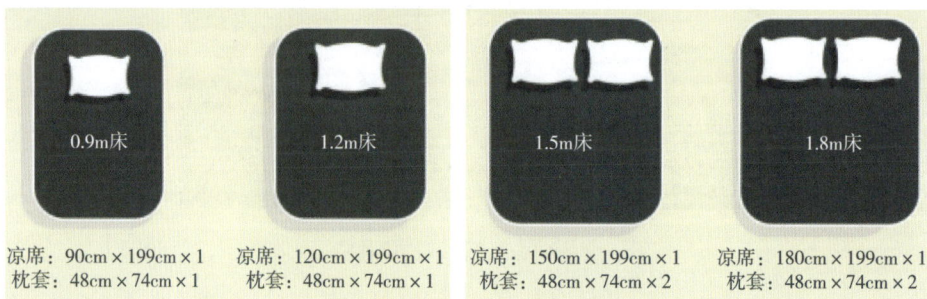

图3-30　不同规格床配凉席尺寸

1.篾席

篾席是传统常用的竹席，是将竹皮劈成篾丝，经蒸煮、浸泡等工艺后以手工经纬编织而成，如图3-31所示。按用料不同，又可分为青席、黄席、花席和染色篾花席等。

图3-31　篾席

（1）优点。纯天然材料、纯手工编制，其技艺已成为非物质文化遗产项目，绿色无污染、轻薄、细洁平整，夏天使用感觉特别清凉，而且越用越光滑、越凉爽，色泽也越深。

（2）缺点。由于篾丝很薄很脆，容易断裂，收纳不方便，故要特别小心卷成圆筒状，千万不能折叠挤压。使用时也更适用于硬板床，能尽量保持平服状。

2.麻将席

麻将席是将竹子切割成麻将状小方块，经过钻孔、打磨、洗净、漂白、晾晒，烘干，最后用一毫米左右的鱼线串接而成。如图3-32所示。

（1）优点。

①麻将子块表面光滑平整，各小竹块之间有一定空隙，透气性强，凉爽，不粘汗，高温夏季使用倍感清凉。

②抗静电、抗水性好，具有吸收二氧化碳、净化空气，促进新陈代谢的作用，有益于人

体皮肤的养护。

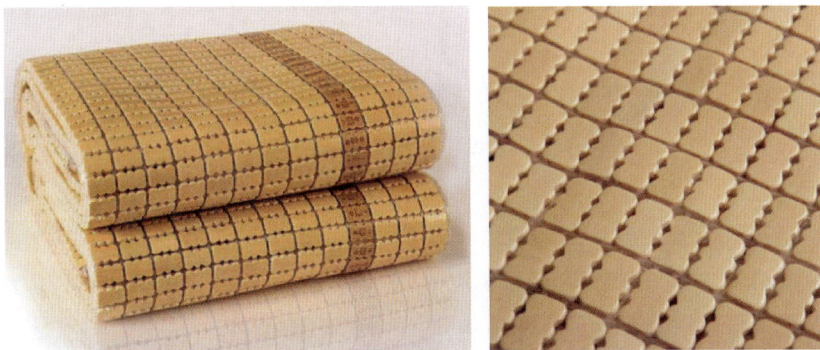

图3-32 麻将席

③由于麻将席由很多小竹块组成，而且串连的线有一定弹性，所以柔软性好，抗折断，可折叠易收藏，适合铺在席梦思或软垫上使用。

④有一定的保健功能，躺坐时通过人体辗转挤压不同穴位，起按摩作用。

⑤保质期长，使用寿命长达15~20年。

（2）缺点。重量重不易携带，搬动不方便；由于太过凉爽，故对体弱的老人不宜使用；工艺不好的容易夹头发、夹肉；躺时间长身上容易有一块块凹凸印记。

（3）麻将席选购要点。

①选购合适的席子尺寸，一般按照床垫或床板尺寸就可以。

②看席面的色泽基本一致，每个竹块大小、厚薄都要求均匀一致。

③四角要求方正，整个席面要求平整、紧密、无破口，接头要隐蔽，包边要整齐。

3. 竹丝席

竹丝席由细长条状竹丝做纬纱与涤纶经丝交织而成，如图3-33所示。

图3-33 竹丝席

（1）竹丝席的特点。竹丝席表面光滑，本身自带凉性，降温速度较快，躺在上面，感觉非常凉爽。

（2）竹丝席选购指南。尽量选择竹面颜色均匀、平滑度好的席子，某些半黄半黑的凉席，可能是劣质竹子制成的，建议不要购买。竹席的挑选要四看：

一看是否是正规厂家生产的，这就需要留意商品的外包装是否有品牌名称、生产厂家等；

二看竹席的用料色泽是否匀称，用料色泽是否匀称决定着竹席的美观程度；

三看席面是否光滑，这是检测竹席质量的一个重要方面，消费者可把手轻放在席面上轻轻滑动，以感觉竹席的光滑度；

四看编织是否紧密，这在一定程度上影响竹席的使用寿命。

（3）竹丝席的使用和保养。竹丝席不宜暴晒，以免变脆，影响竹丝席的使用寿命；垫竹丝席时要保持床板平整，以免硌破。竹丝席凉，卧室空调温度不宜过低，以26℃为宜，要以薄毯遮盖腹部、肩部等部位，防止受凉，引发腹泻、感冒甚至脊椎病及肩周炎。

（二）藤席

藤席指采用藤材或以藤材为主配以织物材料而制成的席子。藤席性暖，有吸汗、透气、防虫蛀等特点，同时质软耐磨、弹性好、清凉舒适，适合各种人群。藤席如图3-34所示。

图3-34　藤席

（三）亚草席

亚草席是将天然草木植物经过粉碎、高温蒸煮成草浆，去除杂质，烘干、防霉、杀菌、拉丝处理，压成细条纸带状，染色，再织制成席子。

亚草席不易发霉，一般也不会诱发过敏，老少均可使用，而且亚草席透气性好，容易吸汗，席面温度可与人体体温保持一致，因此非常适合在空调房间使用。亚草席还具有可折叠性、抗皱性、抗螨性、外形美观、柔软舒适、收纳便利等优点。

亚草席花色品种丰富，市场上的"藤席"大多都是仿藤席，属于亚草席，仿藤席通常将原料染成棕咖色，与真正的藤或藤编制品没有关系。常通过组织的设计变化交织成芦席组织小花纹。亚草席也常有清新雅致的色织条格、小提花和大提花等花色品种。图3-35为色织条格亚草席。还可以运用纳米技术，使亚草席具有疏水、抗菌、除螨等功能，细菌不易生存，又能防污、防油。

图3-35 色织条格亚草席

（四）蔺草席

蔺草是草席的常用材料，也是我国的传统优质编织材料。蔺草是多年生草本植物，俗称石草、席草，书名灯芯草（古书上称席草为"蔺"）。栽培的蔺草是由野生灯芯草经人工长期选育而成。蔺草草茎圆滑细长、粗细均匀、壁薄芯疏，软硬适度，色绿清香，且纤维长，富有弹性，抗拉性好，是一种极佳的天然绿色植物纤维，为草编制品的主要原料，还可作药用。蔺草席如图3-36所示。

图3-36 蔺草席

1.蔺草席的特点

用蔺草编织的席子具有很好的吸湿性和放湿性，当湿度较高时，可由无数气孔吸附湿气，如遇天气干燥时，似海绵状的蔺草内部自动释放出它储存的水分，起到空间湿度双循环作用，所以具有夏天凉爽，冬天不冰冷的舒适感。

传统草席主要由蔺草和麻纱手工编制而成，现在市面上的草席已多为"机织"。用原草织成的草席带有草的清香，草席一般较容易生虫，现在的草席在制作时多经过高温消毒和防腐染色处理。

优质蔺草席选材天然，不使用化学染料，集竹席之凉爽、亚草之柔软轻便等优点于一身，凉性温和，是婴幼儿、老人和体质差者的最佳选择，体温调节功能弱、对冷热的适应力较差，蔺草席正好可以起到好的调节作用。不足之处是花色单一，因为只有草的天然颜色，所以无法设计出漂亮的花色和图案，常以局部绣花来增加装饰效果。

2. 草席的选购要点

草席选购可从测、看、摸、闻等几个方面着手。

测：席子的尺寸严格按照床的大小，宜窄不宜宽，否则，席子会因为过宽露出床沿外而容易被折损。

看：看色泽是否均匀统一，呈淡绿色为正常。然后将席面摊平，看编织是否紧密均匀。如果编织得松紧不一、厚薄不匀，则容易露筋、松边，造成断裂和损坏，影响使用寿命。

摸：试摸席面手感是否光滑、平整舒展，席边角位是否整齐光洁。

闻：用材新鲜，当年编制的新产品有自然的清香。如果有特殊异味，说明是差的材料经过化学处理的，务必关注草席的甲醛含量不能超标。

3. 草席的使用和保养

新的草席使用前，最好在阳光下晒一晒（席面有热度即可），反复拍打几次，再用温水将席子擦拭一遍，放在阴凉处晾干后即可使用。切忌阳光暴晒，否则草席容易断裂。

草席易发霉，要特别注意防潮，"桑拿天"或梅雨季节时须每天用清水擦拭、阴干并晾晒。平时要保持席面清洁光滑，当空气湿度比较高时，应保持房间内通风透气。

收藏前，须将席面擦拭干净，置于透风处晾干，收入包装内，放置于干燥避光处。第二年重新使用的草席，要用消毒水擦拭一遍，或用肥皂水洗去霉点，用温水滤干，然后放在阴凉处晾晒。

蔺草凉席不可以浸泡在水里进行水洗，不可以曝晒，不可以用尖锐切割，不可以存放在潮湿处。

（五）亚麻席

亚麻席是用天然纤维亚麻制作的亚麻含量在50%以上的高档凉席。常见的有色织、条格、小提花、大提花等花色类型。图3-37为色织大提花亚麻席。

1. 亚麻凉席特点

（1）天然抑菌。亚麻是一年生草本植物，纤维天然古朴，色彩自然高雅。而且亚麻属隐香料植物，它所散发出来的天然香气对细菌的生长有很强的抑制作用，尤其是独特的中空束状纤维结构，富含大量氧气，厌氧菌难以滋生，所以，亚麻凉席有绝佳的卫生性。

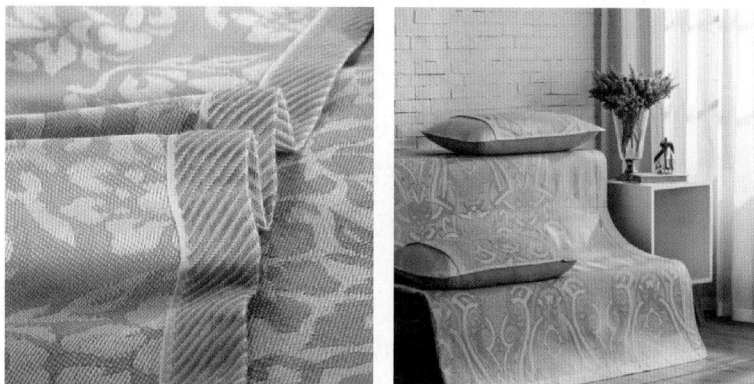

图3-37　色织大提花亚麻席

（2）清凉透气舒适。亚麻纤维具有优良的透气性、吸湿性和排湿性，被形象地喻为"会呼吸的纤维"，亚麻凉席吸汗、吸热，舒适、透气，出汗不粘身，凉爽而温和；而且柔软似床单，不像竹席、玉石席那么硬、硌、刺骨凉，与其他品种的凉席相比，亚麻凉席的散热更持久、更温和、舒服，适宜于各种体质人群和各种环境。

（3）消除静电。在各类纺织纤维中，亚麻是静电感应系数最小的纤维，能有效消除静电。亚麻凉席不吸灰，不易脏。

（4）花色清新雅致。亚麻凉席常见的颜色有米咖色、浅绿色、黑灰色等，面料常见有小花纹素色、色织条格、色织大提花等类型，一般清新雅致、简朴大方。

（5）轻便易收纳。亚麻凉席轻便、可洗涤、可折叠、易收纳，携带方便，易保存，可长期使用十年以上。

2. 亚麻席的选购要点

正品亚麻席厚而挺，有一定的硬度，且握在手里放开后稍有褶皱出现；次品用手摸起来有些柔软，但握过后无褶皱出现，有些像棉线织物。正品席贴在皮肤上无刺激感；次品接触后会有毛扎感。正品席都有严格的标识，如麻含量、洗涤方法等；次品则含糊不清。

优质的亚麻凉席纹路清晰、密实、耐拉力强，织物表面光泽自然柔和；透光照射亚麻产品，能看到云斑，还可以看到少量的麻粒子；纯亚麻产品手感滑爽，有垂重感。选购亚麻席时，可取一根亚麻纱线燃烧，如有燃纸味，且灰烬细腻呈白灰色，则证明是麻织物，而化纤燃烧后，有刺鼻气味，且燃烧物呈球状。

3. 亚麻凉席的清洗与收纳

在洗涤麻制品时应该注意，优质的麻织物在制作之前，是经过预缩水处理的，缩水率一般在3%左右。但是，市场上大部分都未经过缩水处理，在水洗后都会出现缩水现象，一般的缩水率在10%左右，有的还会更严重，故在洗涤时，最好选用干洗的方式，防止凉席缩水、变形。

（1）干洗时，最好不要在面料表面刷皂液，可直接在干洗机中添加，标准程序洗涤即可，中高温熨烫。

（2）亚麻凉席如果用水洗，应格外讲究。先在40℃以内温水或凉水中浸泡10min，加入适量中性洗涤剂，再用手轻轻揉搓；机洗时采用轻揉洗涤模式。洗净后，最好不要使劲绞干，更不能用洗衣机脱水甩干，可滴水晾干；阴干至八成时，最好进行高温熨烫。

亚麻席不仅能四季使用，而且即使收藏也相当简便，只需像一般毯子那样，洗净晾干折叠收藏即可。而且真正优质的亚麻席使用寿命很长，可长期反复使用。

（六）冰丝席

冰丝席通常采用由聚酯纤维和纤维素纤维交织而成的机织面料制成。它既有冰丝的清凉散热，又透气温和。常见织物类型有色织、提花、印花等。为增加席面质感、牢度和延长使用寿命，常背衬一层底布。图3-38为色织大提花冰丝席和印花冰丝席。

| （1）色织大提花冰丝席 | （2）印花冰丝席 | （3）背衬网眼布 |

图3-38 色织大提花冰丝席

冰丝席面编织紧密，表面平整光滑不沾身，肌肤触感柔滑细腻又不失柔韧性，耐磨又耐用。背衬经编网眼布，可形成均匀立体中空空间，蜂窝式空气循环，快速散发席面热量及渗透的汗液，舒适凉爽。

1. 冰丝席的特点

（1）花色丰富。无论是色织及提花面料还是印花面料，都可使冰丝席花色品种千变万化，丰富多彩。

（2）吸汗耐用。纤维素纤维具有良好的吸湿性，可以避免汗液过多粘身而不爽，而聚酯纤维又有很好的强度，确保冰丝席具有良好的耐用性。

（3）凉而不寒。夏天过度凉爽容易感冒和体内积累寒气，冰丝虽凉但并不带寒性，所以更适合所有体质的人使用，也适合空调房使用。

（4）轻便、易收纳。冰丝席轻便、可以折叠，便于储存和携带。

（5）价格便宜。冰丝席面料成本相对较低，性价比较高。

2. 冰丝席的清洗与收纳

冰丝席可水洗，但避免长时间浸泡（勿超过12h）；洗涤时不可氯漂，也不需要加入柔顺剂，用一般中（碱）性的洗涤用品即可；席面有污渍时，可用毛巾沾中性洗涤剂轻轻擦拭，不建议频繁机洗，洗涤后可放置阴凉通风处自然、风干，避免阳光暴晒。

（七）牛皮席

牛皮席常选用6~8年皮质好、无疤痕的水牛皮，由于一张整牛皮大小有限，常常需要局部拼接做成一张牛皮席；当然，以整张头层水牛皮制作为最佳，但价格更高。牛皮席舒适透气、防霉、不脱色、不黏腻，防菌防虫蛀。闻上去略带皮革独有的味道，气味宜人。凉而不冰，温润凉滑，且越用越光亮。一床富有典雅和华贵气质的牛皮席绝对是豪华气派型家庭的首选之品。牛皮席一般价格较高，达一千元至几千元不等，有的甚至上万元。牛皮席生产工艺流程如图3-39所示。

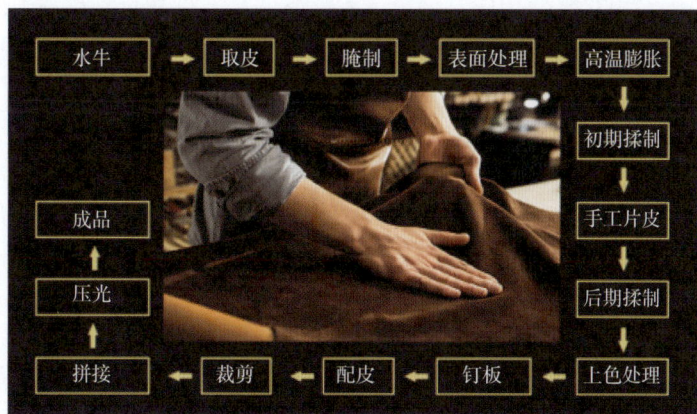

图3-39　牛皮席生产工艺流程

1. 牛皮席的特点

传统牛皮席多以牛皮本色为主，而且比较厚重，收纳困难。随着皮革加工技术的提高，近年来市场上的牛皮席打破了传统单一的花色，出现了很多清新淡雅的颜色，还有采用印花、压花、雕镂等多种工艺，使牛皮席的花色丰富多样，而且趋向更柔软、细腻、轻薄。图3-40为染色牛皮席和印花牛皮席。

图3-40　牛皮席

2. 牛皮席选购指南

先用手触摸皮面，有较好柔软度和滑爽感的牛皮席即为佳品。不过，牛皮席并非席面越光滑越好，靠近皮面闻一闻，没有异味或其他不适感的较好。

3. 牛皮席清洗保养

可用湿布擦皮面，不建议使用保养皮面的化学洗剂清洗，清水即可。由于真皮易吸水且不易挥发，擦拭后要在通风处阴干。

八、床品的选配

（一）床品尺寸规格的选择

通常根据床的大小规格来选用床品的尺寸规格。床品套件常见规格有1.2m、1.5m、1.8m，分别适用规格宽1.2~1.35m、1.5~1.8m、1.8~2m的床。各自对应床单、被套、枕套尺寸如图3-41所示。比较硬挺的席类产品的尺寸一般与床面尺寸一致，或不超出床面为宜，以免折断。

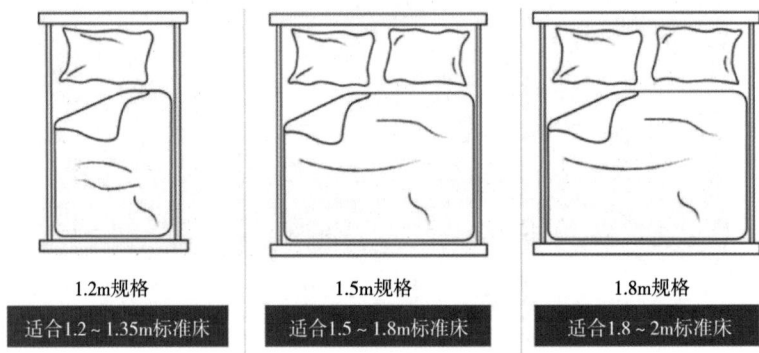

1.2m规格	1.5m规格	1.8m规格
适合1.2~1.35m标准床	适合1.5~1.8m标准床	适合1.8~2m标准床

床品规格	被套尺寸	床单尺寸	枕套尺寸
1.2m	150cm×210cm	200cm×230cm	48cm×74cm
1.5m	200cm×230cm	230cm×250cm	48cm×74cm
1.8m	220cm×240cm	240cm×270cm	48cm×74cm

图3-41 床品尺寸规格

（二）床品的色彩搭配

床品是卧室空间不可或缺的布艺元素，搭配正确能给卧室增添美感与活力。床品的色彩和图案直接影响卧室装饰的协调统一。通常，可将床品与空间软、硬装融合在同一个色彩体系中，利用图案纹样作出统一中的变化。

1. 遵循相近法则

为了营造安静美好的睡眠环境，卧室墙面和家具的色彩应比较柔和，床品宜选择与之相同或相近的色调，统一的色调也能让睡眠氛围更柔和。同时，为了打破色调单一的沉闷感，可选择带有轻浅图案的面料，如卧室主体颜色是紫色，可搭配以白色为主带少许紫色装饰图案的床品，而不要选择大面积紫色的床品，否则会显得没有层次和主次感，整体混为一体。

2. 遵从卧室中窗帘和地毯的色彩系统

床品的色彩和图案最好不要独立存在，即便是希望形成撞色风格，色彩也要有一定的呼应。

3. 与卧室主体色形成色彩反差可活跃气氛

如果卧室的主体颜色是浅色，床品的颜色若再搭配浅色，则整体会显得苍白、平淡，没有色彩感。建议床品可搭配深色或鲜艳的颜色，如咖啡色、紫色、绿色、黄色等，整个空间则显得富有生机，给人一种强烈的视觉冲击感。反之，卧室主体颜色是深色，床品应选择浅色或鲜亮的颜色，如果再搭配深色床品，则会显得沉闷、压抑。

4. 根据个人及空间特点进行调节

对于年轻女性来说，粉色是最佳选择；成熟男士则常用蓝色，体现理性、冷静。如果是一个人居住，从心理上来说，颜色鲜艳的床品能够冲淡冷清感；如果是多人居住，淡雅单一的色彩、规则的条纹能够给人以去除繁杂的安定感。如果卧室面积偏小，最好选用浅色系床品来营造卧室氛围；如果卧室很大，可选用强暖色床品营造亲密接触的空间。如果卧室位置背光，光线阴暗，建议不要选择绿、蓝、紫等冷色系的床品，可适当搭配暖色，如浅麻、米色、橘色等，反之亦然。

5. 考虑床品的印染环保性

深色系的床品在营造卧室氛围上往往比浅色床品更出色，但要注意深色床品可能存在的环保隐患。染整处理不合格的面料易褪色，或含有偶氮、甲醛等有害物质，因此，从颜色的角度来看，浅淡素雅的床品安全性更高，如纯白色的全棉床品较少存在染色及其他化学试剂的成分，是相对原始也是比较健康环保的床品。如果想选择带有图案的床品，可选择采用提花或刺绣工艺图案的床品。

（三）床品的风格选配

床品的选配要与卧室的整体风格和装饰主题保持一致。自然花卉图案的床品搭配田园格调十分恰当，抽象图案则更适合简洁的现代风格。

1. 中式风格床品

中式风格床品常选用丝质面料制作。中式团纹和回纹都是常用的元素，有时会以中国画作为床品的设计图案。尤其在喜庆时采用的大红床品组合套件，更是中式风格最经典的表达。

2. 美式风格床品

美式风格床品的色调一般采用稳重的褐色或者深红色，在材质上常见雪尼尔等绒质面料或者用珠子、绳带做装饰点缀，纹样古朴而大气，在抱枕和床旗上常会出现大面积吉祥寓意的图案。

3. 欧式风格床品

欧式风格床品多采用大马士革、佩兹利等纹样，风格大方、庄严、稳重，做工精致，装饰性强。与窗帘及墙面的色彩应高度统一或互补。欧式风格中的意大利风格床品常采用非常纯粹的色彩、艺术化的图案构成。设计师会像在画布上作画一般，随意地在床品上创作图案，有些甚至将凡·高、莫奈等艺术大师的油画名作印在床品上，也能达到非常特殊的艺术效果。

4. 新古典风格床品

新古典风格床品常采用艳丽、明亮的色彩，个性化的床品还会采用非常极致的色彩，如黑、白、金、紫等颜色，给人一种眼前一亮的感觉，整体奢华又不失时尚。

5. 现代风格床品

现代风格床品造型简洁，色彩以纯粹的黑、白、灰和原色为主，不再过多地强调传统古典风格中的复杂工艺和图案设计，体现一种简单的回归。几何图案、抽象图案是现代风格床品中常见的。

6. 田园风格床品

田园风格床品一般色彩淡雅，多为米白色，常采用植物或碎花纹样再配合一些格子和圆点做装饰点缀。

（四）床品面料的选配

因为床品大多与身体直接接触使用，因此宜选用质地柔软、吸湿透气、保温性好的面料，大多以天然纤维和再生纤维原料为主，如棉、亚麻、真丝、羊毛、天丝、大豆蛋白纤维等织物。

不同风格床品所选用面料也各具特点。如细腻柔滑、具有优雅光泽的大提花真丝面料、丝光长绒棉面料、天丝面料等常用于高档奢华风格床品中；田园风格床品常采用纯棉、亚麻、棉麻混纺面料，常见素色、色织条格、小碎花印花等面料，营造一种自然的感觉。

（五）床品单品的搭配

床品通常包括床单、被子和枕头等，但若要更加美观，大小不一、形状各异的抱枕是颇具性价比的单品，各单品之间完全同花色是最保守的选择；要效果更好，则需采用同色系不同图案的搭配法则，甚至可将其中一两件小单品搭配成对比色，从而成为卧室软装的点睛之笔。若多个抱枕的堆积感觉太繁琐，搭配一条绗缝床盖也是一个不错的选择。

项目四

挂帏帘饰认知与应用

知识目标

1. 了解挂帷帘饰产品常见品种类别。

2. 熟悉窗帘的基本功能与要求。

3. 熟悉窗帘常见品种类别及用途。

4. 掌握布艺窗帘常用面辅料品种及应用特点与要求。

能力目标

1. 能够正确识别与分析挂帷帘饰品类。

2. 能够正确识别与分析窗帘及其材料构成与特点。

3. 能够合理选配窗帘面料和辅料。

实践训练

1. 考察调研并分析你所在城市或地区窗帘市场。

2. 窗帘和布帘面辅料分析与应用。

一、挂帷帘饰常见类别

挂帷帘饰产品包括窗帘、门帘、浴帘、帷幔、屏风、遮阳帘、影剧舞台幕布、宣传广告帘幕等常见类别。

（一）窗帘

在软装布艺中，窗帘在家居空间立面中占据面积很大，具有装饰窗体与墙面、美化室内环境、保护隐私、柔化光线、改善声音环境、调节温度等功能。因此，在实用性和装饰性上，都具有非常重要的地位，对家居装饰风格的形成具有重要作用。窗帘如图4-1所示。

窗帘品种丰富、款式结构多样，作为软装家纺的重点内容，将在后面单独重点介绍。

（二）帷幔、屏风

用布艺帷幔、屏风分隔室内空间比砖石、木版等硬质墙体材料更具自由灵活性，并能节省空间，也更富舒适温馨的情调，给人以亲切柔和美的感受，如图4-2所示。

布艺帷幔、屏风织物与窗纱、窗帘织物类似，却又有区别。一般，薄型帷幔、屏风织物要有一定的能见度，织物较稀薄；厚型帷幔主要起隔离空间的作用，面料往往要求具有丰润厚实的质地和良好的遮蔽、隔音功能，使室内局部保持相对独立的私密感。

图4-1　窗帘

图4-2　布艺帷幔、屏风

（三）门帘

门帘使用历史悠久，材质丰富多样，有纺织布艺门帘、竹藤草帘、珠帘、橡胶帘、塑料片帘等。纺织布艺门帘常见分类如下。

1. 按厚度分

按厚度分有薄型门帘和厚型门帘。

薄型门帘常用机织物、针织物、编结物，常见有素色、印花、绣花等织物，要求表面平整、抗皱、悬垂性好。

厚型门帘有用较厚实的单层或双层面料制成；也有用絮棉等作填料，外包织物或革面材料制成。主要在冬季和空调环境中起保温、隔热作用。

2. 按用途分

按用途分有入户门帘、厨房门帘、浴卫间门帘、特殊功能门帘等。

入户门的门帘主要用于防尘、防蚊虫、保温、遮隔视线等。一般冬季用厚型保暖门帘；

夏季防蚊虫用透光或半透光的纱质门帘。

浴室、卫生间用门帘，起遮蔽、挡水、挡风等作用，常用薄型高密防水织物，要求防水、防霉、抑菌、不透明，一般经过涂层处理。

厨房门帘主要为了遮挡视线、阻隔油烟、隔热等功用。长度上有全帘和半帘；面料有薄型、中厚型或厚型，根据需要而定。

特殊功能门帘有抗菌、灭菌门帘，防辐射、防电磁波门帘等，主要用于医疗卫生场所或特殊检测等工作场合。

3. 按材料和工艺分

按材料和工艺分常见的有布帘、线帘、竹帘、席草帘等。

（1）布帘。由各类织物缝制而成的布门帘，织物有透明的纱质面料、轻薄的丝质面料、中厚型交织面料、厚重的绒质面料，有素织面料、印花面料、提花面料、绣花面料、蕾丝面料等。如图4-3所示。

（1）素色落地布帘　　（2）印花半长布帘　　（3）经编蕾丝布帘　　（4）提花纱质布帘

图4-3　布门帘

（2）线帘。由线、绳、带、珠子或纺织装饰线材按一定间隔垂直悬挂排列或手工编结而成，可以遮挡部分视线和光线，营造和形成隐隐约约的朦胧装饰效果。如图4-4所示。

（1）垂线帘　　　　　（2）珠帘　　　　　　（3）绳编帘

图4-4　线门帘

（3）竹草帘。由竹丝与纺织线材编结交织而成竹门帘或者竹窗帘，有传统手工做成的，现在也多用织机织成，如图4-5所示。也有用藤、草、芦苇等天然线材手工或者机织成席草帘，如图4-6所示。

图4-5　竹帘

图4-6　席草帘

4. 按门帘长度和形式分

按门帘长度和形式分有全帘（落地帘）和半帘，如图4-7所示。

（1）平拉落地帘　　　　　　（2）防蚊门帘　　　　　　（3）半帘

图4-7　不同形式门帘

全帘长度与门框高度相当，秋冬季采用中厚型面料制成的全帘，除了能遮挡视线，也有较好的防风、隔热效果；夏季防蚊用门帘，一般分左右两片纱帘，四周要与门框有比较好的贴合密封，中间左右边条中分别缝入磁吸条，从中间推帘进出后会主动吸合，通风、透气，又能防蚊虫。如图4-7（1）（2）所示。

半帘长度只有门框高度的关键一部分，长短根据需要而定，一般上端固定，可遮挡部分视线，这样透气性比较好。面料可以是薄型、半透明或者镂空的线布帘，动感，随风飘逸，也有较好的装饰性。如图4-7（3）所示。

（四）浴帘

浴帘是浴室使用的挂帏织物，主要作用是拒水、遮隔、挡风、装饰。浴帘常用高支高密纹织物制成，质地紧密，布面光洁细腻，轻薄挺括，无织疵。原料常用涤纶、锦纶等合纤，也有用棉与合纤的混纺纱等制成，常见素色、印花、条纹提花等。

浴帘面料一般要经涂塑、树脂等防水整理。浴帘花色要与浴室环境协调，一般以浅色高雅为主。与浴帘相配的套环、帘杆应采用塑料制品或防锈金属，以防止生锈，影响美观。如图4-8所示。

图4-8 浴帘

（五）遮阳帘伞

遮阳帘伞形式多样，应用广泛，包括遮阳帘、遮阳篷、遮阳伞等，既可遮阳防晒、抗紫外线，又通风透气，也可挡雨，式样相当丰富。如图4-9所示。

遮阳帘伞织物比较厚实紧密，要求坚牢耐用、防晒防雨，耐光色牢度好，需经过防晒、防水等特殊涂层整理加工。

（六）影剧舞台幕布

1.投影幕布

光线投影到幕布上，再反射到人的视觉而产生图像效果。投影布幕对光线要有良好的反射能力，反射率越高，影像保真性越好。则要求织物表面光洁、细腻，外观平整、挺括，抗皱，悬垂性好，轻便耐用。多以棉或麻为原料，方平组织，漂白整理。漂白后再用硫酸钡整理剂，可提高反光率，影像清晰，立体感强。如图4-10所示。

图4-9　遮阳帘伞

图4-10　投影幕布

2. 舞台幕布

舞台幕布是舞台上使用的挂帷织物，主要作用是在场景变换时阻隔台下视线干扰，增加舞台感染力和舞台表演效果。如图4-11所示。

图4-11 舞台幕布

　　舞台幕布开启、闭合次数多，挂帏面积大，自身较重，要求织物强力高、伸长变形小、坚牢耐用，并具有良好的悬垂、遮光、隔声、阻燃性能。多用平绒、丝绒、天鹅绒等绒类织物；色彩多为绛红、墨绿、古铜色、中深色，产生雍容华贵的舞台效果。

（七）宣传广告帘幕

　　宣传广告帘幕大多用于户内外广告牌、灯箱、路旗、展架展板等，现在一般采用喷绘工艺制作，材料多种多样，适用场合也不同。如高规格会议、纪念活动场所用的挂帏织物常用质感较好的金丝绒、天鹅绒等高档绒类织物或仿丝绸织物。标语、条幅常用涤丝纺、尼龙绸等化纤织物。户外广告用帘幕要求耐气候性好、耐晒、防风、防水，不易褪色和破损，持久耐用，织物应质地坚牢、不缩不皱，并适宜喷绘，常见有两面PVC覆膜的"黑白布"，可双面打印、不透光、耐磨耐折的"双喷布"，幅宽可达5m的加厚专用帘布等。室内条幅、横幅、布幔、X展架、易拉宝、商业与民用室内装潢、展览展示、艺术写真等也常用适宜写真喷绘的白画布、油画布等。如图4-12所示。

图4-12 广告帘幕

　　被称为"珍珠画布"的优质防水非织造布，布纹清晰，有油画布效果；涂层牢固，遮光度适中，耐候性强，弹性、柔软性好，易携带；吸墨量大且颜色表现柔和，不反光，可透光，打印墨水干燥速度快，打印图像清晰度高，适合高速打印，性价比高，属于经济型产品。适用于艺术写真、婚纱照片，户内外横幅、挂幅，户外海报招贴，户内外展板广告，广告演示图，展览会场布置等领域。

二、挂帏帘饰的功能与性能要求

　　家居装饰中，挂帏帘饰和墙布/墙纸构成了室内大部分的立面，随着软装越来越得到重视，挂帷帘饰除了具备基本实用功能外，同时也成为室内装饰的重要元素。

（一）挂帷帘饰的基本功能要求

挂帷帘饰要求具有遮蔽功能、调节功能、隔离功能和装饰功能等基本功能。

1. 遮蔽功能

（1）能遮蔽外界视线。窗帘能够减少外界干扰，保护隐私，保证室内的私密性和安全性。

（2）能有效遮蔽阳光、紫外线。性能良好的遮光窗帘，能够减少强烈阳光对地板、家具等室内环境和陈设物品曝晒的影响，起到保护和延长使用寿命的作用。室内有易燃、易爆、易变质的物品时，可起到一定的保护作用。摄影暗房的遮光窗帘，更是保证摄印工作顺利进行的必不可少的设施。

2. 调节功能

（1）调节光线。窗帘与帷幔是一种灵活、简便调节室内光通量的工具。可选择不同的挂帷织物来满足不同室内环境与使用功能对光线亮度及分布的不同要求。

（2）调节温度。窗帘与帷幔有助于调节室内的温度，能有效而经济地起到防寒保暖和防暑隔热的作用。

（3）调节微气候。窗帘与帷幔还有调节室内微气候的功能，起调节通风量、调整平衡室内干湿度的作用。

3. 隔离功能

（1）能灵活地分隔或组合室内空间，提供间隔界限，形成一个舒适、富有情趣的环境，使人有温馨安逸之感。

（2）能阻挡灰尘、抵御风沙，对进入室内的空气有一定的净化过滤作用。

（3）挂帷帘饰织物具有吸音功能，能有效降低环境噪声，改善声音环境。

4. 装饰功能

挂帷帘饰织物纤维、纱线与组织结构丰富多彩，图案色彩交相辉映，其本身就是一件赏心悦目的艺术品，同时又影响着整个室内环境气氛。合适的挂帷帘饰产品会给家居装饰起到画龙点睛的效果，直观地体现不同的风格品位。

窗帘、帷幔款式和悬挂形式的众多变化，楣幔、饰带、垂缨等各种装饰配件的联合使用，能使室内产生不同情趣的装饰美感，使人得到愉悦美好的享受。

（二）挂帷帘饰的基本性能要求

挂帷帘饰产品除需具备足够的强度外，还应具备以下独特的性能。

1. 悬垂性能

窗帘、帷幔悬挂时应具备挺括清晰的褶裥纹路，这是评定外观视觉效果理想与否的重要标志。挂帷织物的经向悬垂性除了与纱线原料、织物结构等有关，还与制成品的尺寸、褶裥方式等有关，所以一般采用缝纫成品检验法测试。黏胶纤维等无论作经线或纬线，都能使织物显现出流畅、清晰的垂性褶裥，同时在色彩、光泽及纤维滑润性方面具有良好的性能。它们与其他原料混纺或交织，也可以得到较好的悬垂效果。

2. 垂延性能

垂延性能是织物在悬挂使用一段时间后，因自重导致尺寸伸长而影响织物整齐的性能。主要原因是弓纬或纬斜及松弛收缩率不一等。因而要求在缝制成品时就确定其伸长率，以确定适当的尺寸。织物的垂延伸长率与原料性能（尤其是受力延伸、蠕变性能）、纱线粗细、捻度大小、组织结构、经纬密度等有关。测试大多数采用成品实用试吊的方法，简便易行，可较准确地测得织物的垂延性能。

3. 耐晒性能

挂帏织物在使用过程中，长时间接触日光、空气，因此要求织物原料有一定的耐光、抗老化性能，印染的颜色需有一定的染色牢度（包括抵抗变色和褪色性能）。一般窗帘织物要求日晒牢度达到3~4级。

为使挂帏织物具备良好的耐晒性，在纤维原料、染料和加工工艺等方面都需进行优化。

4. 耐洗涤性能

合成纤维耐洗涤性好，但有的染色性差、易老化。黏胶纤维有良好的适应性，但水洗时形变程度大。天然纤维中丝、毛织物，绣花类织物等经水洗后会影响外观风貌。交织或混纺的产品，在保持原有纤维特性时会具备较好的耐洗涤性。

5. 卫生性能

挂帏产品与空气接触多，受温度、湿度、环境污染等影响，易沾聚尘埃和受细菌侵蚀发生霉变，因此要求具有一定的防霉、抗菌耐污和易清洗性能。一般合成纤维这方面性能较优良，天然纤维、黏胶纤维类织物可通过后整理加工的方法增强其卫生性能。另外，面料无异味，面料有害物质含量不得超过相关标准和规范要求，如GB 50325—2001环保标准。甲醛含量执行国家标准E_1排放标准。

6. 吸声性能

织物的吸声性能与织物间保持的静止空气层密切有关。多数纤维及织物表面不光滑，特别是中厚型挂帏织物，大多采用重组织结构，各组织中的纤维互相交织形成多层次状态，使织物具有一定阻挡噪声、吸收室内声响的作用。呢绒织物吸声性能最佳，常用作舞台帷幔和剧场窗帘。

7. 阻燃性能

阻燃性能也称难燃性能或防火性能，指织物在接触火焰时，不能助燃或引起火焰的性质。这是室内家用纺织品使用安全性的一项特别重要的性能。

提高织物阻燃性能的方法很多，常用的主要有两种：一是采用具有或者经阻燃处理的纤维原料织制，二是将织物进行阻燃后整理。当然也可以采用与不然纤维或阻燃纤维混纺或者交织的方法来提高织物的阻燃性能。

8. 防降解性能

窗帘，尤其是户外的遮阳帘等家纺产品长时间遭受风吹雨淋、热烈阳光的侵袭，各种纤维高分子材料的抗紫外线等辐射降解能力不同，见表4-1。蚕丝、锦纶、羊毛、丙纶等纤维抗紫外线性差，一般不适宜用于窗帘面料。

表4-1　不同纤维抗紫外线降解能力比较

纤维种类	抗紫外线降解程度
玻璃纤维、腈纶	最好
涤纶、亚麻、棉、黏胶纤维、醋酯纤维	好
锦纶、羊毛	差
蚕丝、丙纶	最差

三、窗帘常见品种类别

窗帘对于协调整个室内空间的气氛起着重要的作用，或时尚，或优雅，或浪漫，都决定着空间的整体美感。

窗帘材质丰富、款式多样，品种类别繁多。按材质，可分成布艺帘、铝合金帘、铝塑帘、皮革帘、竹木帘、席草帘等；按开启方向，可分为横向开启帘和纵向开启帘；按款式结构，可分为垂褶帘、百叶帘、卷帘、折叠帘等；按帘头，可分成无幔款和帘幔款等；根据操作方式不同，可分为手动窗帘和电动窗帘，以及目前流行的语音和自动感应智能窗帘等。

下面仅按款式、结构列举垂褶帘、百叶帘、卷帘、折叠帘等常见类别。

（一）垂褶帘

垂褶帘是布艺窗帘中一种最常见的经典款式，属于横向开启帘，也称平拉帘、平开帘，通常以装饰织物为主体面料，垂直悬挂于帘杆上，水平拉合。如图4-13所示。面料在平开垂褶帘新产品开发和窗帘装饰效果中都起着重要、关键的作用。

图4-13　垂褶帘

（二）百叶帘

百叶帘由一片片薄薄的帘片穿线依次排列而成，帘片可以作180°任意调节、上下垂直或左右平移。百叶帘具有阻挡视线和调节光线的作用，当叶片角度为90°时，可获得最大的透光和通风效果；当叶片角度为15°~25°时，可有效阻挡室外的部分光线；当叶片完全闭合时，可完全阻挡光线和内外视线。

百叶帘款式结构简洁明快，转动帘片角调节光线灵活方便，使室内的自然光富有变化，具有通风、透气、透景、遮光、隔音等特点，能够遮挡紫外线、改善视觉舒适度、改善室内空气流通、改善热舒适度，提升私密性、隔热节能、降噪抗干扰等。百叶帘适用性比较广，常用于书房、厨房、卫浴间、商务办公、休闲会所等。

百叶帘按帘片方向分，有水平式百叶帘和垂直式百叶帘；按帘片材质分，有铝合金百叶帘、PVC百叶帘、竹木百叶帘、织物百叶帘、皮质百叶帘等。不同类型百叶帘有不同的特点，档次和价位也各不相同。

图4-14 水平式百叶帘

1. 按帘片方向分

（1）水平式百叶帘。指帘片为水平方向的百叶帘，属于纵向开启帘，也可整幅收升或者放降，是应用最普遍的一类百叶帘。如图4-14所示。

（2）垂直式百叶帘。指帘片垂直悬挂于上轨的百叶帘，简称竖百叶帘、垂叶帘，属于横向开启帘，如图4-15（1）（2）所示。垂叶帘一般采用平挺性、遮光性较好的聚酯面料，如图4-15（3）所示。左右转动帘片可达到自由调光遮阳的目的，整体造型简洁大方，线条明快，适用于时尚简约风格的室内大面积空间。还有一种将百叶帘与窗纱相结合的垂叶帘，兼具垂叶帘与窗纱的特点，如图4-15（4）所示。

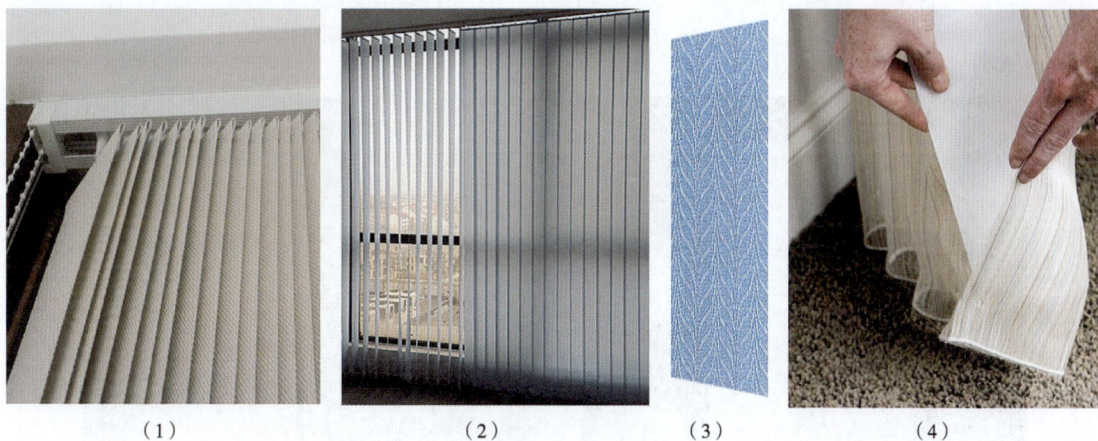

| （1） | （2） | （3） | （4） |

图4-15 垂叶帘

2. 按帘片材质分

按帘片材质分，常见的有铝合金百叶帘、竹木百叶帘、织物百叶帘、皮革百叶帘、PVC百叶帘等。

（1）铝合金百叶帘。铝合金百叶帘用铝合金片材加工而成。叶片材质回弹性和柔韧性好、强度高，强力压弯后会自动恢复，不易变形，具有耐用常新、易清洗、不老化、不褪色、遮阳、隔热、透气、防火等特点。部分帘片采用氧化钛涂层，可与紫外线反应产生光净化作用，起到防污、抗菌、除臭及清洁空气的自洁效果。彩铝百叶帘色彩、纹理、规格多样，亮光、亚光、木纹、拉丝、压花，还可进行贴画处理等，能满足不同个性需求，长时间阳光照射也不会褪色。多用于居室、写字楼、酒店、别墅等场所。如图4-16所示。

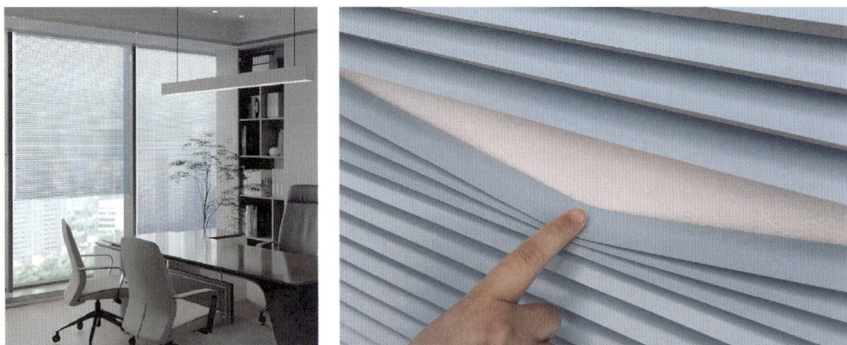

图4-16　铝合金百叶帘

还有将铝合金百叶帘整体安装于中空玻璃内，称为内置百叶帘，也称磁控百叶帘，如图4-17所示。采用磁力感应控制百叶的升降与翻转，通过改变百叶角度调节进入室内的阳光角度与光通量。内置百叶帘将百叶帘的遮阳性、可调节性与中空玻璃的保温性、隔音性很好地融为一体，是一款集遮阳、调光、隔热、保温、隔音、安全、美观等功能特点于一身的集成节能产品，而且双层玻璃密封严密，保洁免清洗；替代传统窗帘及外遮阳，更具品位，并且节省空间。适用于厨房、卫浴间、书房、写字楼、公共空间隔断等场所。

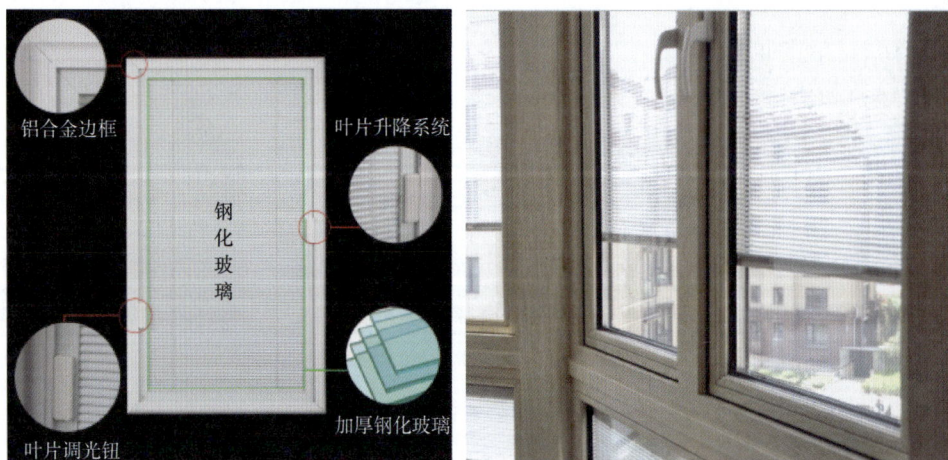

图4-17　中空玻璃内置百叶帘

（2）木竹百叶帘。木竹百叶帘采用原木或天然竹子制成片状再经烤漆加工制作而成，自然古朴典雅，充满浓郁的书香气息，适用于书房、展览馆、艺术馆和高格调的酒吧、特色的餐厅等场所。如图4-18所示。

图4-18 竹木百叶帘

（3）织物百叶帘。织物百叶窗具有独特优越的性能，花色品种丰富多彩，装饰性很强。

①朗丝百叶帘。属于织物百叶帘，因原产于英国朗丝（Lantex）公司而得名。它采用由聚酯材料织造加工而成条带状帘片，轻巧、环保、耐老化。帘片可以任意弯曲且轻松还原，恢复性强，具有高弹性、抗弯曲、无划痕等物理特性；经复合涂层技术处理，具有优异的防水、防潮、抗污、阻燃、抗静电等功能；而且色彩、纹理丰富，能满足居家装饰的个性需求，适用于各种空间场合。如图4-19所示。

②香格里拉帘。香格里拉帘源于美国，是一种集布帘、窗纱、百叶帘、卷帘特性于一身的控光窗帘，可谓是窗帘中的"贵族"。广泛用于办公室、会议室、酒店、咖啡厅隔断及书房、浴室或卫生间等场所。

如图4-20所示，香格里拉帘的帘布结构由两幅平行的薄纱及之间均匀分布的叶片面料构成，通过特殊工艺，使叶片与两幅薄纱成为一个整体。当两层薄纱进行上下方向的相对移动时，叶片便可变换不同的遮光角度，达到调节光线的效果。当叶片全部打开至水平时，与两层薄纱相互垂直，射入室内的光线量最大；当叶片调至与两层薄纱平行时，两层薄纱与中间

图4-19 朗丝百叶帘

图4-20 香格里拉帘

叶片紧贴，光线全部被遮住；继续调整窗帘的高度，窗帘则会沿上轴卷起，直至可完隐藏在窗帘盒中。而两层薄纱可以很好地起到柔和光线、保护隐私、遮挡蚊虫等作用。

图4-21　天目帘

香格里拉帘结构独特、外形美观。其面料分为透光、半遮光和全遮光，一般为100%聚酯纤维面料，帘布通常经过特殊的防静电、防尘、防污和防霉变处理，能有效抵御空气中的粉尘、湿气、溅物或指印等，耐脏性能优，且便于清洗维护。香格里拉帘按操作方式可分为珠链拉动式和电动卷取式。

③天目帘。天目帘又名垂纱帘，也称梦幻帘，由一片片可以转动角度的垂纱组成，是垂叶帘和纱帘的结合体，既具有垂叶帘的特点，又有纱帘的梦幻与高雅。垂纱可180°左右转动以调节透光程度；柔软垂纱克服了垂叶帘随风摆动的噪声，转动和拉动时无噪声；帘片走珠独特的自动复位设计，方向打乱后，可自动复位，帘面可始终整齐。如图4-21所示。

天目帘轻柔的大波浪形帘布设计，营造典雅的立体层次，美感绝佳。巧妙借助垂叶帘垂直调光的特点，柔和过滤强烈的阳光，纱网清晰柔顺，曲线优美，视觉效果极佳。非常适合写字楼、咖啡厅、高档酒店及家居中门厅、大型落地窗等，搭配电动操作系统，更时尚便利。

（4）皮质百叶帘。帘片由皮革或仿皮革制成，具有独特的个性风格和复古气质，富有质感而且耐用，也具有更好的吸声性、隔声性和遮光性。如图4-22所示。

（5）PVC百叶帘。PVC是使用最广泛的塑料品种之一，PVC百叶帘色彩丰富、韧性较好、防水、易清洗，实用性强，价格也实惠；一般保暖和隔声效果差些，在骤热骤冷的环境交替下容易变形，易腐蚀、易老化。一般多用于卫浴间。如图4-23所示。

图4-22　皮质百叶帘

图4-23　PVC百叶帘

（三）卷帘

卷帘通过卷管的卷动带动整幅窗帘的上下卷动。卷帘具有良好的窗户密封性，使用方便。卷帘常见分类如下。

1. **按遮光程度分**

按帘体面料遮光程度分，有全遮光卷帘、半遮光卷帘、透光卷帘，如图4-24所示。近年来还流行一种可以调节遮光的"日夜帘"。

（1）全遮光卷帘　　　　　　　（2）半遮光卷帘　　　　　　　（3）透光卷帘（阳光卷帘）

图4-24　不同遮光度的卷帘

（1）全遮光卷帘。适用于阳光照射很强的场所，或者需要完全无光的环境，具有良好的遮光隔热效果，又分为涂银全遮光、非涂层全遮光与涂白全遮光等多种。

（2）半遮光卷帘。不透但有光，半遮光面料可以遮挡光线。窗帘放下后，室内的人看不到室外的景象、人物，有光照射进来时，还能有效起到阻挡紫外线的效果。

（3）透光卷帘。透光卷帘也叫阳光卷帘，可采用机织纱质面料或针织经编纱孔面料制成，既能有效地阻挡紫外线，还不影响视野，具有透景的作用。

（4）日夜帘。日夜帘又名斑马帘、柔纱帘、彩虹帘、调光卷帘、双层卷帘。日夜帘可以根据日夜不同光线的功能需求进行调节，白天，窗纱可以过滤强烈的太阳光，使光线柔和不刺眼；夜晚，严密的遮光面料可以挡住室外灯光使之不影响睡眠。

如图4-25所示，日夜帘是由两层、通过一定的织造工艺，结合纱线及织物组织结构的变化而织成的疏密间隔、透明与不透明相间的横条纹机织面料做成。通过一端固定，另一端随

半闭合状态：透光透气　　　　　　闭合状态：遮挡隐私

图4-25　日夜帘

轴卷动，可调节两层面料的透明与不透明部位的重叠程度来调节光线的射入量。当两层织物完全相同重叠时，有一半部位透光、一半遮光；当两层织物的透明部位和不透明部位完全错位重叠时，透光量最小，达到遮光的目的；当需要完全打开窗帘时，将窗帘完全卷起即可。

日夜帘集布艺的温馨、卷帘的简易、百叶帘的调光功能为一体，美观时尚、轻巧、占用空间小、遮光调节变化方便、便捷易操作，是办公和家居窗饰的理想选择。

从上述日夜帘和后续遮光窗帘等产品所用纺织面料织物组织结构的巧妙设计、织制中可以感觉到，纺织服装业科学技术的精巧独到，既古老又充满创新创意魅力，与人们的日常生活息息相关。

2. 按卷动机构分

按帘体控制装置不同分，有拉珠卷帘、弹簧卷帘、电动卷帘等。

（1）拉珠卷帘。拉珠卷帘由轴轮、珠轮、扭簧、卷轴、支撑板等配件组成。操作卷帘机构时，通过拉动拉珠带动珠轮选装，此时扭簧松开方向受力是轴轮沿卷轴旋转和支撑板一起带动卷轴旋转，使卷帘面料上下移动。拉珠卷帘适合一般卷帘，手拉操作，高度一般为3~5米。如图4-26所示。

图4-26　拉珠卷帘

（2）弹簧卷帘。弹簧卷帘因管内内置弹簧而得名，又称半自动卷帘，根据不同的操作可分为传统拉绳式弹簧卷帘、拉珠式弹簧卷帘、一控二式弹簧卷帘、助理弹簧卷帘等。弹簧卷帘的弹力可以调节面料在一定范围内升降，可以在任意位置停住。轻轻往下拉，一放手，面料能自如地弹回到窗帘顶部，操作轻巧，操作时间短暂，停留位置随心所欲。弹簧卷帘结构小巧紧凑，操作灵活方便，面积在4平方米以下为宜。如图4-27所示。

（3）电动卷帘。电动卷帘是采用管状电机为动力的一种自动化卷帘。它的操作更为简单，只需接通电源就能使得窗帘卷动实现开合。电动卷帘操作简便、工作安静稳定，是手动卷帘的升降换代产品。电机直接安装在铝合金卷管内，既减少了窗帘箱的体积和力的传动环节，又避免外界对电机的影响，增加了机构的可靠性。卷管为优质铝合金材质，强度高，不易变形；表面进行阳极氧化处理，防老化、耐腐蚀。安装支架选用高强度合金钢，抗弯、抗剪强度大，保证机构安装使用的安全可靠。如图4-28所示。

图4-27　弹簧卷帘

图4-28　电动卷帘

3. 按帘体材质分

按帘体材质分，常见的有布卷帘、PVC卷帘、竹草卷帘等。

（1）布卷帘。用纺织面料制成的卷帘，常见的有素色、色织、印花、提花等类，如图4-29所示。常用原料有涤纶、棉、涤棉、麻等。透气舒适，隔热防晒，耐洗耐磨，可用于卧室、书房、阳台等。卫浴间用的一般会经过防水涂层整理。

图4-29　布卷帘

（2）竹编卷帘。指将竹子加工成细长条的竹丝再编制而成的卷帘。有手工编制的，也有机织而成的。常见花色品种有竹子本色或黑色、灰色等单色竹帘，有条、格花色竹帘，有印花竹帘等。款式上也有带帘幔和不带帘幔等。竹帘保留了竹材固有的密度高、韧性好、强度大等优异特性，结实耐用、不易变形、质地光洁，而且色泽柔和、自然清新、生态环保、透气舒适、典雅大方，常用于阳台、阳光房等，如图4-30所示。

将竹丝替换成席草材料制成席草卷帘，风格自然质朴，相比竹帘更质轻和松软些，如图4-31所示。

图4-30　竹卷帘

图4-31　席草卷帘

（四）折叠帘

折叠帘也简称折帘，指通过帘布的折叠缩放来启合的窗帘。根据结构不同，常见折帘有罗马帘、蜂巢帘、天棚帘等。

1.罗马帘

罗马帘是上拉帘的一种，一般在帘布中间隔设置横杆骨架或绳结，通过抽拉装置将帘布上下折叠缩放。帘布常采用棉、麻、化纤等机织面料，常见的有素色、色织、小提花、大提花等。按形状可分为平折式、扇形式、波浪式等，也可分为无帘头和有帘头，如图4-32所示。按升降方式，分为手动罗马帘和电动罗马帘。

（1）平折式　　　　　　　（2）扇形式　　　　　　　（3）波浪式

图4-32　罗马帘

相较于卷帘，罗马帘更多一份层次感，装饰效果华丽，为居室窗户增添一份高雅古朴之美。罗马帘可以装于窗框内，也可以装在窗框外，一般适合装在比较小型的窗户，大窗常用多组罗马帘的形式。由于罗马帘即使升到顶，一般也会有一定高度的帘布垂在窗框内，这样就不适用于内开窗。罗马帘还有个缺点，如果帘布中有骨架，就不太方便拆洗和安装。

罗马帘常用纺织面料制成。除此之外，天然的竹、木也可以用来做罗马帘，古朴典雅，如图4-33所示。罗马帘可用于家居各种空间，还有酒店、咖啡厅、别墅、宴会厅等高档场所。

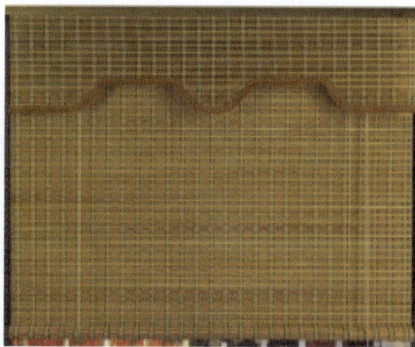

图4-33 竹（木）质罗马帘

2. 蜂巢帘

蜂巢帘又名风琴帘，灵感来自蜂巢的设计，是帘体类似于手风琴形的折叠帘。独特的蜂窝结构，使空气存储于中空层，具有更好的防紫外线、隔热保温、隔声吸声、环保节能等性能。蜂巢帘常用于阳台、阳光房等空间。如图4-34所示。

将蜂巢帘整体做在中空玻璃内部，做成内置蜂巢遮阳帘，用于阳光房顶面，隔热效果好，又防尘、保洁、免清洗，结构简洁而美观，如果配置电动或智能控制则操作更便利。如图4-35所示。

图4-34 蜂巢帘

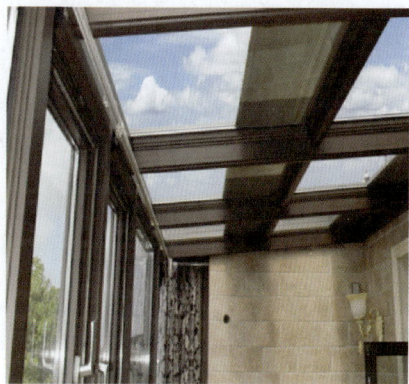

图4-35 内置蜂巢遮阳帘

3. 天棚帘

天棚帘通常水平安装于顶端帘棚，常采用环保隔热加厚遮光面料，可以避免强光照射，改善采光效应，通过遮阳面料的选择和窗帘开合度的控制，可以实现对室内温度和光照条件的管控，常用于阳光房顶部，也可用于门口户外区域搭的遮阳棚顶。如图4-36所示。

可采用智能家居系统、无线遥控、墙壁开关或通风光雨控感应器等实行智能控制。

图4-36　天棚帘

（五）特殊功能性窗帘

窗帘除了普通遮挡等功能外，还有一些是具有特殊功能的。

1. 光控窗帘

这种窗帘由日本首先研制而成的产品是在窗户玻璃和窗帘之间安装一种感光器，当光线达到一定程度时，便将光能转换成电能，使窗帘自动升降，从而保证室内始终处于适宜的光线环境中。

2. 隔声窗帘

由美国研制生产的新式隔声窗帘，由长条隔声薄片组成。从窗帘的一面到另一面形成连续吸声的通道，可有效地起到隔声的作用。

3. 透风隔热窗帘

由美国一家公司推出的一种特殊窗帘，能吸收太阳光的热量及过度的光照，只允许适度的光线通过。它的隔热效力高于普通窗帘好几倍。夏日使用可以使室内更凉爽。

4. 隔热保暖窗帘

具有夏季隔热、冬季保暖功能的窗帘。夏季，太阳光向室内辐射的热量大部分被反射回去，太阳光屏蔽指数可达到60.8%，室内温度比无窗帘要低6~12℃，比使用普通窗帘要低4~6℃。冬季，从室内人体和物体辐射到窗帘上的绝大部分热量，都会被窗帘反射回来，有效阻止了热量的散发，保持了室温。

5. 节能窗帘

英国推出一种翻卷式节能窗帘，由高强度的薄型涤纶织物和具有反光性能的铝箔复合而成。它利用在铝箔上涂有保护层的原理，减少窗玻璃、窗帘之间的冷暖空气对流。

6. 隐身窗帘

这种由日本研制成功的窗帘，用高透明、高强度的聚碳酸酯片蒸镀上一层仅几微米厚的铝膜制成，称为"透明反射热线窗帘"。它能把太阳光中的大部分可见光反射掉，使进入室内的可见光减少至15%。这样既能使室内保持清爽，又能看到室外景色；而从室外观望却很难看到室内的情景。

7. 太阳能窗帘

这种百叶窗帘的每一条叶片的向阳面都有一层薄片的柔性光电膜，在白天把太阳光转变为电能，储存在充电池内；夜间叶片朝向室内一边的荧光发出柔和的光线，提供房间的背景光。

8. 消声窗帘

具有消声功效的窗帘正越来越多地被人们重视，已广泛应用于音乐厅、演播厅、影剧院、会议室、KTV包房等场所，可加强房间内的声音隔绝效果。

消声窗帘包括窗帘上层和窗帘下层，在窗帘上层和窗帘下层之间夹置有一层铝膜，在铝膜层与窗帘上层之间、铝膜层与窗帘下层之间分别设置有上消声层和下消声层，分别向窗帘上层和窗帘下层延伸有无数个消声层支流，且窗帘上层的上表面和窗帘下层的下表面还分别均布有内凹的容腔。上消声层和下消声层均为聚氨酯软发泡层。利用聚氨酯软发泡层对声音所产生的振动形成吸收和阻隔，再利用铝膜层良好的隔声效果，对声音进行进一步反射，同时各个内凹容腔能对声音起到空腔阻隔的作用，另外，消声层支流则可起到将声波进行分散隔离的作用。

四、布艺窗帘的构成

采用纺织面料为帘体主体材料的窗帘可统称为布艺窗帘。它是家居中使用最普遍的窗帘，也是室内装饰的重点，其占据居室空间面积大，视觉关注度高，对整体装饰风格的形成起着关键作用。下面以布艺平拉帘和升降帘为重点专门介绍布艺窗帘。

（一）布艺窗帘常见款式

1. 按帘头分

帘头也称帘眉、帘楣、窗幔。有帘楣的窗帘称帘幔款，没有帘楣的窗帘就是无幔款。

（1）无幔款。硬装时如果做窗帘盒，窗帘轨道通常垂直安装在窗帘盒内顶，窗帘垂挂于导轨挂钩上，窗帘盒可将轨道和挂钩遮挡住，故可不做帘幔。它结构简单、款式简洁、用料少，常见于公共办公空间和现代风格、北欧风格等家居空间等。如图4-37（1）所示。

（2）帘幔款。为使窗帘具有更好的装饰性，可在帘体上部加装帘幔，如图4-37（2）所示。没有帘盒时，常用布艺做成各种款式的帘幔来装饰帘体，如图4-37（3）所示；或用布艺做成帘盒，使整体窗帘显得典雅、大气、华贵，如图4-37（4）所示。帘幔款式变化丰富，更具装饰性，但结构复杂，用料较多。带帘幔的窗帘多用于欧式、美式等装饰性强的家居风格。

（1）无幔款（有窗帘盒）　（2）帘幔款（有窗帘盒）　（3）帘幔款（无帘盒）　（4）帘幔款（布艺帘盒）

图4-37　不同帘头的窗帘款式

2. 按悬挂帘杆分

按窗帘悬挂帘杆不同，可分为轨道悬挂窗帘和罗马杆悬挂窗帘。

（1）轨道悬挂窗帘。也称导轨式窗帘，即窗帘通过滑轮和挂钩悬挂于窗帘轨道上，如图4-38所示。

（2）罗马杆悬挂窗帘。即窗帘垂挂于罗马杆上。按穿挂方式，常见罗马杆窗帘有穿环式、吊耳式、吊带式、穿杆式等。

①穿环式。帘体上端均匀间隔打孔，并用金属圆环加固孔眼，便于窗帘在帘杆上轻松滑动，如图4-39（1）所示。

图4-38　导轨式窗帘（窗帘盒窗纱）

②吊耳式。吊环穿在窗帘杆上，帘布通过吊环与挂钩或挂夹吊挂在帘杆上。如图4-39（2）所示。它的面料加工方式与平拉帘的加工方式一样，面料上面的挂钩直接勾在挂环上，拉合的方式与直轨的拉合方式相同。

③吊带式。帘体上端均匀间隔缝制布带形成环状，帘杆从每个布带环中依次穿入，从而使帘布穿挂于帘杆上。它适合比较轻薄的布料，布带环径要比帘杆直径大而宽松，以保证能自由拉动窗帘如图4-39（3）所示。

④穿杆式。帘体上端缝制出穿杆的通道，帘杆穿过布帘上的通道将窗帘悬挂起来。如图4-39（4）所示。与吊带式类似，一般帘杆较细，适用于轻薄的纱帘，平时不经常拉动主要起装饰作用的窗帘。

（1）穿环式

（2）吊耳式

（3）吊带式

（4）穿杆式

图4-39　不同挂吊方式的罗马杆窗帘

为了增加层次感和装饰性，可在罗马杆上再加帘幔装饰，如图4-40所示。

3. 按开启方式分

布艺窗帘按开启方式可分为横向开启帘和纵向开启帘两大类。

（1）横向开启帘。横向开启帘也称垂挂帘、垂皱帘，是指垂直悬挂、水平开启的布艺窗帘。根据悬挂和打开形式不同，可分为平拉式窗帘和掀帘式窗帘两种。

①平拉式窗帘。平拉式是常见的窗帘样式，分为一侧平拉式和双侧平拉式。这种款式比较常见，简洁而实用，随意灵活，适合绝大多数窗户。窗帘面料品种丰富，可产生赏心悦目的视觉效果，比如采用有韵律感的印花图案、面料的立体褶皱、刺绣装饰等。如图4-41所示。

图4-40　罗马杆加帘幔装饰

②掀帘式窗帘。掀帘式窗帘也可分为单侧式掀帘和双侧对称式掀帘两种，其帘体上端固定不能滑动，在帘体侧边的或高或低的部位系一个绳结把帘布掀起，既可以起到装饰作用，又可以把窗帘收拢掀起，形成曼妙的弧线，尽显优雅、柔美气质。双侧对称掀帘的两幅帘布有并排、有交叉、也有完全重叠的，如图4-42和图4-43所示。

（1）导轨悬挂平拉式窗帘　（2）罗马杆悬挂平拉式窗帘

图4-41　平拉式窗帘

图4-42　单侧式掀帘

图4-43　双侧对称式掀帘

（2）纵向开启帘。也称升降帘，常见的有罗马帘、奥地利帘、气球帘和抽带帘等。

①罗马帘。罗马帘按形状有平直式、扇形式、波浪式等，雍容华贵、造型别致、升降自如、简约简便是罗马帘的主要特点。其中，扇形罗马帘适用于咖啡厅、餐厅，直线折叠罗马帘适用于办公室、书房。如图4-44所示。

图4-44　罗马帘

②奥地利帘。奥地利帘形态比较规整，帘体两端收拢，呈现出浪漫婉约的仪式感，是欧式软装中比较流行的窗帘，具有飘逸的花式和纹理，非常适合女性的家居装饰，营造浪漫、温馨的室内氛围。如图4-45所示。

图4-45　奥地利帘

③气球帘。气球帘和奥地利帘一样，帘体背面固定套环，通过绳索串套实现上下移动，但是较奥地利帘更为休闲随意，呈现出一种随性闲适的氛围。面料褶皱纹路使帘体下部呈现出立体和丰满的美感。帘体两端很随意地下垂，褶皱自然，而不是像奥地利帘那样很严谨地排列。如图4-46所示。

图4-46　气球帘

④抽带帘。抽带帘是在中部用绳索向上拉，窗帘的下摆处随着织物的柔软度产生自然随意的造型，适应于窄而高的窗户。但是由于抽带固定不是很灵活，开启和闭合都不方便，多用于装饰性的空间。如图4-47所示。

图4-47　抽带帘

（二）布艺窗帘的结构组成

在整体结构上，布艺窗帘通常由帘体、辅料和吊挂配件三大部分组成。

1. 帘体

帘体是窗帘的主体部分，包括帘楣和帘身。帘楣也称窗幔，有帘盒或比较简单的帘体、或用罗马杆的帘体也常不用窗幔。如图4-48所示。

图4-48 不同形式的帘体

根据不同场合和使用要求，帘身的帘布有一层、两层或三层等几种组成情况。

（1）三层帘布。包括外层、中间层和里层三部分，如图4-49（1）所示。

①外层，通常为窗纱，一般采用透明或半透明的稀薄型面料。

②中间层，常采用遮光布以起到较好的遮光和防紫外线作用。

③里层，为内窗帘，一般采用装饰性较好的中厚型面料，色彩、花样与室内风格要相协调。

中间层遮光面料与里层装饰面料常缝合在一起，就如带衬里的衣服一样，中间层遮光面料作为内帘的衬里，两层面料缝合成为一个整体吊挂在一根帘轨上，拉合比较方便，缝合时也可再加一些边饰等，使整体看起来更精致、美观，显得更优雅、高档，如图4-49（2）所示。也有用挂钩或黏合扣将两层面料做成可脱卸的，合在一起挂在一根帘杆上，拆洗比较方便灵活，如图4-49（3）所示。

| （1）三层独立窗布 | （2）两层帘布缝合为一体 | （3）两层帘布可拆卸叠合 |

图4-49 多层帘布组合方式

（2）两层帘布。包括内帘和外帘两部分。常见的有以下几种组合方式：

①两层垂褶布帘组合。一般外帘为窗纱，采用轻薄透明或半透明的纱质面料，既可保证隐私，又可不影响光线；里层内帘根据功能要求不同，采用中厚型或厚型面料、半遮光或遮光面料等。如图4-50（1）所示。也有窗纱与布帘缝合为一体，挂在一根帘杆上的，如图4-50（2）所示。

②折叠布帘与窗纱组合。外层采用布艺遮阳折叠帘或卷帘，内层垂挂薄透窗纱的两层组合帘体，如图4-50（3）所示。

③百叶帘与布帘组合。外层采用可以灵活调节光线的百叶帘，内层采用中厚型装饰布帘的组合帘体，如图4-50（4）所示。

| （1）两层垂褶帘布双杆 | （2）两层垂褶帘布单杆 | （3）折叠布帘与窗纱组合 | （4）百叶帘与布艺内帘组合 |

图4-50 两层帘布组成的帘体

（3）一层帘布。最简单的帘体只有一层帘布组成，可根据不同需要采用薄透窗纱面料、中厚型半透面料、厚型或遮光面料，或单独折帘或卷帘构成，精炼简洁。如图4-51所示。

2. 辅料

窗帘除主体帘布之外，还需要用到一些辅料，如窗缨、穗带、花边、饰带、绑带、挂钩、窗襟衬布等，不仅有实用性，还能增强窗帘的装饰性。如图4-52所示。

图4-51 一层帘布组成的帘体

图4-52 窗帘绑带挂钩

3. 配件

窗帘还有必需的吊挂配件，如窗帘杆、轨道、吊环、挂钩、窗帘夹等。

窗帘一般需要悬挂在帘轨或帘杆上以便拉动、开合、滑移。垂挂窗帘的轨道称窗帘导轨，可分为明轨和暗轨两大类。一般窗户上方有窗帘盒或帘幔时，在窗帘盒或帘幔里面装明轨，常见的材质有塑钢、铁、铜、木、铝合金等。窗户上方没有窗帘盒或帘幔遮挡时，常采用暗轨，也称隐形轨。没有窗帘盒时，窗帘也可用罗马杆悬挂，也称艺术杆，常见的材质有木质、铝合金、钢管、铁艺、塑钢等。

（1）窗帘轨道。

①直轨和弯轨。窗帘轨道分直轨和弯轨，直轨应用最常见，一般情况下运用于非异形的直形墙面。可以安装单轨也可以安装双轨。遇到飘窗或阳台等L型窗或弧形、不规则形窗时，悬挂窗帘需安装弯轨，需要有更好的柔韧性。如图4-53所示。

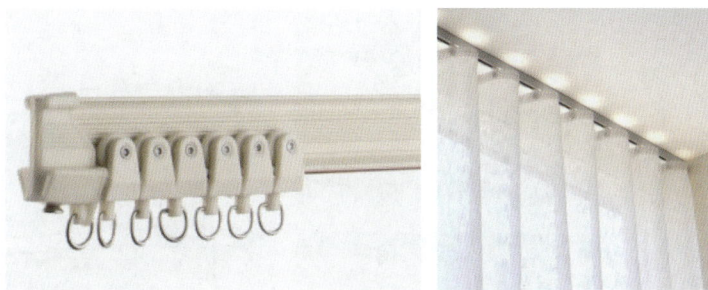

（1）直轨：明轨

（2）直轨：暗轨（隐形轨）

（3）弯轨

图4-53　窗帘导轨

②幔轨。幔轨外层一般有一个魔术粘，窗幔和帘头会在背部打上魔术粘的另外一面，然后直接粘在幔轨上。因此幔轨与直轨是一体化的，一般安装在直线条的窗户上或是落地窗前。如图4-54所示。

（2）罗马杆。如果窗户没有设计窗帘盒，或是有一些特殊的设计需求，那么常会用罗马杆来垂挂窗帘。罗马杆款式多样，通常由帘杆、帘杆头和支架组成。罗马杆具有很好的装饰作用，如图4-55所示。

罗马杆常见材质有木质、PVC、金属等。其中，不锈钢材质最耐用；木杆容易开裂、生虫，PVC材质容易老化，长时间负担厚重的窗帘，可能会弯曲或变形；铝合金制品颜色单一，其承载性能和耐磨性较差；铁制品如果不注意保养，容易生锈褪色。

图4-54　罗马帘幔轨

图4-55 罗马杆

（3）连接配件。帘布通过吊环、挂钩或挂夹与帘杆或轨道相连接，如图4-56所示。

（1）吊环

（2）窗帘挂夹

（3）窗帘挂钩

图4-56 连接配件

（三）布艺窗帘常用面料

布艺窗帘的帘体一般包括窗纱和窗帘两部分，它们通常采用不同的面料。其中，窗帘由一层或两层面料组成，两层包括遮光帘和内窗帘，也可两者合二为一，由一层具有遮光功能的面料构成。如比较简单的教室、医院、办公室等普通公共场所，常没有窗纱而只用一层遮光帘。根据不同的使用要求，也可以选用不同遮光度的窗帘面料。

1. 窗纱

（1）作用及性能特点。窗纱通常用轻薄稀疏，轻盈飘逸的纱质面料制成，呈透明或半透明，呈现若隐若现的朦胧感，既能透光透气、柔和光线，可使人在室内有一种隐秘感和安全感，又可增强室内的纵深感、营造温馨浪漫的氛围，也具有较强的装饰性。外层窗纱与自然环境接触多，暴露时间长，易吸附灰尘、老化、褪色，要求日晒牢度好，抗老化能力强，易于清洗除尘，防霉抗菌耐污染。

（2）常用面料。窗纱常用机织物与针织物。

机织窗纱常用稀薄型透明或半透明的棉、麻、化纤等平纹或纱罗、提花织物，还常采用印花、抽纱、烂花、植绒、剪花、喷花、绣花等工艺增加不同的花色效果。如图4-57所示。

图4-57 机织窗纱

针织窗纱常用经编织物，花色丰富多样，外观立体感强，采用衬纬和粗特花式纱线提花编织，更具装饰性。如图4-58所示。

图4-58 经编窗纱

2. 内窗帘

（1）作用及性能特点。内窗帘具有遮光、隔音、保暖等功能。一般用中厚型织物，质地厚实、柔软、悬垂性好。

（2）常用面料。

①原料类型。常用棉、麻、丝、毛、化纤等纯纺织物、混纺织物或交织织物。真丝、羊毛织物价格较高也不耐晒，在窗帘中应用相对较少；可以采用混纺或交织，一是降低成本，二是可以改善综合性能。化纤面料一般垂感良好，价格实惠，适合机洗。

棉质窗帘，质地柔软、舒适透气、手感好、风格自然；但耐晒性差，遮光效果差。

麻质窗帘，面料垂感好、透气性强，具有独特的质感肌理，风格自然质朴，经久耐用，使用时间越长，视觉效果越好；但一般缩水较大。

真丝窗帘，光泽柔和，手感柔软，质地细腻，高贵华丽；但耐晒性差，尺寸稳定性差，不易打理，价格昂贵。

涤纶窗帘，色泽鲜明、不褪色、不缩水，垂顺度高，耐用、耐晒、耐洗、易打理，价格便宜；环保性稍差、档次偏低。

雪尼尔窗帘，市场很常见，雪尼尔纱是一种具有丰满羽绒的花式纱线，原料组成有黏/腈、棉/涤、黏/棉、腈/涤、黏/涤等。雪尼尔织物绒面丰满、质地厚实、手感柔软，悬垂性好、遮光性好，隔热保温性好；高档华贵、大气典雅。但比较厚重，夏天给人的感觉会比较热。洗后会缩水，不可机洗。

②工艺类型。各类机织面料，如素色、印花、提花、色织、绣花、烂花、起绒和植绒织物等。针织面料常见绒类织物，如金丝绒、天鹅绒等，织物厚实、手感丰满、遮光隔热和吸音隔音效果好。非织造布在窗帘中应用较少，如针刺绒等。绒类面料窗帘一般较密实、遮光性好，透气性、悬垂性良好；但易吸灰且难清洗。

3. 遮光帘

遮光帘常采用两类遮光面料。一类是机织形成的遮光面料，采用多重组织结构，将具有遮光功能的黑色遮光丝直接织入面料中间层，从而使面料具有良好的遮光性，还常采用提花、压花、印花等不同工艺而使面料具有不同的质感和外观花色。另一类是涂层形成的遮光面料，一般为较轻薄的长丝面料，在织物表面涂覆遮光或反光涂料而使其具有阻挡强光和紫外线的功能。

两层帘布结构的窗帘，除窗纱外，内层窗帘可采用中厚型机织遮光面料。可选用不同工艺花色；也可以根据个人喜好选用半遮光面料或全遮光面料。

三层帘布结构的窗帘，中间层一般采用涂层遮光面料，也有采用加遮光丝织成的遮光面料，由于处于中间层主要起遮光作用，一般简洁素色无花纹。中间层遮光面料也常如同衣服衬里般与内层面料缝合成一体。

4. 帘幔

帘幔主要起装饰作用，帘幔与内帘面料选配方式如下。

（1）帘幔选用与内帘相同的面料。帘幔选用与内帘相同的面料搭配，如图4-59所示。整体协调一致，帘幔更多在款式上进行变化，也有用绣花、蕾丝、边饰等增加装饰性。

图4-59　帘头与内帘用相同面料搭配

（2）帘幔选用与内帘同类型面料。帘幔选用与内帘同类型的面料，但花色不同，从而形成更丰富的视觉变化。

图4-60（1）所示咖啡色帘幔与黄色内帘面料形成同类色搭配，图4-60（2）所示棕色帘幔与蓝色内帘面料形成对比色搭配，图4-60（1）（2）也可利用同一款经纬异色交织面料的正反面显不同色，分别做帘幔与内帘。图4-60（3）~（5）所示帘幔与内帘采用素色与提花或印花面料组合搭配。

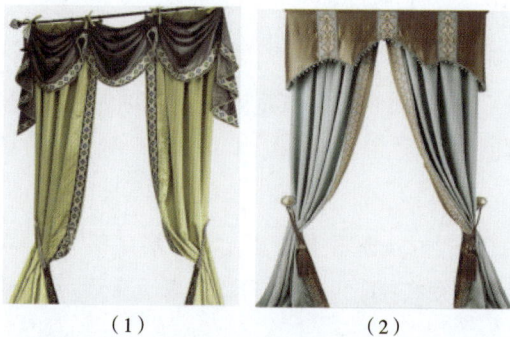

（1）　　　　　（2）

图4-60

图4-60　帘幔选用与内帘同类型面料

（3）帘幔选用与内帘不同类型面料。帘幔装饰性要求更高，可有选用与内帘不同类型面料搭配。如图4-61所示。

图4-61　帘幔选用与内帘不同类型面料

（四）布艺窗帘面料用量计算

布艺窗帘面料幅宽分宽幅和窄幅，宽幅面料幅宽280~290cm，窄幅面料幅宽140~150cm。如果用于罗马帘或小窗等区域，一般窄幅面料比较划算，俗称"定宽买高"，窗帘宽度已经确定，计算窗帘的幅数和高度就可以计算出面料用量；对于280cm左右楼层定高、宽度较宽的窗户，窗帘多选用280cm宽幅面料横做，即面料幅宽方向为窗帘高度，根据窗宽和窗帘褶皱倍数就可以计算出面料用量。

1. 窗帘帘身用料的计算

（1）宽幅面料（定高）。宽幅面料通常按定高制作，通常定高是280cm，宽度是无限宽。

这样的定高面料通常适用于层高280cm以内的空间。要注意的是，制作窗帘时一般上下会收掉10~20cm的边。

$$面料用量L_1=窗帘安装宽度B_1 \times 褶皱倍数K_1+两边折边C_1 \qquad (4-1)$$

褶皱倍数K_1：由于窗帘必须打褶，所以宽度需要乘以褶皱倍数。一般褶皱倍数多则是2.5倍褶，少则是1.5~2倍褶。

两边折边C_1：布料折边一般20cm即可。

【例1】窗帘宽度B_1为320cm（需注意这个宽度不是窗宽，而是轨道的长度）、高为240cm，褶皱倍数K_1按2计算，两边C_1各折边10cm，那么：

窗帘用料长度L_1=窗帘宽度B_1×褶皱倍数K_1+两边折边C_1=320×2+20=660（cm）

（2）窄幅面料（定宽）。窄幅面料一般按定宽制作。根据每个厂家不同，窄幅面料的幅宽也会有所不同。通常情况下是150cm，也有的是130cm或140cm。

$$面料用量L_2=（窗帘高度H+上下折边h）×幅数n \qquad (4-2)$$

其中，幅数n为：

$$幅数n=（窗帘安装宽度B_2×褶皱倍数K_2）/幅宽b（数值进取整数）\qquad (4-3)$$

这个算法的结果有时不会是整数，这时，不采取四舍五入的方式，不管小数点后面的数字是多少，都要把数值修约为整数。

【例2】窗宽B_2为200cm，褶皱倍数K_2为2倍，窗帘幅宽为150cm，则：

幅数n=（$B_2×K_2$）/b=（200×2）/150≈2.7，修约成整数为3幅。

如窗高H是300cm，加上下折边的长度h，通常是20~30cm，取h=30cm，则合计330cm，乘以上面算出的面料幅数n=3，就得到最终需要的面料用量为：

$$面料用量L_2=（H+h）n=（300+30）×3=990（cm）$$

2. 窗幔和帘头的算法

窗幔和帘头面料的用量计算首先要用帘头的宽度乘以褶皱的倍数。如帘头的直线距离是200cm的宽度（波形幔一般有3倍褶皱，平直的帘面褶皱数为1，即没有褶皱），然后用这个数字除以幅宽。同样，幅数通常都往上进取整数。然后乘以帘头的高度，加上折边的长度。

$$帘头面料用量L_3=（帘头高度D+折边C_3）×幅数n \qquad (4-4)$$

$$幅数n=（帘头宽度B_3×褶皱倍数K_3）/幅宽b（数值进取整数）\qquad (4-5)$$

【例3】帘头的高度D为60cm，宽度B_3是200cm，波形幔一般褶皱倍数K_3为3倍，面料幅宽b为150cm，折边C_3取30cm，则帘头所需幅数和面料用量为：

$$幅数n=（B_3×K_3）/b=（200×3）/150=4（幅）$$

$$帘头面料用量L_3=（D+C_3）n=（60+30）×4=360（cm）$$

3. 罗马帘的用量

罗马帘的帘身完全放下时的状态是平面状，因此它的面料用量就等于幅数乘以窗高加上折边的长度。如窗高是200cm，这200cm高的窗不一定是做一幅罗马帘，有时200cm的高度会被分成4幅来做，每幅是50cm。

要注意的是，由于罗马帘需要在里布内穿上铝条来达到拉起时的层叠效果，以及比较有坠感的状态。所以需要在里布内留出装铝条的空间，并算出里布的用量。其中里布的用量就为：

$$L=帘高×（1+0.04）$$

式中：0.04为褶皱系数，该数值根据褶皱而定。

4. 窗帘安装尺寸的测量

（1）轨道窗帘尺寸测量（图4-62）。

图4-62 轨道窗帘尺寸测量示意图

（2）罗马杆窗帘安装尺寸的测量（图4-63）。

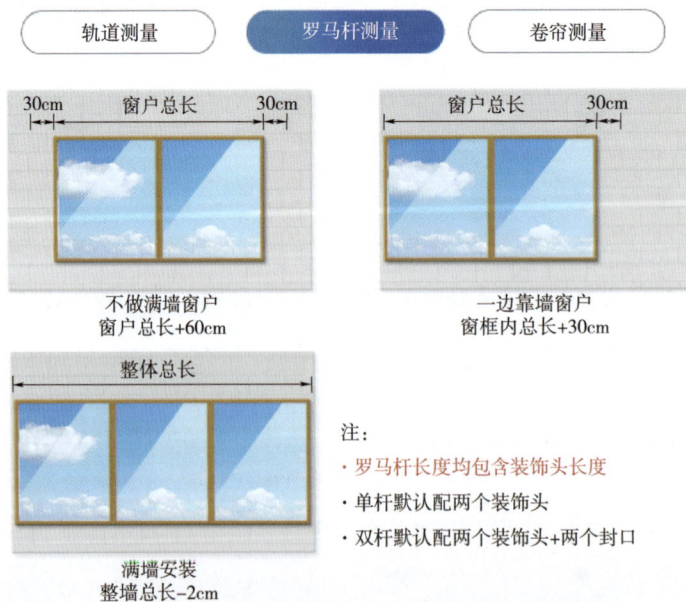

图4-63 罗马杆窗帘安装尺寸测量示意图

（3）卷帘安装尺寸测量（图4-64）。

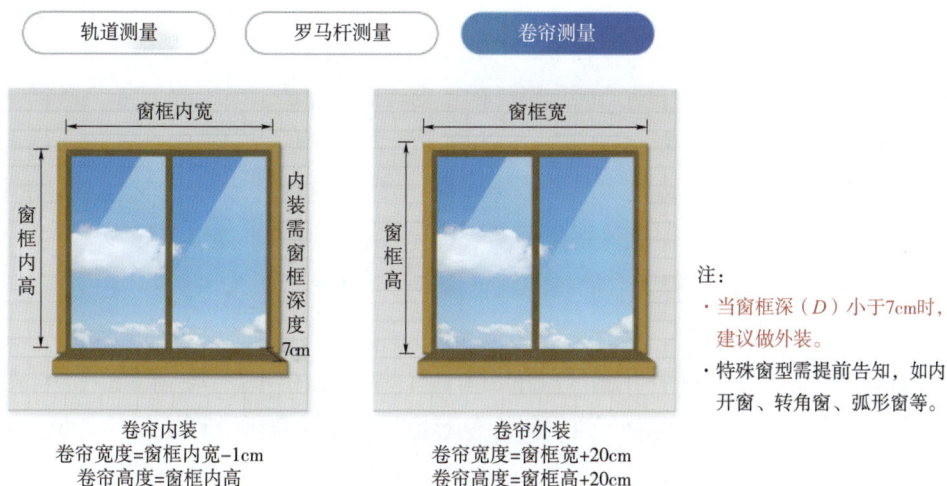

图4-64　卷帘安装尺寸测量示意图

五、布艺窗帘搭配要点

窗帘要根据整体软装风格设计选择相应的风格、款式、颜色、图案、面料材质和整体效果。窗帘设计选配要考虑面料材质的私密性、舒适度、图案花纹的合理性；要充分考虑窗帘的环境色系，尤其是与家具、墙布、地板的色彩呼应；要根据窗型类型选择合适的窗帘造型、材质、轨道形式；还要根据预算，研究选用宽幅还是窄幅布料。

（一）窗帘的风格选择

不同风格的窗帘会营造出不同的家居气质。常见窗帘风格有中式、欧式、新古典、美式、北欧、田园、东南亚、现代简约等。

1. 中式风格窗帘

中式风格窗帘多为对称的设计，帘头一般对称中正端庄，常运用拼接、刺绣等工艺。可以选一些仿丝材质面料，既可以具有真丝的质感、光泽和垂坠感，还可以运用金色、银色，增加时尚感，如果用金色和红色作为陪衬，又可表现出华贵和大气。

2. 欧式风格窗帘

欧式风格给人以华贵感，标准的欧式风格窗帘有一个奢华的帘头，有些款式还常设计穗边；为了追求实用，也常把帘头简化省去。

欧式风格窗帘的材质有很多的选择，如镶嵌金银丝、水钻、珠光的华丽织锦、绣面、丝缎、薄纱等，亚麻和帆布面料一般不适用于欧式风格窗帘。

颜色和图案也应偏向与家具一样的华丽、沉稳感，面料多选用金色或酒红色等沉稳的颜色，显示豪华感。有些会用卡其色、褐色等做搭配，再搭配上带有珠子的花边，增强窗帘的华丽感。另外，一些装饰性很强的窗幔以及精致的流苏能起到画龙点睛的作用。

3. 新古典风格窗帘

新古典风格的窗帘以纯棉、麻质等自然舒适的面料为主，颜色常选择香槟银、浅咖色等，花型讲究韵律，常采用弧线、螺旋形状的花型，同时在款式上应尽量考虑加双层，力求在线条的变化中充分展现古典与现代结合的精髓之美。

4. 美式风格窗帘

美式风格窗帘的材质一般运用本色的棉麻面料，以营造自然、温馨的气息，与原木家具搭配，装饰效果更出色。适合美式风格窗帘的纹饰元素有雄鹰、麦穗、小碎花等。如果觉得大花型图案很难驾驭，可以选择大气简约的纯色窗帘，也很适合美式风格。

5. 北欧风格窗帘

北欧风格以清新明亮为特色，通常白色、米色、灰色系的窗帘是百搭款，简单又清新。如果搭配适宜，窗帘上出现大块的高纯度鲜艳色彩也是北欧风格中特别适用的。虽然纯色窗帘在此风格中也特别多见，但是纯色的选择一定要呼应家具的颜色。几何图形应用也是北欧风格的特色之一，用在儿童房、小型窗户上是点睛之笔。

6. 田园风格窗帘

田园风格无处不体现着梦幻和女性色彩。窗帘通常以小碎花为主角，同色系条纹格子布或素布与其相搭配，辅以装饰性的窗幔或蝴蝶结，整个房间温馨柔和。

7. 东南亚风格窗帘

东南亚风格常用布艺装饰点缀出浓郁的异域风情。东南亚风格窗帘一般以自然色调为主，完全饱和的酒红、墨绿、土褐色等较常见。设计造型多反映民族信仰，棉麻等自然材质为主的窗帘往往显得粗犷自然，还拥有舒适的手感和良好的透气性。

8. 现代简约风格窗帘

现代简约风格不宜选择花纹过重或过于深的颜色，通常比较适合的是浅色且具有简单大方的图形和线条作为装饰的花型。窗帘的花色和款式应与布艺沙发搭配，采用麻质或涤棉布料，如米黄、米白、浅灰等浅色调为佳。

现代简约风格中最常见的是时尚风格与简约风格。时尚风格突出温馨和浪漫，窗帘的花型可选择以花卉、植物为原型的现代抽象图案，面料以印花布或烂花布为宜。简约风格，则建议采用几何图案，颜色可选用与硬装协调的黑白灰，突出冷静与干练。

(二) 窗帘的色彩搭配

窗帘作为家居空间中大面积色彩的体现，其颜色的选配要考虑房间的大小、形状以及方位，需与居室整体色调相协调，与整体装饰风格统一。

1. 窗帘色彩搭配重点

窗帘颜色的选择要考虑与墙体、家具、地板、床品等室内整体色调的协调。

如果室内色调柔和，并为了使窗帘更具装饰效果，可采用强烈对比的手法改变房间的视觉效果；如果房间内已有色彩鲜明的风景画，或其他颜色鲜艳的家具、饰品等，窗帘最好素雅一点。

建议根据墙面颜色来选择窗帘的颜色，由于窗帘与墙体都属于大面积色块，所以根据墙面颜色选择窗帘时需要特别注意色彩的协调性。白色墙面适合各种颜色的窗帘，而彩色墙面通常适合同色系或白色、灰色、金色或银色的窗帘。

若很难选择，那么推荐灰色窗帘。灰色比白色耐脏，比褐色明亮，比米黄色显得高档。此外，窗帘上的一些小点缀也可以起到画龙点睛的作用。例如，在素色窗帘边缘点缀一圈色彩浓郁的印染花布，或利用光影随窗帘色彩变化而丰富空间层次等，通过这些小细节来调整室内氛围，也是装点家居的小技巧。

2. 窗帘色彩搭配方案

窗帘色调要根据所在地区的环境和季节权衡确定。夏季宜选用冷色调的织物，冬季宜选用暖色调的织物，春秋两季则可选择中性色调的织物为主。窗帘色彩搭配方案如下。

（1）相近色搭配法。如地面是紫红色的，窗帘可选粉红、桃红等近似于地面的颜色。但面积较小的房间则要选用不同于地面颜色的窗帘，否则会显得房间狭小。若地面与家具颜色对比度强，可以地面颜色为中心进行选择；地面颜色与家具颜色对比度较弱时，可以家具颜色为中心进行选择。如果有些精装修的房间中地板的颜色不够理想，就不能根据地板的颜色选择窗帘，建议选择和墙面相近的颜色，或选择比墙壁颜色略深的同色系颜色。例如，墙面是浅咖色，就可以选择比浅咖略深的浅褐色窗帘。

（2）次色调相近法。次色调是除墙面和地面的大片颜色以外，人能够注意到的第二种颜色。沙发体积大，且颜色大多偏中性色，所以一般不作为次色调，次色调通常是那些带显著色彩或独特图案的中小型物件，如茶几、地毯、台灯、靠垫或其他装饰物。若这些物件提供了两三种不同的次色调，窗帘的颜色到底应该和哪种色调保持一致，则要看具体情况。

窗帘与靠垫相协调是最安全的选择，不一定要完全一致，只要颜色呼应即可。其他软装布艺也都可以，如床品和窗帘颜色一样的话，卧室的配套感会特别强。越像台灯这样的小件物品，越适合作为窗帘的选色来源，不然会导致同一颜色在家里面积铺得太多。

少数情况下，窗帘也可按地毯的颜色选用。但除非地毯本身是中性色，可根据地毯的颜色选用单色窗帘，否则窗帘上带点儿地毯的颜色就足够了，千万要防止和地毯用同色。

（3）撞色搭配法。在以单色为主的软装环境中，选择单色窗帘与其他单色进行对比或互补，能营造出简洁、活跃、利索的空间氛围。例如，蓝色加黄色的强烈对比，作为最经典的撞色系列，能为空间带来富有冲击力的视觉体验。

（4）拼色搭配法。拼色其实是用不同的颜色比例来营造不同的视觉效果，说是图案上的差异，更多的是用颜色来实现。例如，上下拼色的窗帘能在视觉上提升房间的高度；上浅下深的渐变，可以带来自然的延伸感，有流动的垂感，又不失飘逸。

（三）窗帘的纹样选择

窗帘的纹样对室内氛围有很大影响。清新明快的田园风格有返璞归真之感，色彩明快的几何图形给人以简约大气之感，精致细腻的传统纹样给人以古典、华美之感。窗帘纹样选择时要考虑打褶后的效果。

常见的窗帘纹样主要有两种类型：一是几何抽象纹样，如方、圆、条纹等几何形状；二是自然物质形态纹样，如动物、植物、山水风光等。通常，窗帘纹样选配要点如下。

1. 无纹样窗帘

如果家中已经放置了很多装饰画或其他装饰品，整体空间已经很丰富，甚至拥挤，选择无图案的纯色窗帘较好，繁复的窗帘纹样反而会增加混乱感。

2. 带彩边窗帘

窗帘的一条彩边就足以点缀整体空间，又不会过于闪耀和突兀。儿童房特别适合这种明亮的彩边窗帘。

3. 纹样类同法

窗帘的纹样与空间中其他软装个体（如墙纸、床品、家居面料等）的纹样相同或相近，能使窗帘更好地融入整体环境中，营造和谐统一的协调感。

4. 纹样差异法

窗帘选择与空间中其他软装个体（如墙纸、床品、家居面料等）的色彩相同或相近，而纹样差异化，既能突出空间丰富的层次感，又能体现相互呼应的协调性。

（四）不同空间窗帘的选配

不同空间的窗户需要相应的窗帘搭配，方能营造和谐的居住氛围。小房间的窗帘应以简洁的式样为好，以免因为窗帘的繁杂而显得空间更为窄小。大居室则宜采用大方、气派、精致的窗帘式样。

窗帘的选配要考虑与空间其他装饰的统一性和协调性。例如，材质的质感不同，但图案可类似统一；图案不同，但颜色可统一；图案和颜色均不同，但质地可类似统一（如原木配麻、棉面料）。不同空间的窗帘风格要求也不尽相同。

1. 客厅窗帘

要根据不同的装饰风格选择相应的窗帘款式、颜色和花型。

客厅窗帘面料的材质、颜色尽量与沙发相协调，以达到整体氛围的统一。如果想营造自然、清爽的客厅环境，最好选择轻柔的棉质面料；想营造雍容、华丽的客厅氛围，可选用亮丽的丝质面料。

如果客厅光线充足，可选择稍厚的羊毛混纺、织锦缎等面料做窗帘，以遮挡强光照射。如果客厅光线不足，可以选择薄纱、薄棉或丝质窗帘面料。

如果客厅空间很大，可选择风格华贵且质感厚重的窗帘面料，如绸缎、丝绒材质的窗帘面料，质地细腻，又显得豪华富丽，而且有很好的遮光、隔音效果，只是价格较高。如果客厅较小，纱质的窗帘面料能够增加室内空间的纵深感，并且透光性好。

2. 卧室窗帘

卧室窗帘注重私密性、遮光性，最好设计成整面墙，落地式、双开式，以最大限度地增加卧室的柔和氛围。

纱帘加布帘是卧室窗帘最普通的组合。里面一层可选择比较厚的棉麻布料，用来遮挡光线、灰尘和噪声，营造好的休憩环境；外面一层可用薄纱、蕾丝等透明或半透明面料，主要用来营造浪漫的氛围。

卧室窗帘的颜色、图案最好与床品相协调，以达到室内软装与整体装饰相协调的目的。

例如，通常老年人的卧室色彩宜庄重、素雅，可选暗花和色泽素净的窗帘；年轻人的卧室则宜活泼、明快，窗帘可选具有现代感的图案花色。追求浪漫的居住者，可以选择层层叠叠的罗马式窗帘，增添居室的柔美，同时提升睡眠质量。如图4-65所示。

图4-65　卧室窗帘

3.儿童房窗帘

儿童房宜采用色彩鲜艳、图案活泼的面料做窗帘，款式也宜选择活泼、俏皮、可爱、色彩比较丰富的。例如，可爱的卡通图案米老鼠、小熊维尼、喜羊羊等，可以让孩子有亲切感；星星和月亮图案，可以让孩子情绪安静，容易入睡；也可以根据孩子喜欢的类型来选，如男孩可选用玩具车、帆船等图案，女孩可选用梦幻卡通图案，如白雪公主、米老鼠、小熊维尼等。如图4-66所示。

图4-66　儿童房窗帘

4. 书房窗帘

书房是用来学习或工作、看书的地方，主要营造一种安静又有生活气息的氛围。相对卧室而言，书房窗帘更适合简约风格，还要考虑透光性，所以应选用比较简洁的窗帘，如卷帘、百叶帘、垂直帘、斑马帘（日夜帘、柔纱帘）等。

书房窗帘色彩不能太过艳丽，否则会影响读书的注意力，而且容易造成用眼疲劳，所以在色彩上最好选用接近大自然的颜色，如绿色、蓝色、米黄色、白色等，给人舒适的视觉感。如图4-67所示。

图4-67　书房窗帘

5. 餐厅窗帘

餐厅位置如果不受暴晒，一般有一层薄纱即可。常选用纱帘、卷帘、阳光帘、罗马帘则显得更有档次。

餐厅窗帘色彩与纹样的选择要与餐椅的布艺、餐垫、桌旗保持一致，不能太跳跃，要使整个空间协调一致。窗帘花色不可过于繁杂，要尽量简洁，否则会影响食欲，材质上可以选择比较薄的化纤材料，较厚的棉质材料容易吸附食物的气味。

6. 厨房窗帘

厨房作为油烟最多的地方，很多人都会选择不挂窗帘，但由于房间朝向带来的光照和私密性问题，有的还是需要用窗帘遮挡光线和视线。厨房窗帘不仅可以遮阳、遮挡，还可以美化厨房，但厨房烹饪产生的油烟对窗帘会影响。所以，选择厨房窗帘时，首先要考虑避免或减少油污问题。

厨房常用窗帘有百叶帘、卷帘、手拉帘等。

（1）百叶帘。具有调光功能，不需要的时候可以卷起来；多以铝合金、木竹烤漆等材质加工而成；具有遮阳、隔热、透气防火、耐用常新等特点，在厨房内长时间使用也不会有很大的变化。

（2）卷帘。多采用聚酯涤纶或者玻纤面料，能防高温，防油污，并且方便卷起放下，实用性强。

（3）手拉帘。常用半透明、质感简洁轻便的涤、棉、麻材质面料，采用印花、绣花、蕾丝等体现清新的田园气息。

厨房手拉帘还有分为上下两部分或三部分的，如上下透光，中间悬挂一抹横向的小窗帘；或者中间透光，上下分别安装短帘。不仅保证厨房空间具有充足的光线，同时又阻隔了外界的视线，还可起到美化厨房的作用。如图4-68所示。

图4-68　不同形式的厨房窗帘

7. 卫浴间窗帘

卫浴间常用百叶帘、卷帘，主要功能是防水、遮蔽。卫浴间较潮湿，很容易滋生霉菌，因此窗帘款式应简洁，方便清理的同时也要易拆洗，尽量选择能防水、防潮、防霉、易清洗的材料，特别是经过耐脏、阻燃等特殊工艺处理的面料。同时，卫浴间也是比较私密的空间，朝外的窗帘可以选择遮光性较好的材质。如图4-69所示。

图4-69　卫浴间窗帘、浴帘

8. 阳台窗帘

阳台窗帘主要功能是遮阳与装饰。封闭的阳台常用遮阳平拉帘、卷帘、百叶帘、蜂巢帘等；露天阳台常用遮阳帘。如图4-70所示。

图4-70　阳台窗帘

项目五
地毯认知与应用

知识目标

　　1. 熟悉地毯的基本功能与性能要求。

　　2. 熟悉地毯的常见品种类别。

　　3. 掌握各种地毯的应用特点。

能力目标

　　1. 能够正确分析与识别常见地毯种类。

　　2. 能够根据软装饰要求合理选配地毯。

实践训练

　　市场调研分析目前流行的地面铺饰材料（地毯）及应用。

　　地毯是以纺织纤维以及草质、动物毛皮等为原料，经手工或机械工艺，纺织、编结、栽植绒等加工而成的地面铺设物。地毯具有悠久的历史，是世界传统的工艺美术品类之一。地毯作为室内软装家纺重要元素之一，在空间环境装饰中扮演着重要的角色，被广泛应用于各类住宅和宾馆、酒店、会议室、博物馆等公共建筑空间和交通工具内部等。美观、实用的地毯能给人带来舒适美好的居住体验与感受。

一、地毯的起源与发展

（一）世界地毯的起源与发展

　　地毯历史十分久远，世界几个重要的文明发源地都很早就有关于地毯的记载或发现。公元前3000年，北非尼罗河流域居民织制了亚麻地毯；公元前1449~前1423年，埃及已能织制多彩提花地毯；公元前558~前529年，波斯居鲁士大帝的殉葬物中就发现了一块紫红色的巴比伦地毯；公元前485年，希腊悲剧诗人埃斯库罗斯便在其作品中提到过红地毯，这被认为是为贵宾铺设红地毯习俗的最早记载。两河文明的美索布达米亚平原孕育的地毯编织技艺异常耀眼，其中又以古西亚伊拉克地区萨珊王朝时期的水平最高，其地毯编织技艺就是闻名世界的古波斯地毯的起源。16世纪的波斯地毯，以其迷人的图案和色彩享誉欧洲，许多地毯成为世界各大博物馆和收藏家收藏的珍品，它们常在意大利的古典绘画作品中反映出来。闻名于世的狩猎地毯、庭院地毯、花瓶地毯就是这个时期形成的。伊朗地毯的技艺和风格对世界地毯的发展产生了深远的影响，并和与它有紧密渊源关系的土耳其地毯、印度地毯、阿富汗地毯等一起并称为著名的东方式地毯。

随着18世纪发端于英国的工业革命兴起，世界开启了以机器代替手工劳动的时代，机制地毯慢慢替代了传统的手工地毯。18世纪20年代，英国首创布鲁塞尔地毯织机，机织地毯应运而生。随后进一步改造产生了著名的威尔顿织机和阿克明斯特织机，这两款地毯织机成为机织地毯的肇始，一直被使用至今。

19世纪，美国佐治亚州首先出现了簇绒地毯，最初因其外观如同草坪，所以又称草皮（turf）织物。1940年，出现了第一台50英寸（1.27m）宽的簇绒机，通过簇绒机将绒纱植入底布织物之上的方法，大大提高了地毯的生产速度，大幅度降低了制造成本，这是地毯生产机械化发展的一项重大突破。到20世纪30~40年代，簇绒地毯由单针栽绒发展为排针栽绒；50年代又出现了提花和印花的簇绒地毯，并逐渐在欧美各国普及工业生产。20世纪60年代以来，簇绒地毯以化学纤维为主要原料，幅宽可达到4~5m，成为机制地毯中产量最大、应用最广的地毯品种。自20世纪80年代以来，机制地毯已占世界消费总量的99%，手工地毯仅占1%，而簇绒地毯又占地毯总产量的90%左右。

（二）中国地毯的起源与发展

在中国，关于地毯的文字记载可追溯到3000多年以前，2003年，新疆吐鲁番鄯善县洋海Ⅰ号墓地出土了一件距今约2800年的栽绒毯，是全世界现存最早的地毯。关于中国地毯，一般认为其产生是多源的，在漫长的历史进程中，由汉族、藏族、维吾尔族、蒙古族等人民共同创造，并通过丝绸之路与沿线各国互相交流，逐渐形成了卓越且独特的艺术风格。代表最高编织技艺的栽绒地毯源于西北高原地区游牧部族的生活需要。西北高原牧区的少数民族为了抵御严寒，利用丰富的羊毛、驼毛捻纱，编织出带花纹的地毡，坐在上面非常温暖舒服，这就是最早的地毯雏形，后来经过长期的改进和创造，发明了最古老的"手工打结"地毯编织工艺。至两汉时期，西域塔里木盆地边缘绿洲地区的地毯生产和交流已经成熟，该地区也成为中国栽绒地毯的发源地之一。唐宋时代，出现官方的手工地毯作坊，编织技术逐步改进提高，地毯的原料也越来越多，常以棉、毛、麻和纸绳等做原料编制而成。元代蒙古族手工地毯的技术在中原开始流传，明清时手工地毯业达到鼎盛。经过不断成熟发展，逐步形成了五大传统手工地毯：新疆地毯、宁夏地毯、蒙古地毯、西藏地毯和北京地毯。直到20世纪80年代前，我国绝大部分地毯都用于出口。随着改革开放，人们生活水平得到提高，中国地毯出现了前所未有的发展，手工和机制工艺种类多样，材质也更丰富。随着石油、化学纤维工业的发展，化学纤维机制地毯蓬勃发展，以锦纶、丙纶等为代表的合成纤维逐渐取代羊毛、蚕丝而成为最普及的地毯编织原料。曾经昂贵奢侈的地毯逐渐进入了寻常百姓家，质量高而价格适中的装饰地毯逐渐应用于广大消费者及大型建筑物，成为美化生活环境、装饰居室的佳品。

二、地毯的功能与性能要求

（一）地毯的基本功能要求

1. 保暖功能

铺设地毯能够减少室内通过地面散失的热量，阻断地面寒、湿气的侵袭，使人感到温暖、干爽、舒适。

2. 调湿功能

地毯纤维本身及纤维间隙具有一定的吸收和释放湿气、自动调节空气湿度的功能，可以吸收过度潮湿空气中的水分。

3. 吸声功能

地毯通常质地厚实、紧密坚牢，其基布与毛绒簇立的表面往往具有良好的吸声、吸震效果，能避免硬家具等与地面的激烈摩擦，从而降低噪声的产生及影响。

4. 保护和舒适功能

紧固的地毯能够很好地起到保护地面及地面铺设物的作用。好的地毯织物富有弹性，有丰满、厚实、松软的质地，在上面行走可产生缓冲和回弹力，令人步履轻快，感觉柔软、舒适，有利于消除腿部疲劳和紧张，给人以触觉与视觉感官刺激的柔软感和舒适度，产生温馨和宜人的亲切感。

5. 装饰美化功能

地毯厚实丰满，外观华美，通常具有柔和的质感、多变的花纹、美丽的色泽，令人精神愉悦，给人以美的享受。合适的地毯能使满室生辉，使空间显得端庄富丽，能够获得良好的软装饰效果。尤其是地毯在室内所占面积较大时，往往决定了空间装饰风格的基调。选用不同花纹、色彩、品质的地毯，能营造出各具特色的环境气氛。

（二）地毯基本性能要求

1. 坚牢度

地毯是一种长期使用的织物，需承受大的压力、长时间频繁走动时的踩踏、摩擦，使纤维常处于压缩疲劳状态，因此要求地毯具有良好的耐压、耐磨损性能，地毯所用的纤维和纱线相对比较粗硬，绒头需有较好的回弹力及较高的密度，不易倒伏；基底布要求厚实、紧密、平整，不容易勾毛、脱绒和弯折起翘。同时，在色牢度方面地毯要达到相应标准。

2. 保暖性

地毯的厚度、密度以及绒面纤维类型是影响其保暖性的重要因素。绒头或绒圈长而密、蓬松度好的地毯保暖性好；羊毛地毯保暖性优越；使用背衬垫物能加强地毯的保暖性。

3. 舒适性

地毯的舒适性主要指行走时的脚感舒适度，它是地毯品质优劣的一个重要依据，与纤维和纱线的性能以及绒面的致密度、柔软性、弹性和丰满度等密切有关。天然纤维在脚感舒适性方面比合成纤维好，尤其是羊毛纤维，柔软而富有弹性，能使脚步轻快舒爽；化纤地毯一般会有脚感发滞的缺陷。一般，绒面高度在10~30mm之间的地毯柔软性与弹性较好，丰满而不失力度，行走时脚感舒适。如果绒面太短，地毯虽耐久性好，步行容易，但缺乏松软弹性，脚感欠佳。

4.吸声隔声性

在确定纤维原料、毯面厚度与密度时要考虑不同环境对吸声、隔声性能的要求。剧院、大型会议厅等场所十分注重音响质量，力求避免噪声侵扰，因此对地毯的吸声、隔声性能要求较高，一般居家使用则适当掌握即可。

5.抗污性

地毯要求具有不易污染、易去污清洗的性能，需具备良好的抗菌、抗霉变、抗虫蛀的性能。尤其是羊毛地毯，需进行防蛀处理，以确保地毯的良好性能与使用寿命。

6.安全性

（1）地毯要求具有抗静电性。静电会使人在地毯上走动时容易产生电击感，有缠脚感，也容易吸附沾尘。天然纤维织物不易起静电，涤纶等合成纤维织物则容易产生静电，因此通常采取混织混纺的方法来取长补短。地毯织物织制时加入金属纤维、碳素与导电纤维材料，或地毯背面涂覆胶剂混入极细微的炭黑，可防止和减轻静电的产生。

（2）地毯要求具有阻燃性，使其不容易燃烧且低发烟、无毒气且不延烧。地毯阻燃性需要测试的指标主要有发烟性、产生毒气和衬垫对燃烧性的影响等。羊毛地毯阻燃性较好，而涤纶、锦纶、丙纶等合成纤维地毯极易燃烧熔化。改善合成纤维地毯阻燃性的方法可在合成纤维生产过程中添加入阻燃剂，或在聚合时与具有阻燃性的共聚物反应再进行纺丝加工。

三、地毯常见品种类别

（一）按制造方法分

地毯按制造方法分为手工地毯和机制地毯两大类。

1.手工地毯

传统手工地毯按制作工艺不同，主要有手工编织地毯（手工打结地毯/手工栽绒地毯）、手工簇绒地毯（手工枪刺地毯）等。多采用羊毛、蚕丝、棉、麻等天然原材料制成，其色彩丰富，花纹层次细腻生动，立体感强，而且不受幅宽的限制，在大幅作品中也能体现完整性，具有一般机制地毯无可比拟的独特质感和视觉艺术性。手工编织地毯和手工枪刺地毯是高端地毯及艺术挂毯、壁毯的主要类别，往往具有较高的艺术价值和收藏价值。但其生产效率低，一般价格较高。图5-1和图5-2所示分别为手工编织地毯和手工枪刺地毯的制作。

广义的手工地毯则可泛指所有采用手工方式制作而成的地面铺设织物，除了上述手工打结地毯、手工枪刺地毯外，还有手工织制的没有耸立绒纱的平织地毯、提花地毯、钩织地毯、手编地毯、拼接地毯和手工毡毯等。如图5-3所示。

图5-1　手工编织地毯制作

图5-2　手工枪刺地毯制作

图5-3　手工制作地毯

　　（1）手工编织地毯。传统手工编织地毯也称手工打结地毯、手工编结地毯。前后经过图案设计、配色、染纱、上经、打结、平毯、片毯、洗毯、投剪、修整等十几道工序加工制成；多以强度很高的棉、毛或麻纱线作为经纱和地纬纱，按照设计彩图，将不同颜色的绒纬纱线通过手工绾结工艺拴结在经线上，一般采用八字扣（国际上称波斯扣）栽绒打结，接着用特制的小刀切断绒线形成一个绒头，通过连续的拴、切动作栽好一排绒头后，拉经，使前后经线形成一个交叉，然后织进地纬纱，用特制工具拍打压实，从而使绒纬纱固定栽植于经纬交织而成的毯底上，最后经剪毛、整理等而完成，因而也称为手工栽绒地毯。这是目前手工地毯最主要的加工方式。优质的手工编织地毯工艺精细、造型美观，色彩华美富丽，图案内容丰富、立体感强，毯基挺实，毯背耐磨，毯面绒头密实、弹性强而牢固，是地毯中的高档产品，通常具有很高的艺术价值和收藏价值。如图5-4所示。

图5-4　手工编织地毯

手工编织地毯每单位面积内栽的绒结数量称为道数，道数是反应地毯绒头的稀密程度、衡量地毯质量优劣的一个重要参数。一般，道数高，绒面细密，表现的图案则越精致，地毯质量上乘，价值也高。图5-5所示为著名的巴泽雷克地毯，1949年考古学家在阿尔泰山中一座建于公元前5世纪的墓葬中发现的一块保存完好的栽绒地毯，宽1.83m、长2m，整个图案有两条大边，中心有24个小方块，每个小方块内都有小纹样。第一条大边里有鹿、牛，第二条大边有一队古代骑马勇士，组成二方连续的纹样，疏密有致、十分完整，每1 cm²有36个栽绒结，按现在的标准衡量也属于稀世高档地毯。

图5-5　巴泽雷克地毯

图5-6　手工簇绒地毯制作现场

（2）手工簇绒地毯。手工簇绒地毯也称手工扎针地毯、手工枪刺地毯，也因在簇绒后需要在背面上胶固定绒圈而称为胶背毯。手工簇绒地毯前后经过图案设计、配色、染纱、挂布、手工枪刺、涂胶、挂底布、平毯、片毯、洗毯、回平、修整等十几道工序加工制作而成。簇绒地毯主要由表面绒头纱、第一背衬底布和第二背衬底布三部分组成。簇绒针上下移动往复运动，将绒头纱线一针一针人工植入第一背衬底布，以在底布上形成簇立的绒圈构成一定的花纹图案，然后在背面涂刷胶水握持绒头，最后附上第二背衬底布后手工包边而制成圈绒地毯；也可根据需要，边扎边剪开绒圈形成绒头而制成割绒地毯。图5-6所示为手工簇绒地毯制作现场。可见，手工簇绒（枪刺）地毯不仅图案色彩丰富，而且毯面形态多样，图5-7所示为簇绒地毯不同毯面状态的示意图。图5-8所示为毯面效果丰富的簇绒地毯。

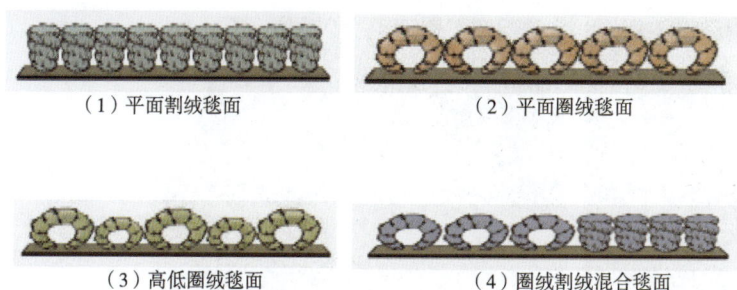

（1）平面割绒毯面　　　　（2）平面圈绒毯面

（3）高低圈绒毯面　　　　（4）圈绒割绒混合毯面

图5-7　不同绒纱状态的簇绒毯面

图5-8　毯面效果丰富的簇绒地毯

2. 机制地毯

机制地毯指通过机器设备制作形成的地面铺设织物，包括机织地毯、机制簇绒地毯、针刺地毯、针织地毯等。按花色还可分素色（纯色）地毯、提花地毯、印花地毯等。

（1）机织地毯。广义的机织地毯指所有由织机织制而成的用于地面铺设的织物。机织地毯色彩对比较强烈，图案花型丰富。按毯面分有栽绒地毯、簇绒地毯，还有无绒头的平织地毯、提花地毯等。如图5-9所示。

图5-9　机织地毯

而通常所指的机织地毯，是指使用地毯织机通过经纱、纬纱、绒头纱编织而成的具有耸立的毛绒毯面的地毯。目前主要指用阿克明斯特和威尔顿等地毯织机制作而成的地毯。机织地毯绒头细密，花纹精致，属机制地毯中的高档产品。使用的原材料常见的有羊毛、锦纶、丙纶、晴纶及混纺等，生产效率高，使用广泛，性价比高。

①威尔顿地毯。由于该地毯工艺源于英国的威尔顿地区而得名，通过经纱、纬纱、绒头纱三纱交织，后经上胶、剪绒等后道工序整理而制成。英国威尔顿贾克试制出的能自动织花纹的地毯织机，最多能使用5种颜色的绒纱，通过织物组织的变化可织多色地毯。在此基础

上，贾克还通过对织机的改进，试制出一种能同时织造两块地毯的威尔顿双层地毯织机。它是在织造时织成上、下两层底组织，中间嵌入同一绒经，织成后在绒经的中心部位由圈形割刀进行剖割，从而形成上下两块地毯分别卷绕，生产效率较高。图5-10所示为威尔顿地毯。

正面　　　　　　　　　　　　　反面

图5-10　威尔顿地毯

因此，因生产织机不同，威尔顿地毯可分为两种：

a. 单面威尔顿地毯。外观保持性好，毯形稳定，无脱毛现象，采用特殊原料制作，使其具有优良阻燃、抗静电性能。非常适合在对阻燃性能要求极高的飞机上使用，也非常适合在高档游艇、客轮和高档酒店使用。

b. 双面威尔顿地毯。织物丰满、结构紧密、平方米绒纱克重大，因是织机上同时形成双层织物，故生产效率较高。双面威尔顿地毯原料以丙纶、羊毛、涤纶、棉丝等为主，主要用于商用场所、家用块毯等领域。

②阿克明斯特地毯。由于生产工艺起源于英国的阿克明斯特地区而得名。阿克明斯特地毯是参照东方地毯的编结方法，用机械方法将绒纱先切割成指定长度后，以"U"字或"J"字形的固结方法栽埋到地毯的地经纱层之间，再通过纬纱编织加以固定，因此在地毯的背面不会拖有沉纱。

阿克明斯特地毯只有割绒地毯而没有圈绒地毯。其常用原料以纯羊毛或80%羊毛+20%尼龙为主。织物属单层结构，且此织机机速慢，地毯织造效率仅为威尔顿织机的30%。因此，由于织机生产效率限制及原材料成本等原因，阿克明斯特地毯价格较高，目前主要用于五星级酒店。图5-11所示为阿克明斯特地毯。

正面　　　　　　　　　　　　　反面

图5-11　阿克明斯特地毯

（2）机制簇绒地毯。机制簇绒地毯是采用簇绒机机针在织物底布上上下往复运动机械栽绒而形成圈绒、割绒或圈割绒结合毯面，简称簇绒地毯，如图5-12所示。

图5-12 簇绒地毯

簇绒地毯一般由绒面纱、一次基布（PP布）、胶乳黏结层、二次基布（纱络布）组成。簇绒地毯常以化学纤维（涤纶、锦纶、丙纶等）为主要原料，高档产品也有用纯羊毛纱或羊毛混纺纱制成。针刺幅宽可达4~5m，花色有素色、提花和印花等。簇绒地毯是各国产量最大的机制地毯品种，具有品种丰富、工艺简单、生产效率高、价格便宜、铺设方便等优点，使用场合也很广泛。

（3）针刺地毯。针刺地毯也称针刺非织造地毯或非织造地毯，是由化学短纤维经过非织造设备和工艺铺排成网状，再经过针刺等工艺使不同的纤维相互缠结固着，针刺成型坯布再经过背面上胶、烘干定型、切边、成卷包装而成。一般宽度为1~4m，长度为60~90m。非织造地毯主要以合成纤维为原料，常用涤纶（PET）、丙纶等。非织造地毯诞生历史最短，其生产工艺简单，生产速度快，适合大批量生产，且颜色多样，成本价格低廉；但其弹性、耐久性、脚感舒适感较差，多适用于更换频繁的展厅、舞台、庆典等公共活动场所，以及户外或汽车地垫等，如图5-13所示。不同的使用场合对地毯织物的柔软度、丰满度、厚实度、硬挺度等有不同的要求，可相应选用不同价格、不同厚度与质感的地毯。

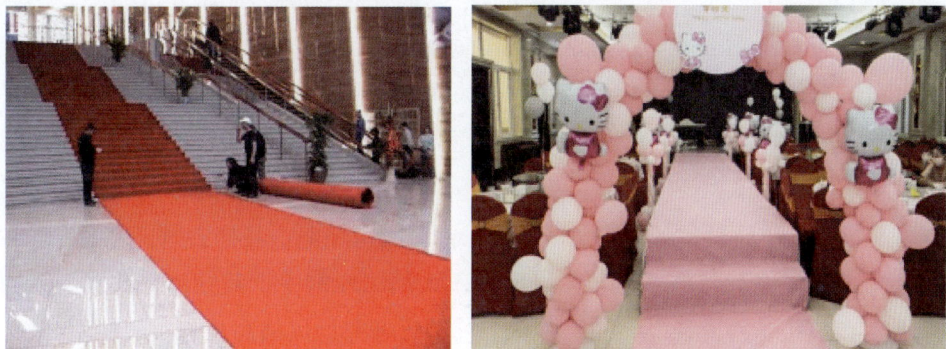

图5-13 针刺无纺地毯应用

（4）针织地毯。针织地毯指通过针织方法编织成型的地毯。常以棉、涤纶、锦纶、丙纶等纤维为原料。根据编织工艺不同，可分为纬编针织地毯和经编针织地毯。纬编针织地毯常用纬编割圈绒面料制作地毯。经编针织地毯常用经编双针床拉舍尔产品制作地毯。针织地毯以针织毛绒复合地毯最为常见，通常采用热压或黏合方式复合。针织地毯毯面手感柔软、富有弹性，色彩、图案丰富，维护也方便，可直接水洗而无须专业干洗，因此应用相当广泛。

（5）植绒地毯。植绒地毯采用静电植绒工艺，即将绒毛状的短纤维置于高压静电场中并使其电偶极化，带有电荷的绒毛在高压静电场中沿着电力线方向运动，最后以一定的密度沉积到涂有黏合剂的极板上，从而形成一种有绒毛表面的纺织产品。植绒地毯由底布、黏合剂和绒料三部分构成。底布可采用各种天然纤维或化学纤维的机织布、非织造布、塑料薄膜及复合材料等，目前多使用PVC或PU材质革基布。黏合剂目前已大量采用合成树脂，如丙烯酸酯、聚氨酯、环氧树脂等。地毯用绒料多用锦纶、腈纶。绒毛可由长丝丝束或短纤维条子切割成一定长度制得。植绒地毯的绒毛长度一般为0.1~8mm，也有长达20mm；短绒毛纤度为1.5~3旦，也有用5~10旦。植绒地毯具有耐磨性好、不藏污、易清洁、易护理、尺寸稳定性好等特点，易于安装，适应性好，在木板地面、大理石地面、瓷砖地面甚至水泥地面上均可铺设。

（二）按地毯材质分

按地毯的毯面材料可分为纺织纤维地毯、毛皮地毯、塑料地毯、橡胶地毯等。

1.纺织纤维地毯

纺织纤维地毯按地毯绒纱或毯面纤维可分为天然纤维、化学纤维及混纺纤维三大类。地毯中，常用的天然纤维有羊毛、蚕丝、棉、麻、草等；常用的化学纤维有锦纶、涤纶、丙纶、腈纶、氯纶、维纶等合成纤维，以及黏胶纤维、铜氨纤维、竹纤维等再生纤维。通常，用什么纤维原料做绒纱，习惯上就称什么地毯，常见的如纯羊毛地毯、真丝地毯、纯棉地毯、剑麻地毯、黄麻地毯、化纤地毯、混纺地毯等。以下列举一些常见的地毯品种。

（1）纯羊毛地毯。将羊毛整梳后加工成毛线再进行编织而成。中国的纯毛地毯是以土种绵羊毛为原料，其纤维长，拉力大，弹性好，有光泽，纤维稍粗而且有力，是编织地毯的优质原料。从新西兰等进口的羊毛纤维细、光泽亮，触感软糯舒适，也是优质羊毛地毯常用原料；与中国的土种绵羊毛掺配使用，可发挥各自特点，取得很好效果。

纯羊毛地毯手感柔和，拉力大，弹性好，质地厚实，脚感舒适，抗静电性能好，吸湿性、保温性、吸声性好，不易老化褪色。缺点是防虫、耐菌性差，容易虫蛀；耐潮湿性较差，吸水后易收缩；价格昂贵且保养贵。适用于高级别墅住宅、高档会所、会客厅等。

（2）真丝地毯。简称丝毯，通常是以桑蚕丝线编织成的手工栽绒地毯，属于高档毯类，具有华丽而柔和的光泽，柔软滑糯的手感，工艺精致考究，风格高贵典雅；但回弹性、保暖性等不及羊毛。丝毯是高档的地面和墙面装饰工艺品，凝聚了手工艺人的智慧和精湛的工艺，具有极佳的实用价值和收藏价值，价格昂贵。

（3）麻质地毯。常用黄麻、剑麻、亚麻、拉菲草等制成，也有用羊毛或棉线与麻草混编制成的，图5-14所示为黄麻、剑麻、羊毛/剑麻混编的不同地毯。麻质地毯可背衬黄麻网格底布，结实耐用，并具有独特的天然质感、凉爽、挺括、绿色、环保、可降解。麻质地毯也是当今比较流行的地毯品种，尤其符合现代人对清新自然的追求。适用于新中式、东南亚、田园、简约等软装风格，常见于特色民宿、主体酒店、茶室及家居客厅、玄关、卧室、窗台等，如图5-15所示。

羊毛剑麻混编系列：脚感舒适柔和

纯剑麻系列：脚感偏硬小扎脚

纯黄麻系列：脚感舒适

图5-14 不同麻质地毯毯面

茶几垫 门口垫

飘窗毯 床边毯

图5-15 麻质地毯应用

①黄麻地毯。用黄麻绳以及水草绳等织造而成的地毯。黄麻资源丰富，天然环保、可降解，价格便宜。黄麻地毯有自然粗犷的外观，质地坚韧，强力高，耐酸碱，耐腐蚀，不易打滑、耐磨性能好，不易产生静电，阻燃性好，吸声性好。采用中长黄麻纤维制成的黄麻地毯，触感较柔软舒适，绒毛不易脱落，不易起球，抗拉强、耐磨、耐酸碱、防腐蚀，不霉、不蛀，抗污染性较好；不易受湿度影响，具有良好的吸湿调湿性，可随环境变化而吸收或放出水分来调节环境及空气湿度；还具有良好的降温和隔热作用，性价比较高。图5-16所示为手编黄麻地毯，夏天坐在黄麻地毯上很凉快舒服，有榻榻米席的效果。

图5-16 黄麻地毯

②剑麻地毯。以天然剑麻纤维为原料，经纺纱、织造、涂胶、硫化等工序制成。剑麻是一种绿色环保纤维，它具有较强的净化空气能力，防虫蛀，对滋生细菌有明显的抑制效果，

特别适合有宠物和孩子的家庭，能呵护家人的健康。如图5-17所示。剑麻地毯常采用平纹、斜纹、鱼骨纹、多米诺纹等花色纹理，丰富的立体织纹使表面凹凸感明显，不易打滑，赤脚踩上去能起到按摩脚底的作用。纯剑麻地毯脚感偏硬有点儿扎脚；具有抗压、耐磨、耐酸碱、无静电，易打理等优点；风格清新自然，并有天然的植物清香，使人身心愉悦，可舒缓紧张的情绪。其价格比羊毛要低很多，也很耐用。

图5-17　剑麻地毯

③亚麻地毯。亚麻纤维是人类最早使用的天然纤维之一。公元前3000年，北非尼罗河流域居民就有织制亚麻地毯。亚麻纤维平直光洁，具有优良的吸湿性、排湿性，比棉的吸水性好，吸湿放湿速度快；具有很好的强度，亚麻织物常温下能使人体的实感温度下降4~8℃，有天然空调的美誉。

亚麻地毯光泽柔和、触感柔软舒适，吸湿、散热、散湿快，干爽、冬暖夏凉，强度高，抗拉力高；抗紫外线、防磁、抗辐射、不易带静电；具有独特的抑菌抗菌性，防过敏；护理方便，防污、防尘、易于清除污垢；但耐磨性一般，回弹性较差。亚麻地毯天然健康的材质、优异的性能、古朴典雅的外观，集返璞归真的自然美与卫生保健的现代消费时尚为一体，成为人们时尚消费的热选，如图5-18所示。但亚麻纤维资源稀有，亚麻地毯价格相对昂贵；常见的有亚麻与棉、羊毛、聚酯等纤维混纺制作的地毯，以提高综合性能和性价比。

图5-18　亚麻地毯

（4）纯棉地毯。纯棉地毯、地垫常用于卫浴间，多为以纯棉纱线为原料的毛巾组织结构的机织毛巾制品，表面由毛圈或毛圈割绒后的绒面构成；也有纯棉地毯品种是没有毛圈的，由较粗支纯棉纱线织制的素织、小提花、大提花或印花机织物制成。纯棉地毯吸湿吸水性强，柔软舒适，抗静电性好，但不耐磨，常用于卧室床边、厨房、卫浴间、儿童房的地垫地毯等，如图5-19所示。

图5-19　纯棉地毯

（5）化纤地毯。用化学纤维（合成纤维和再生纤维）织制而成的地毯。合成纤维中尼龙（锦纶）、聚丙烯（丙纶）、聚丙烯腈（腈纶）、聚酯（涤纶）等纤维常用作地毯绒头纱；再生纤维中的黏胶纤维、竹纤维等也常使用。化纤地毯可用机织法、簇绒法或针刺法制成。它质量轻、耐磨、色彩鲜艳，脚感舒适、富有弹性；不易脱毛、起球；不受湿度影响，防污、防霉、防蛀；便于清洗、易干燥、不起皱，不易褪色。合成纤维地毯比羊毛轻，保湿性能好，手感近似羊毛，经过阻燃处理后不易燃烧；但吸湿性、回弹性、保温性、耐光性、染色性都较羊毛地毯差，易产生静电和吸附灰尘。化纤地毯价格一般比羊毛地毯便宜，家居铺设也较简便。

①丙纶地毯。丙纶密度小，其抗拉强度、湿强、耐磨性等都很优越，而且原料丰富、生产成本低，价格低廉。但缺点是回弹性较差，染色性也不及锦纶，对油污和尘埃易污染。丙纶膨体变形长丝（BCF丝）作绒头纱制成的机织丙纶地毯，质轻、强度高、耐磨耐用，一般是圈绒结构，如若制成长毛绒结构，其回弹性就达不到要求，容易倒伏。丙纶针刺地毯价格便宜，常用于更换频繁的场合。图5-20是以丙纶为原料制成的仿剑麻机织地毯，热塑性弹性体（TPE）防滑底背，具有剑麻地毯的外观和化纤地毯耐磨、不起球、不掉毛、水洗易干、防潮不变形等优点，适用于卫浴、厨房、客厅、门厅及交通工具、公共场所等。

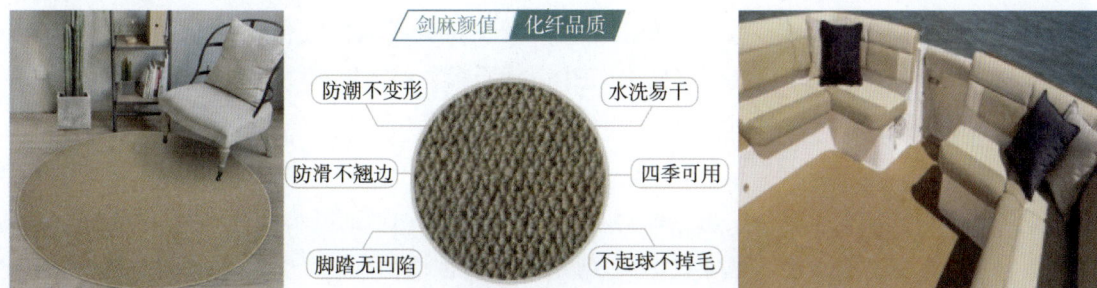

图5-20　仿剑麻机织丙纶地毯

②锦纶地毯。锦纶的耐磨性优异，并具有良好的回弹性和结构稳定性。适合匹染，是生产常规地毯最主要的一种纤维。地毯用第一代锦纶是圆形截面的纤维，防污性较好；第二代是异型和中空截面的纤维，提高了脚感、弹性、吸湿透气性等；第三代是抗静电较好的锦纶；第四代则综合性能更为优越，具有防尘、防污染、抗静电、回弹好、舒适、耐磨等特点。锦纶地毯优点是耐磨性好、易清洗、不腐蚀、不虫蛀、不霉变；缺点是容易变形、易产生静电、遇火会局部溶解。

③腈纶地毯。腈纶地毯外观蓬松，毛型感强；柔软舒适，保暖性好、弹性好；颜色艳丽，具有较好的耐光稳定性，不易褪色；抗霉防蛀抗腐蚀；耐磨、耐光、耐热性好，不易脱毛，便于清洗，易干燥、不起皱，价格也较低；但抗静电性能差，回弹与抗压性不及锦纶。

④涤纶地毯。涤纶地毯有较高的强度，抗撕拉，耐磨性仅次于锦纶，不易变形；有良好的脚感，弹性接近羊毛，外观保持性好；有极好的耐光性、耐热、耐晒；耐腐蚀，耐酸耐碱，不霉变、不虫蛀；但抗静电性能差，但耐污性较差，易被油污和尘埃污染。回弹与抗压性、脚感不及锦纶。

⑤再生纤维地毯。再生纤维中黏胶纤维、竹纤维、铜氨纤维等也可用于地毯。再生纤维地毯柔软舒适，吸湿透气性好，抗静电，比棉质地毯耐腐蚀、不易霉变。

（6）混纺地毯。混纺地毯是用两种及两种以上不同纤维的混纺纱线做绒头纱而制成。常用羊毛与其他纤维的混纺纱做绒头纱，如羊毛/锦纶、羊毛/黏纤、羊毛/丙纶、羊毛/腈纶、羊毛/涤纶、羊毛/黄麻等混纺纱，一方面可降低纯羊毛地毯原料成本，同时可利用混纺纤维特性改善地毯性能。

羊毛地毯根据绒纱内羊毛含量不同而有不同的命名：纯羊毛地毯：羊毛含量≥95%；羊毛地毯：羊毛含量80%~95%；羊毛混纺地毯：羊毛含量20%~80%；混纺地毯：羊毛含量20%以下。

以羊毛混纺纱作原料的地毯，一般称"羊毛/某纤维混纺地毯"，如"羊毛/锦纶混纺地毯"，或简称"毛/锦混纺地毯"。

2. 毛皮地毯

毛皮地毯包括真毛皮地毯和仿毛皮地毯。毛皮地毯带着一股自然、桀骜不驯的气质，彰显主人崇尚原始、爱好自由的心境。真毛皮地毯有的采用整张牛、羊皮等制成，但一般色系比较单一，以烟灰色、暖白色或怀旧的黄色居多，因资源稀少，价格昂贵。随着生态环保理念的推广，真毛皮地毯已很少使用，也有采用零碎皮拼制而成，可充分利用其他边角碎料，环保节约，而且拼接可使花色变化多样，如图5-21所示。仿毛皮织物也越来越多应用于冬季保暖型长毛绒地毯，如图5-22所示。

3. 塑料地毯

塑料地毯（地垫）是采用聚氯乙烯树脂、增塑剂等多种辅助材料，经均匀混炼、塑制而成。塑料地毯质地柔软，色彩鲜艳，舒适耐用，抗腐蚀能力强，防水、耐酸碱，不易燃烧且可自熄，可被塑制成不同形状，还是良好的绝缘体，价格低廉。塑料地毯常见品类有地板

图5-21　真毛皮地毯

图5-22　仿毛皮长毛绒地毯

革、卷材地板、防水镂空地毯、泡沫塑料拼毯、人造草坪等，如图5-23所示。塑料地毯适用于宾馆、商场、舞台、住宅、儿童游乐场所、车辆交通工具等；因其耐水不怕湿，也可用于浴室、卫生间等起防滑作用；也常用于需要防水、绝缘等的工业场所。

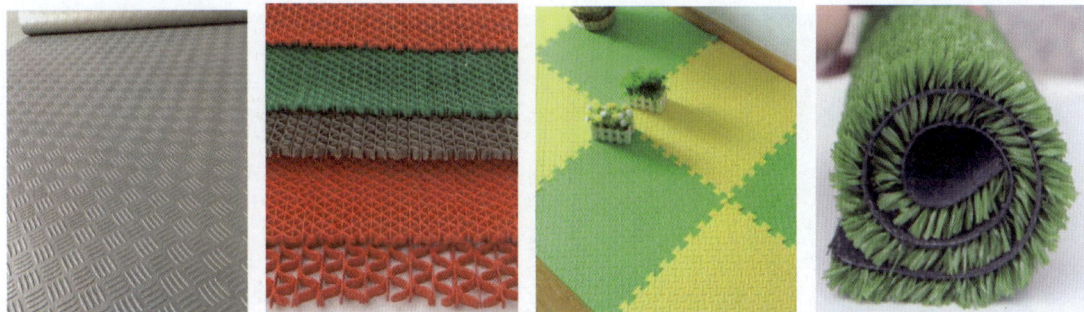

图5-23　塑料地毯

4.橡胶地毯

橡胶地毯（地垫）是以橡胶材料为原料，以蒸气加热，在地毯模具下模压而成。除了具有其他地毯特点外，还具有防霉、防滑、防虫蛀、防潮、耐腐蚀、绝缘、清扫方便等特点。其色彩与图案可根据用户要求订做。有卷材毯、块毯等形式，可用于卫浴室、走廊、体育场及特殊工业场所等地面的铺设。如图5-24所示。

图5-24 橡胶地毯

也有以纺织纤维为毯面主材、以橡胶为衬底，如尼龙橡胶地毯，毯面为锦纶材质，毯面柔软、舒适、耐磨；底部为天然橡胶，防滑耐磨。如图5-25所示。

（三）按绒圈结构和绒头形状分

按地毯的绒圈结构和绒头形状，可分为圈绒地毯、割绒地毯、圈割绒地毯等。

1. 圈绒地毯

指绒纱两端均位于地毯背面，而在正面呈现圈

图5-25 锦纶橡胶地毯

状的一类地毯，如图5-26所示。圈绒地毯的绒面由保持一定高度的绒圈组成，具有绒圈整齐均匀、毯面硬度适中而光滑、行走舒适、耐磨性好、容易清扫等特点，适用于步行量较多的地方铺设。按绒圈高度与分布，又可分等高绒圈地毯、高低绒圈地毯和多层绒圈地毯等。

图5-26 圈绒地毯

如果绒头纱采用强捻纱则可制成强捻地毯，具有较好的弹性和耐久性，绒头比普通毛绒地毯稍强，具有毛型感。

2. 割绒地毯

割绒地毯指绒头端面为散纤维，织物表面经剪毛整理后呈现立体绒面的一类地毯。割绒

地毯的绒面结构呈绒头状，绒面细腻，触感柔软，绒毛长度一般在5~30mm之间。绒毛短的地毯耐久性好，步行轻捷，实用性强，但缺乏豪华感，舒适弹性感也较差；绒毛长的地毯柔软丰满，弹性与保暖性好，脚感舒适，具有华美的风格。一般，绒毛长度5~10mm称为长毛绒地毯，表面毛绒均匀整齐；毛绒长度30mm左右称为特长绒地毯，绒面风格丰满，触觉良好。如图5-27所示。

图5-27　割绒地毯

3. 圈割绒地毯

圈割绒地毯也称割绒—圈绒地毯，织造时根据工艺要求不同使绒圈高度或高或低，然后再将高绒圈部分加以割绒处理，以显示图案花纹。如图5-28所示。

图5-28　圈割绒地毯

若在绒圈高度上进行变化，或将部分绒圈进行不等高地割绒，再配合绒纱颜色的变化，可使毯面呈现具有丰富的层次感和立体感的花纹图案，装饰效果好。如图5-29所示。

（四）按规格形状和铺设方式分

1. 卷材地毯

卷材地毯指整幅成卷供应的地毯。机织地毯、非织造针刺地毯、化纤地毯、塑料地毯等常加工成宽幅的卷材地毯，按整幅成卷供货。幅宽有1~4m或更宽，每卷长度一般为20~50m，也可按要求加工。铺设这种地毯可使室内有宽敞感、整体感和豪华感，但若损坏更换不太方便，也不经济，清洗也比较困难。如图5-30所示。

图5-29　毯面形态丰富的立体花纹地毯

图5-30　卷材地毯

　　将整个空间全部铺满的地毯称为满铺地毯，如图5-31所示。满铺可采用整幅卷材地毯铺设于室内两墙之间的地面上，根据房间的大小进行裁剪，一般要求地毯的边与建筑物的墙紧密连接。满铺也可采用许多块小毯拼接来铺设满整个地面。

（1）整铺　　　　　　　　　（2）拼接
图5-31　满铺地毯

2. 块毯

　　块毯即块状地毯，不同材质的地毯均可加工成不同形状成块供应。块毯按形状分为方形、长方形、圆形、椭圆形及不规则形状，如心形等，如图5-32所示。块状地毯铺设方便灵活，位置可随意变动，既经济又美观，使用广泛。其厚度、尺寸规格视质量等级和使用场合而有所不同。

图5-32　块状地毯

（1）花拼地毯。块毯可以按不同花色组合铺设成花拼地毯，也称组合地毯，是由不同花色的块毯组合拼接成一定花纹图案的满铺地毯，如图5-33所示。用于花拼的块毯大多是硬身、短绒，具有方便运输、易于安装、方便对损毁严重的局部及时拆换等优点。多用于商业、办公等环境，或踏踩频繁的区域。

图5-33　花拼地毯

（2）区位地毯。区位地毯是一种可以独立铺设的块状地毯，多为独立纹样，一般用来作为区域的定位点缀，它可以提示和限定空间，地毯上的空间就是一个活动单元，可以形成一种象征的领域感，使室内不同的功能区有所划分；它还常成为空间视觉的焦点，可以破除大片单一地面的单调感，能柔化空间视感，在整体空间的布置中有画龙点睛的妙用，常用于客厅、餐厅、书房等局部区域。如图5-34所示。

（3）局部功能块毯。在进门玄关、浴室、床边、车内等场合，常会铺设块毯以满足局部的特殊功能。如在浴缸边放置小块的吸湿防滑地垫，可以起到干脚、防滑、增加舒适感与安全感的作用，如图5-35所示，毯面由高密加厚的长毛超细纤维绒头形成，亲肤柔绵，浴后使用能即刻享受干爽；背衬热塑性橡胶材料（TDR）防滑乳胶底，脚踩不移动，隔水不渗透。冬天在床边放置一块厚厚的长毛绒块毯，可以增加温暖舒适感，如图5-36所示。

图5-34　区位地毯

图5-35　浴室吸湿防滑地垫

图5-36　柔暖的长毛绒块毯

（五）按地毯图案与色彩分

地毯图案大致可分为传统风格与现代风格两大类。

1.传统地毯图案与色彩

传统地毯多指用羊毛、蚕丝以手工编织方式生产的地毯。我国生产这类地毯历史悠久，并形成了独特的图案风格，具有富丽华贵、精致典雅的特点。传统地毯图案多采用适合纹样格局形式，根据图案的具体布局与艺术风格的不同，可分为北京式、美术式、彩花式、素凸式和东方式五类。

（1）北京式地毯。北京式地毯简称京式地毯、北京宫毯、宫毯、京毯。它产于北京，具有浓郁的中国传统艺术特色，多选用我国古典图案，如龙、凤、福、寿、宝相花、回纹、博古等为素材，并吸收织锦、刺绣、建筑、漆器等姐妹艺术的特点，构成寓意吉祥美好、富有情趣的画面。北京式地毯的构图为规矩对称的格律式，结构严谨，一般具有夔龙、枝花、角云、大边、小边、外边的常规模式。地毯中心为一圆形图案，称为"夔龙"，周围点缀折枝花草，四角有角花，并围以数道宽窄相间的花边，形成主次有序的多层次布局。配色上古朴浑厚，常用绿、暗绿、绛红、驼色、月白等色；通常有正配（深地浅边）、反配（浅地深边）、素配（同类色相配）和彩配（不同色相的色彩系列相配）等。由于图案与色彩的独特风貌，北京式地毯具有鲜明的民族特色和雍容华贵的装饰美感。

北京宫毯以优质羊毛、桑蚕丝、金线、棉线为主要原料，采用栽绒、盘金、片剪等技艺，以手工方式织造而成。通常采用棉经、棉纬、羊毛栽绒。宫毯作为曾经的皇家用品，以"盘金毯"最能体现北京宫毯皇家风范。它用金线编织成宫毯的背景色，而金线则是用棉线作线芯，将金丝缠绕在上面而形成的，使宫毯显得雍容华贵，气派非凡。如图5-37所示。

图5-37 北京式地毯

（2）美术式地毯。美术式地毯以写实与变化花草，如月季、玫瑰、卷草、螺旋纹等为素材，构图也是对称平稳的格律式，但比北京式地毯的风格自由飘逸。地毯中心常由一簇花卉构成椭圆形的图案，四周安排数层花环，外围毯边为两道或三道边锦纹样。美术式地毯颇具特色的是各式卷草纹样，这些流畅潇洒的卷草结合其他装饰图案构成基本格局的骨架，使毯面形成几个主要的装饰部位——中心花、环花与边花，在这些部分安排主体花草。地毯的边饰也不像北京式那样是单一的直线形，而是采用较为灵活自由的形式，以花草与变化图案相互穿插。因此，美术式地毯具有格局富于变化、花团锦簇、形态优雅的特点。带有较多中西结合的现代装饰趣味。

美术式地毯以类似水粉画的块面分色方法来表现花叶的色彩明暗层次，有较强的立体感和真实感。常以沉稳含蓄的驼色、墨绿、灰蓝、灰绿、深色为地色。花卉用色明艳，叶子与卷草则多采用暗绿、棕黄色调，总体色彩协调雅致，艳而不俗。地毯织成后，小花作一般的片剪，大花加凸处理，花纹层次丰富，主次分明。美术式地毯如图5-38所示。

图5-38 美术式地毯

（3）彩花式地毯。彩花式地毯以自然写实的花枝、花簇（如牡丹、菊花、月季、松、竹、梅等）为素材，运用国画的折枝手法作散点处理，自由均衡布局，没有外围边花。在地毯幅面内安排一两枝或三四枝折枝花，多以对角的形式相互呼应，毯面空灵疏朗，花清地明，具有中国画舒展恬静的风采。彩花式地毯构图灵活，富于变化，有时花繁叶茂，有时仅以零星小花点缀画面，有时也可添加一些变化图案（如回纹、云纹等）作为折枝花的陪衬，增加画面的层次感与意趣。

彩花式地毯图案色彩自然柔和，明丽清新，花卉多采用色彩渐次变化的晕染技法处理，融合了写实风格的情趣和装饰风格的美感。地毯织成经片剪后更显得细腻传神，栩栩如生。如图5-39所示。

图5-39　彩花式地毯

（4）素凸式地毯。素凸式地毯是一种花纹凸出的地毯，经过片剪后，花朵如同浮雕一般凸起。在构图形式上，与彩花式地毯相仿，也是以折枝花或变形花草为素材，采用自由灵活的均衡格局，多呈对角放置，互为呼应。由于花地一色，为使花纹明朗醒目，因此图案风格简练朴实。如图5-40所示。

图5-40　素凸式地毯

素凸式地毯常用的色彩有玫红、深红、墨绿、驼色、蓝色等。地毯花形立体层次感强，素雅大方，适宜多种环境铺设，是目前我国使用较广泛的一种地毯。

（5）东方式地毯。东方式地毯的图案题材、风格和格局与前面四种地毯有明显的区别。纹样多取材波斯图案，各种树、叶、花、藤、鸟、动物经变化加工，并结合几何形资料组成装饰感很强的花纹，具有十分浓郁的东方情调。

东方式地毯色彩浑厚深沉，多为棕红、黄褐、灰绿色调。东方式地毯通常以中心纹样与宽窄不同的边饰纹样相配，中心纹样可采用中心花加四个角花的适合纹样，也可采用缠枝花草自由连缀或重复排列。布局严谨工整，花纹布满毯面。因此东方式地毯图案显得精巧细致。如图5-41所示。

图5-41　东方式地毯

2. 现代地毯图案与色彩

现代地毯多为机织或簇绒地毯，与传统编织地毯相比，图案风格显得简练或粗犷，多为四方连续格局，可任意裁剪、拼接。这类地毯的图案常选用具有现代装饰意趣的几何图形、抽象图案、变化图案为素材。在构图形式上运用较多的为几何形交错结构和马赛克镶嵌结构，以简单的方格形、菱形、六角形、万字形、回纹形等交错组合，形成平稳匀称的网状结构，图形整齐而有变化，产生很有规律的节奏感。如图5-42所示。

图5-42　现代地毯

一些毯面较小的机织地毯、栽绒地毯的图案也有采用适合纹样格局。这类地毯常被放置于室内某个部位，如客厅中央或沙发周围，具有轻松明快的特色。它的纹样不像传统地毯图案那么精细复杂，大多是几何形纹样组合，图案概括简练，豪放自由，并带有较多抽象意味，与现代室内装饰风格十分协调。

（六）按使用环境分

地毯按使用环境分，有家用地毯、商用地毯和工业用地毯。家用地毯，分为满铺地毯和块状地毯。家庭中一般踩踏频率较低，所以产品主要要求是美观舒适，以松、软、厚为特点，不适合商用的场所。商用地毯主要是指用于宾馆、酒店、写字楼、办公楼、机场、医院、学校、影院等公共场所的地毯，对地毯的阻燃、耐磨、花型拼接等均有较高的技术要求，最好是由专业生产商用地毯的厂家制造。工业用地毯包括用于汽车、火车、飞机、游轮等交通工具以及航空航天器、工厂车间等，对地毯的阻燃、抗静电等功能的要求更高。

（七）特殊功能地毯

某些场合对于地毯有特殊的功能要求，或能够起到特殊的作用。以下列举几种常见的特殊功能地毯。

（1）抗静电地毯。合纤地毯一般吸湿性差，容易起静电，可以在制造过程中加入抗静电丝，从而达到抗静电的作用。

（2）抗污地毯。通过在地毯表面涂层，使酒类、饮料及各种油脂不易渗入。

（3）多功能地毯。具有耐洗、耐溶解、无毒、不褪色、耐日晒、耐冰雪严寒等多种功能，常用于泳池边、轮船甲板等户外公共场所。

（4）发光地毯。一种踩上去能发光的地毯，夜间有照明的作用，如荧光楼梯脚垫等。发光地毯的原理是电致发光。织造时加入光学纤维，使地毯内布满细微的线圈，当人踩在地毯上时，压力做功使线圈发电，启动线圈中储存的电能，地毯中有微弱的电流通过，被踩的地方就亮起来。

（5）变色地毯。利用变色染料，如光致变色染料、温致变色染料对地毯进行染色或印花，可以使地毯的颜色随着环境光源或温度的变化而变化，如随季节环境可改变颜色，增加了地毯使用的趣味性。

（6）防水地毯。基布上涂覆防水材料，可用于野外宿营或货物堆放场等。

（7）电热地毯。地毯内黏合氟碳松膜，接电源能传热，可用于舒适性暖房等场所。

（8）杀菌地毯。能吸住鞋底杂物70%，杀灭细菌，可用于医疗、生物科研场所。

（9）卫生防护地毯。能阻碍放射线和细菌侵袭。

（10）弹性魔术地毯。储藏时体积可缩小，使用时体积可放大。

（11）智能地毯。可穿戴的电子技术以及智能芯片与传统地毯的编织技术结合，开发的一种包含电子网络智能技术的地毯。智能地毯的独特之处在于，以简单并节省空间的方式将传感器放置在隐蔽之处。这种地毯可以完成控制报警、室内气温控制、连接室内电子系统等特殊任务。

（12）有自洁功能的地毯。利用纳米氧化钛的自清洁作用开发的一种具有良好自洁功能的新型纤维，用这种纤维制作的地毯具有自洁功能。地毯的比表面积很大，具有很强的吸附功能，能够以物理方式有效地吸附异味、细菌、污物等有机物。在光照下，掺入地毯纤维的纳米氧化钛微粒对这些有机物进行分解。因此，这种地毯在阳光下晒晒就干净了。

四、地毯的选配与应用

地毯属于大面积的空间软装家纺材料，其色彩、图案、材质、风格与装饰效果有非常紧密的关系。

（一）地毯的色彩搭配

在软装搭配时，可以将居室中的几种主要颜色作为地毯的色彩构成要素，这样选择起来既简单又准确。在保证色彩的统一协调后，最后再确定图案和样式。

在光线较暗的空间选用浅色地毯能使环境变得明亮，例如，纯白色的长毛绒地毯与同色的沙发、茶几、台灯搭配，可呈现一种干净纯粹的氛围。在光线充裕、环境色偏浅的空间选择深色地毯，能使轻盈的空间变得厚重，例如，面积不大的房间经常会选择浅色地板，如搭配深色地毯，能使整体风格更加沉稳。

纯色地毯能带来一种素净淡雅的效果，通常适用于现代简约风格的空间；拼色地毯的主色调最好与某种大型家具相符合，或是与其色调相对应，如红色和橘色，灰色和粉色等，和谐又不失雅致；沙发颜色较为素雅时，运用撞色搭配会有惊艳的效果，例如，黑白撞色地毯经常用在现代都市风格的空间中。此外还有条纹地毯能有效地拓宽视觉，格纹地毯能让热闹的空间迅速冷静下来而又不显得突兀，几何图案的地毯简约又不失设计感，很适合北欧风格的家居环境。

现代风格空间中需要选择现代风格地毯，既可以选择简洁流畅的图案或线条，如波浪、圆形等抽象图形，也可以选择单色地毯。精致的小花纹地毯细腻柔美，繁复的暗色花纹地毯十分契合古典风格气质。地毯的花纹一般可根据欧式、美式等家具的雕花来选择，具有高贵典雅的气质，配合宽敞豪华的欧式风格客厅，可以彰显奢华的氛围。动物纹样、植物花卉纹样也是地毯纹样中较常见的，能给大空间带来丰富饱满的效果，在欧式风格中可以营造典雅华贵的氛围。

地毯不仅是提升空间舒适度的重要元素，其色彩、图案、质感在很大程度上影响着空间的装饰主题。因此，可以根据空间整体风格选择与之呼应的地毯，让主题更集中，也可以选择画龙点睛、独具特色的色彩和图案的地毯。地毯颜色在协调家具、地面等环境色的同时，也要形成一定的层次感。如果觉得风格太素，可以选择跳跃的颜色来活跃整个氛围。

（二）地毯的风格选配

1. 欧式风格

欧式风格地毯的花色丰富，多以大马士革纹、佩兹利纹、欧式卷叶、动物、建筑、风景等图案为主，材质一般以羊毛类居多。

2. 北欧风格

选择一些极简图案、线条感强的地毯，或者黑白两色搭配的地毯，可以起到很好的装饰效果。在北欧风格地毯中，苏格兰格子也是常用的元素。此外，流苏是近年来非常流行的服装与家居装饰元素，在北欧风格地毯中也可以使用流苏元素。

3. 乡村风格

乡村风格家居可以选择毛皮或动物图案做地毯，也可以搭配纯天然材质的地毯来呼应家居风格，营造乡村格调。自然材质，轻松质朴的气息使乡村主题更加凸显。同时，自然材质的地毯属于低碳环保的绿色材料，能够提供清新健康的空气以及舒适的脚感。

4. 新古典风格

新古典风格家居可考虑带有欧式古典纹样、花卉图案的地毯，适合选择偏中性的颜色，在大户型或别墅中，带有宫廷感的地毯是绝佳搭配。

5. 新中式风格

新中式风格家居既可以选择具有抽象中式元素图案的地毯，也可选择传统的回纹、万字纹或花鸟山水、福禄寿喜等中国古典图案。大空间通常适合花纹较多的地毯，显得丰满，前提是家具花色不繁杂。新中式风格的小户型中，大块地毯不能太花，否则不仅显得空间小，而且也很难与新中式家具搭配，地毯只要有中式的四方连续元素点缀即可。

6. 东南亚风格地毯

具有浓厚亚热带风情的东南亚风格，休闲妩媚并具有神秘感，常搭配藤制、竹木家具和配饰，可选用植物纤维为原料手工编织的地毯。

(三)地毯的陈设要点

地毯陈设的位置不同，呈现的效果也不同。地毯陈设位置取决于以下几个关键因素。

1. 地毯的陈设设计要点

（1）所有家具的腿都放地毯上。首先是地毯的大小，如果要让地毯为空间增添大气高档感，沙发前面的地毯不能太小。但也绝不是越大越好，而是要能将家具全部"包裹"起来。如让所有的客厅家具都能摆放在地毯上，能把客厅会客区的沙发、椅子、茶几全部连结在一起。而且要确保沙发每边至少有20cm的空间，最大的家具之间有90cm左右的行走空间，以保证一切都不会显得拥挤。如图5-43所示。

图5-43 所有家具的腿都放地毯上

（2）家具两条前腿放地毯上。如果想铺得更随意，也可以把沙发和扶手椅的两条前腿放在地毯上，让后腿挂在边上。这样即使房间并不宽敞，也会产生空间变大得错觉，而且设计感更强，也是最常见最适合普通家庭的铺法。如图5-44所示。

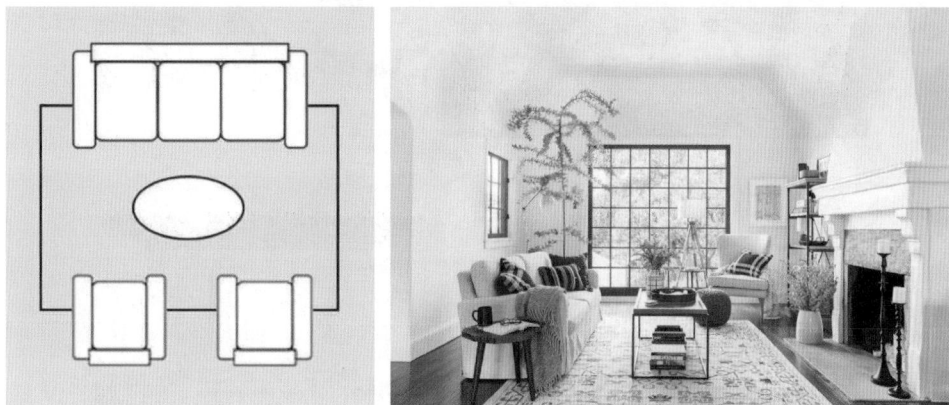

图5-44　家具前腿放地毯上

（3）层叠时要注意平衡感。客厅是人们交谈和聚会的地方，强调舒适感，地毯除了单层铺设外，还可采用两块层叠铺设，以增加设计感和舒适感，或起到强化空间视觉定位的作用。

可以把一块小地毯叠放在一块大地毯的中间，也可以横放在一侧（也是靠中间），如图5-45所示。基底大地毯可以选择中性的颜色，以使其上方的缤纷色彩变得更加突出。

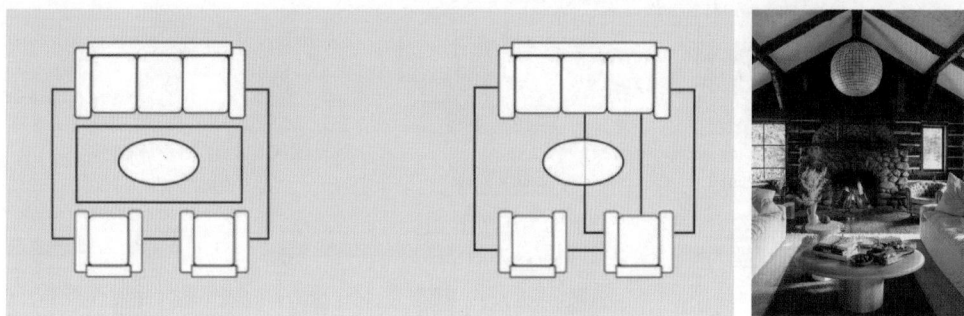

图5-45　地毯层叠铺设

（4）不规则空间地毯铺设。房间规则时，可以使用矩形地毯。把一块地毯放在一块较大的地毯上，但要把最上面的地毯稍微错移，让它与房间里的另一面墙垂直。前面提到的"家具两条前腿放地毯上"方法，对任何接触到小地毯的家具也同样适用。如图5-46所示，设计师Dan Mazzarini将钢管椅和皮革座椅刚好放在平织地毯的边缘。

（5）地毯只覆盖茶几。虽然这是最简单的方法，只需要将地毯放在茶几下方就可以，但关键是要选择合适正确的尺寸，不然会使空间显得小家子气。

地毯的边界和沙发之间只能有20cm以内的距离，不然地毯看起来就像漂浮在空间里一样。如果是不规则的地毯，则需要延及家具下方。如图5-47所示。

图5-46　不规则空间地毯铺设

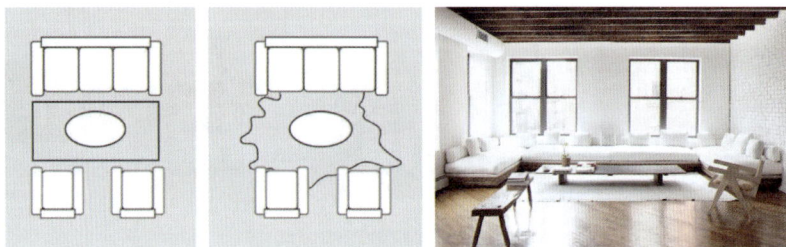

图5-47　地毯只覆盖茶几

2. 家居空间地毯铺设示意

局部铺设于客厅、卧室、餐厅等区域的区位地毯的铺设位置和参考尺寸示意如图5-48所示。

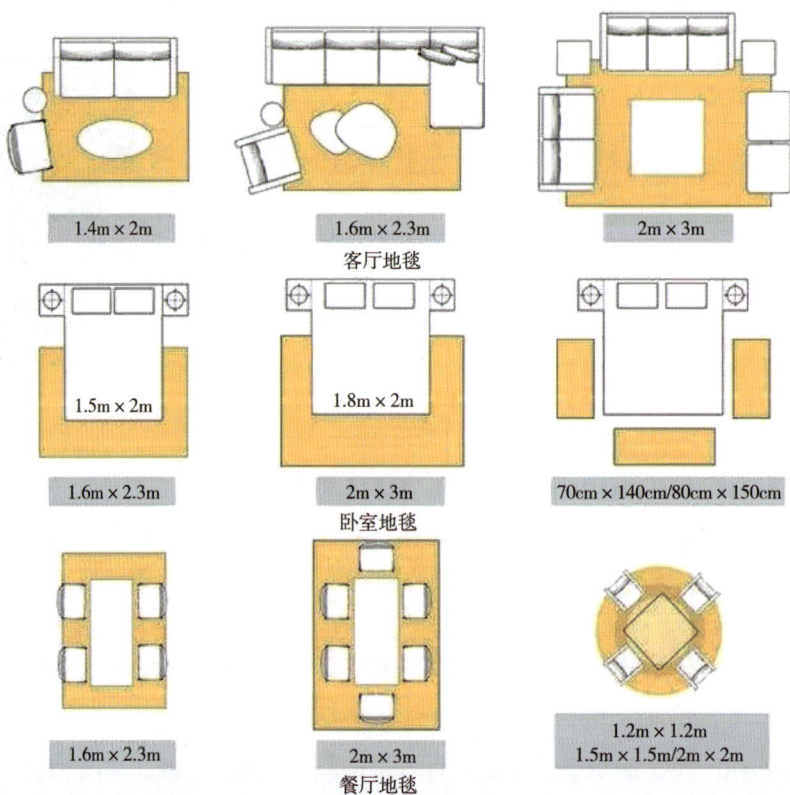

| 1.4m×2m | 1.6m×2.3m | 2m×3m |

客厅地毯

| 1.6m×2.3m | 2m×3m | 70cm×140cm/80cm×150cm |

卧室地毯

| 1.6m×2.3m | 2m×3m | 1.2m×1.2m
1.5m×1.5m/2m×2m |

餐厅地毯

图5-48　客厅、卧室、餐厅区域地毯铺设示意图

五、地毯的选购与保养

(一) 地毯的选购要点

1. 根据使用条件选择

人流频繁的区域，可选择绒质较低、耐磨损的绒或簇绒化纤地毯；门厅、卫生间可用防水防腐、弹性好、色泽鲜艳的塑料或橡胶地毯。

2. 与装修标准、装饰风格统一

根据居室空间环境选配地毯。地毯颜色、风格的选择，一方面要根据个人喜好，另一方面要与居室墙布、家具等其他物品的色彩基调、风格相协调。

3. 规格的选择

应根据房间实际尺寸和用途选择使用地毯或块毯，以免造成浪费，要选用具有移动灵活、可随时调换等特点的地毯，以使整个环境相协调。

4. 分区域选用地毯

一个完整的居室空间由多个不同区域组成，有卧室、客厅、书房、客房、走廊、电梯厅、大小餐厅、大小会议室、接待室，以及办公区域、娱乐区域等。由于这些区域的功能不同，人流也不等，是静是闹、是冷是暖，各区域地毯的选择也要与之适应。

5. 与外部气候环境适应

居室、空间处在什么样的外部环境中，对地毯选用有很大的制约性。如常年平均降雨量、平均气温、室外相对温度、湿度、大气质量、卫生绿化等都是考虑因素。

6. 与软装饰工程预算相吻合

选择与装修预算适用的地毯等级。机制地毯因制作工艺不同和原料配比的不同价格各异，如80%羊毛的地毯、阿克明斯特、威尔顿、羊毛簇绒地毯、羊毛/化纤混纺地毯等，可在不降低地毯选用类别、等级的前提下，在同等级同类别地毯范围内选择品种，以求地毯品质同装饰工程预算统一。

(二) 地毯的质量鉴别

1. 查看地毯质量检测报告

地毯在生产加工、毯背涂胶等制造工序中，所使用的胶乳及各种配合剂都不可避免在产品中存留一些有害物质，如甲醛、苯乙烯、4-苯基环己烯等，在铺设使用时，会给室内空间带来一定程度的污染，尤其是用于卧室时，会给健康带来较大影响。所以在选购卧室等室内地毯时，需查看产品质量报告，看是否达到国家标准。

2. 仔细查看地毯产品标签

《地毯标签》是轻工行业强制性标准。市场上销售的地毯产品必须按照《地毯标签》的要求，真实标注产品名称、产品的注册商标、地毯毯面纤维名称及含量、地毯的绒头厚度、产品的质量等级、产品的生产日期、生产者的名称和地址、产品的特殊性能要求信息等内容。通过对标签标注的查看，可对地毯质量有大体了解。

3. 鉴定产品材质

为防止地毯材质造假，尤其是选择纯毛地毯时，首先鉴定地毯的材质。一般的方法是从地毯上取下几根绒线，点燃后根据燃烧情况及发出的气味鉴别。如纯羊毛燃烧时无火焰、冒烟、起泡、有臭味，灰烬多呈有光泽的黑色固体，用手指轻轻一压就碎。麻纤维地毯燃烧一般冒白烟，易燃烧，有烧纸味，白色细碎灰烬。

4. 通过观察、触摸，检查地毯外观质量

在挑选地毯时，要查看地毯的毯面是否平整有无凹凸，毯边是否平直，有无荷叶边、有无瑕疵、油污斑点、色差，有无掉毛，以及裁绒的密度等。尤其选购簇绒地毯时要查看毯背是否有脱衬、渗胶等现象，避免地毯在铺设使用中出现起鼓、不平等现象，从而失去舒适、美观的效果。

（三）地毯的清洁保养

1. 地毯去尘

地毯去尘常用吸尘器。也可将扫帚在肥皂水浸泡后清扫地毯，保持扫帚湿润，然后撒上细盐，再用扫帚扫，最后用干抹布擦净。化纤地毯清洁时，有条件的可以将地毯水洗、晾干。纯毛地毯可过一段时间放在日光下晾晒，注意将地毯翻过来晒，挂在绳子上用细棍拍打，将灰尘尽量除去，这样也有助于杀灭地毯上的螨虫和细菌，消除异味。

2. 地毯去污

如墨水渍可用柠檬酸擦拭，擦拭过的地方要用清水洗，之后再用干毛巾拭去水分；咖啡、可可、茶渍可用甘油除掉；水果汁可用冷水加少量稀氨水溶液除去。

3. 清除异物

地毯上落下的绒毛、纸屑等质量轻的物质，吸尘器就可以去除。若不小心在地毯上打破玻璃杯，可用宽胶带纸将碎玻璃粘起；如碎玻璃呈粉状，可用棉花蘸水粘起，再用吸尘器吸。液体污垢或固体与液体的混合污垢，可使用干洗剂局部擦拭。

4. 均匀使用

最好定期调整地毯铺放位置，使之磨损均匀。一旦有些地方出现凹凸不平时，可用蒸气熨斗轻轻熨烫，促使地毯形变恢复。

5. 及时清理维护

每天用吸尘器清理，不要等到大量污渍及污垢渗入地毯纤维后再清理。经常清理才易于清洁。在清洗地毯时要注意将地毯下面的地板清扫干净。

项目六

墙布、壁纸认知与应用

知识目标

1. 了解墙面贴饰材料常见品种类别。
2. 掌握墙布壁纸基本功能与性能要求。
3. 熟悉墙布壁纸常见品种及特点。
4. 掌握墙布壁纸选用要点。

能力目标

1. 能够正确分析与识别墙布壁纸常见品类。
2. 能够合理选配墙布壁纸。

实践训练

实地调研分析市场流行墙布品种及其用途。

一、墙面贴饰材料常见类别

墙面贴饰材料常见类别有墙布（壁布）、墙纸（壁纸）、墙面软包材料（布艺、皮革等，辅材）及饰墙板材（如细木工板、杉木集成板、防火板、铝塑板等）、集成墙面材料（如铝合金集成墙面、竹木纤维集成墙面、实木集成墙面、生态石材集成墙面等）、涂料油漆（涂料、乳胶漆、硅藻泥、油漆等）、墙砖、石材、玻璃、金属等。

本项目重点介绍墙布、壁纸相关内容。

二、墙布、壁纸的起源

墙布和壁纸可总称为墙壁覆盖材料，英文名wall coverings，其中墙布和壁纸分别为wall fabric，textile wall coverings，wall paper。它是裱贴在建筑物室内墙壁表面用于装饰居室空间的覆盖材料，即特殊的"布"和"纸"，是一类常用的室内墙面装饰材料。

在15世纪晚期，墙布最早发源于法国，最初用来代替昂贵的挂毯壁毯，后来逐渐传至欧洲各国。刚开始时是用手工绘制的墙布，到16世纪初期在英国出现了手工印制的墙布。如在英国剑桥大学基督学院柱子上遗留的墙布碎片，经专家研究鉴定印制于公元1509年。它是一款意大利风格的石榴图案墙布，被印刷在亨利八世发布的一项宣言的背面，据称是一位叫雨果戈司的约克郡印刷工的杰作。法国雕刻师Jean-Michel Papillon于1675年开始使用木刻工艺印制对花墙布，这代表着真正意义上的现代墙布开始诞生。因此，Jean-Michel Papillon也被后人称为墙布之父。现存最早的植绒墙布样品来自英国伍斯特郡，据考证这批墙布制于1680年。到了18世纪，随着英国以棉纺织业技术革命开始的第一次工业革命的兴起，由伦敦织造工厂制造出来的墙布曾经风靡一时。到了1839年，在英国出现了机器印刷工业化生产的墙布，以后遂在其他工业发达国家广泛生产和应用。大约在1880年，墙布才开始慢慢传入中国，当时大多在各个租界的洋房内使用。

18世纪初期，时尚的伦敦人要定购昂贵的手工绘制的大理石或灰泥图案的纸张来装饰房屋。后来由于造纸技术和纺织印花技术的发展，纸制墙纸逐渐盛行。其色彩印刷模式也从手工绘制逐渐过渡到模板印刷（原理类似于中国古代印刷术）。到18世纪中期，生产印刷墙纸用的木制模板工艺也随之发展，达到鼎盛。虽然在初期这种木浆纤维制造墙纸的方法并没有对墙布生产产生太大的影响，然而其原材料成本廉价使得后来墙纸的应用越来越广泛。中国制造的第一卷印刷、压花同步的纸与PVC复合的墙纸1978年在北京生产出来。到了21世纪，在中低端市场上墙纸产业已经完全超越纺织墙布产业，成为工薪阶层家装的首选产品。

三、墙布、壁纸的功能与性能要求

墙布，俗称壁布或织物壁纸，指以纺织材料或纺织材料与其他材料涂层、复合而成的室内墙面装饰物。墙布/壁纸在软装中空间面积大，是软装中重要的装饰材料元素，对居室整体空间装饰具有十分重要的作用。墙布与壁纸的功能与性能要求基本相似，以下重点以墙布为例说明。

（一）墙布的基本功能要求

1. 保温功能

墙布织物多由蓬松、柔软的纤维材料制成，具有良好的保温性能，这是其他装饰材料无法比拟的。据实验测试表明，在使用空调的房间内，贴饰墙布能使暖房的保温值提高约20%，冷房的保温值提高8%，即织物墙布既能有效保持房屋暖气的热量，也能阻止冷气的流逸散失。这种独特的保温功能是一般油漆或粉饰的墙面无法达到的。此外，墙布织物还改变了墙壁坚硬平板的形象，纤维柔软蓬松的质感和触感能使人置身其中感受到居室的柔和、温馨与舒适。

2. 调湿功能

日常生活中常有这样的现象，天气干燥时，涂料、粉饰墙面易开裂剥落；当天气潮湿时，油漆和砖石墙面又易凝聚水珠雾气，使人在这样的环境里极感不适。大面积墙布织物的贴饰，可以较好地解决上述问题。墙布织物纤维和纤维间的微孔结构能吸附墙壁和居室空气中的水分，也能在空气干燥时释放出蓄聚的水分，很好地调节房间内的空气干湿状况，使室内保持适宜的湿度，这在一定程度上改善了空间环境的微气候。在粮食库房、图书馆、博物馆等储藏易吸湿和珍贵物品的空间尤其重要。同时，墙布织物的多孔结构也使其具备良好的透气性，使人在贴饰墙布的室内感到舒爽宜人。

3. 吸声功能

墙布与地毯一样，都是极好的吸声和调湿、保温材料。墙布织物的多孔结构具有很好地吸收声波的性能。室内各种声响经墙布吸收、衰减后，又以漫反射的形式进入人的耳中，可使声音清晰、圆润。因此在饰有墙布的房间内不会产生一般硬质墙室内嘈杂的嗡嗡声响。为了保持居室的安宁恬适，选用墙布作为墙面装饰，可取得良好的吸声效果。

4. 保洁功能

墙布也能够保护墙面。使用墙布的墙面比一般涂饰的墙壁更易于除尘。使用真空吸尘器即可迅速方便地除尘保洁，当然也可用软刷子刷去灰尘。有些墙布还可使用肥皂和水进行清洗。这些简便可行的除尘方法能保持墙面整洁如新。这也是中国优秀传统文化中，如过春节进行家庭大扫除、辞旧迎新的意义所在。

5. 美化功能

墙布织物将图案与色彩引进室内，营造出舒适的环境气氛，给人以温馨的感官享受。在现代室内装饰设计中，大面积的墙布贴饰形成了立体意蕴的装饰风格，它往往决定了室内其他纺织装饰配套材料的基调。如窗帘、地毯、家具布、床上用品等，都随着墙布艺术风格的变化而选择相应的款式与花色，以达到和谐统一的装饰效果。因此墙布在室内装饰中起着十分重要的美学作用。

不同格调的墙布装饰能影响环境空间的气氛。古典派花色的墙布使居室具有优雅、华贵的风格。现代派花色的墙布可使居室洋溢出自然清新的气息。平淡无奇的房间经过墙布的装饰，可营造令人舒心、惬意的氛围。在新建筑物内，墙布是一种新颖的装饰材料；在老建筑物内，贴饰墙布是一种使室内翻新的简便易行的方法。因此墙布和墙纸在当代室内装潢中被广泛应用，它的美化功能也受到软装家纺设计师和消费者的重视。

（二）墙布的基本性能要求

1. 平挺性能

墙布织物要有足够的坚牢度，以便施工和能长期使用。此外，墙布织物需平挺且有一定弹性，延伸性小，无收缩率或收缩率较小，尺寸稳定性好，织物切割边缘整齐平直，不弯曲变形，花纹拼接准确不走样。这些织物本身性能的优劣直接影响墙布裱贴施工的效果。多幅墙布拼接、黏贴于墙面后需平整一致，呈现"天衣无缝"的视觉效应。

墙布还应具有相当的密度与适当的厚度。若织物过于稀疏单薄，一些水溶性的黏合剂就可能渗透到织物表面，形成色斑；若墙布过于厚重，除了增加成本、价格外，最主要的还增加了墙布的负荷，使其裱贴难度加大，贴合质量和耐久性下降。这与水平铺设的地毯有着明显的不同。

2. 黏贴性能

墙布必须具备较好的黏贴性，黏贴后织物表面平整挺括，拼缝齐整，无翘起剥离现象。墙布黏贴性除要求足够的黏敷牢度，使织物与墙面结合平服牢固外，还应具有重新施工、去除时易剥离的性能。因为墙布使用一段时间后需更换新的品种，这就要求旧墙布在剥脱时方便处理，易于清除。

3. 耐污易洁性能

墙布大面积暴露于空气中，极易积聚灰尘，易受霉变、虫蛀等自然污损。为此要求墙布具有较好的防腐、耐污性能，能经受住空气中细菌、微生物的侵蚀不发霉，纤维有较强的抗污染能力，日常去污、除尘需方便易行。一般可用软刷子和真空吸尘器有效除尘。有些墙布为达到较好的除尘、耐污要求，可对织物作拒水、拒油处理，经处理后不易沾尘，也能揩擦清洗，但对墙布的保温性能及织物的表面风格有一定影响。

4. 耐光性能

墙布虽然装饰于室内，但有的也经常受到阳光、光线长时间的照射。为了保持织物的坚牢度和花纹色彩的鲜艳，要求纤维具有较好的耐光性，不易老化变质。染色用的染料光化学稳定性要好，日光照晒后不易褪色。

5. 吸声性能

有些特殊需要的墙布还需具备良好的吸声性能。需要纤维材料能吸收声波，使噪声衰减；同时利用织物组织结构使墙布表面具有凹凸织纹效应，增强墙布的吸声性能。

6. 阻燃性能

墙布的阻燃防火性应满足不同环境规定的安全要求。这需将墙布黏贴在假设的墙壁基材上进行试验，根据墙布的发热量、发烟系数、燃烧所产生的气体毒性进行测试判断，以确定墙布阻燃性能的优劣。

四、墙布、壁纸的常见品种类别

(一) 墙布的常见品种类别

墙布，也称"织物壁纸"，由纺织面料制成。墙布的原料选用范围广泛，天然纤维中有丝、棉、麻，化学纤维有黏胶纤维、涤纶、锦纶、维纶、玻璃纤维，以及木浆、塑料、草叶、金属等其他材料。墙布花色的加工工艺有提花、印花、压花、绣花、植绒等。现就常见品种类别介绍如下。

1. 按基底材料划分

墙布均采用布面作表面材料，习惯上按墙布的基底材料区分类别，大致可分为水刺棉无纺底墙布、涂层底墙布、十字布基墙布和纸底墙布。

（1）水刺棉非织造底墙布。水刺棉非织造底原料中含有纯棉纤维，具有一定的收缩性。它韧性好，柔软度好，在造型较多的墙面施工时可进行一定的拉伸。但需要注意：当水刺棉非织造底遇胶水干燥收缩时，表面的布没有收缩，会产生凹凸纹理、类似橘子皮状的效果，如图6-1所示。

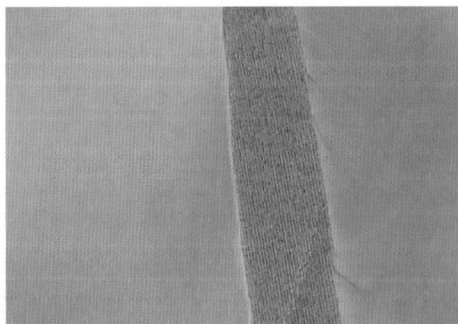

图6-1 水刺棉非织造底墙布

（2）涂层底墙布。涂层底墙布一般比较薄，施工上墙平整度好；有一定的拉伸力，对基层要求较高，施工时不容易出现透胶问题。但在冬季温度低的情况下，涂层底会变硬，使施工难度增加。如图6-2所示。

（3）十字布网格底墙布。这是一种基底较薄的墙布，表面多为PVC，整体厚重。施工时通常不容易黏贴，需要用黏结性高的胶水浓胶涂黏，如图6-3所示。

（4）热胶墙布。即常说的免胶墙布，墙布背面自带背胶，施工时无需再上胶，只需使用热烫机烫平即可。热胶墙布对基层牢固度要求非常高，墙面不能有粉尘，需要使用固含量高、成膜效果好的基膜。如图6-4所示。

（5）纸底墙布。纸底墙布一般较厚，无拉伸性，施工效果更好；但是按压容易出现折痕，且不易恢复，一般表面多以纱线或天然材质为主，是布与纸的复合材料，施工难度较高。如图6-5所示。

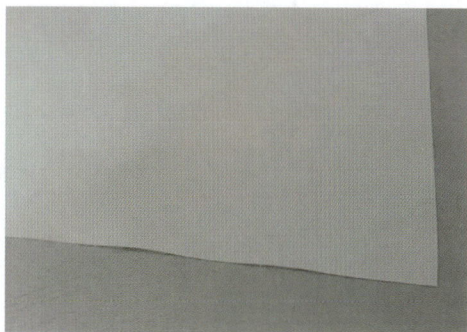

图6-2　涂层底墙布

图6-3　十字布网格底墙布

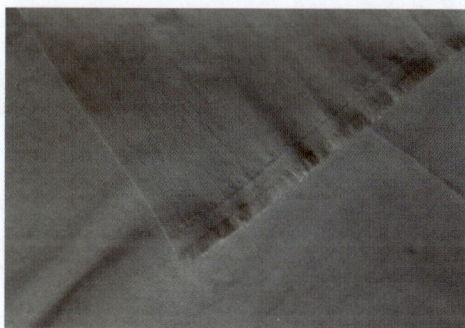

图6-4　热胶墙布

图6-5　纸底墙布

2.按材质划分

（1）丝质墙布。丝质墙布主要有丝绸墙布和锦缎墙布。丝绸墙布又称壁绸，以蚕丝、化纤丝及部分棉纱、短纤为主要原料。由于选用原料具有较细的密度和良好的理化性能，纹织工艺精细，花色华美秀丽，并且表面可具有竹节纱等风格，黏贴于衬纸上，品质高雅，质地精细，具有丝绸光泽，属于高档墙布。虽价格昂贵，却仍然很受欢迎。

以天然蚕丝面料制作成的墙布即真丝墙布。它薄、透、滑，质地细致、手感柔软，具有良好的绝热性、保暖性、透气性、舒适性好。因其特有的光泽，呈现出高贵奢华感，美

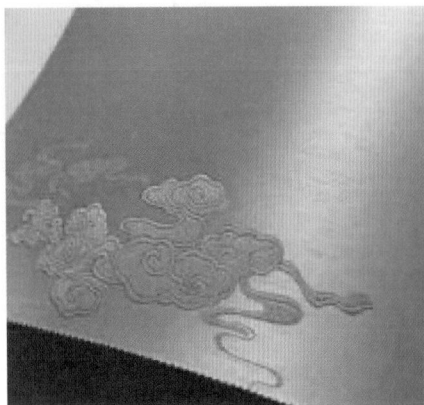

图6-6 真丝墙布

观大气，常用于展示橱窗、高级客厅、服饰店。真丝墙布对施工基层的要求很高，必须保证墙面的平整度，施工难度高，成本非常高。如图6-6所示。

锦缎墙布是多种颜色天然蚕丝或化纤长丝通过织纹结构的变化设计制作而成的彩色提花墙布，可以细腻地显现多层次、多色彩的花纹，质地较丰厚。经过艺术处理的花草林木是这类墙布的主要表现题材，通过墙布将自然界的勃勃生机和清幽宜人的意境带入室内，使人们在居室中同样能享受到自然的生活气息。锦缎墙布花纹绚丽多彩、典雅精致，一般价格较贵，适用于高档室内墙面装饰。

用人造丝制织的墙布，质地具有精细华美的丝绸风格，大多为浅色系列的丝线配以绉组织结构交织而成。由于织物轻薄，需要黏合在衬纸上，具有良好的透气性，实用性强，属价廉物美的丝质墙布品种。

（2）棉质墙布。棉质墙布是指用天然棉纤维或化学短纤维为原料，用织机制织的墙布。这类织物中主要有全棉织物、混纺织物以及各种花式纱线织物。一般以平素组织结构居多，经染色、印花、后整理等工艺加工后即为成品。这类织物的结构比较简单，主要注重于纱线结构的变化以及与织物组织的有机配合。

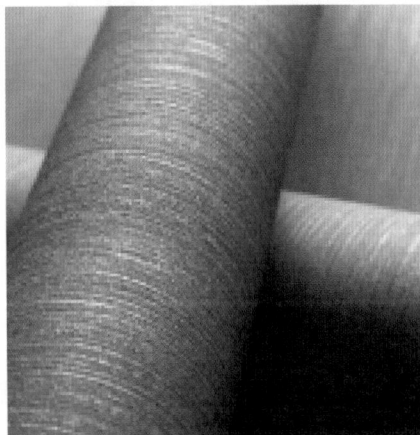

图6-7 花式纱线墙布

图6-7所示为花式纱线墙布，是由不同色泽、不同纱型结构组合交织而成的。织物表面效果新奇多变，自然随意，常以特征明显的圈圈纱、竹节纱、疙瘩线置于表面，或用线密度不同的纱线间隔排列，或使混色纬线交错投梭，形成条纹、格纹等。这些花式纱线的运用使织物产生不同的层次和凹凸感，织纹肌理新颖别致，富于现代装饰感，实用功能较佳，适合现代高档饭店与住宅使用。

纯棉装饰墙布以纯棉布经过印花、涂层等处理制作而成。特点是强度大、静电小、蠕变形小，无光、吸声、无毒、无味，透气性、吸声性俱佳。但表面易起毛，不能擦洗。

（3）麻质墙布。麻质墙布常见由黄麻、亚麻等麻类织物制成，天然环保，坚固耐用。黄麻墙布与亚麻墙布多为单色平素织物，采用粗制花式纱线和间断粗节的特殊织物结构，使织物呈现独特的粗犷风格和自然情趣。天然麻类墙布表层纹理自然，粗细交织，具有粗糙的天然纹理和独特的粗节。麻质墙布实用性好，耐磨性强，而且在吸声、阻燃、耐污等方面也具有良好的性能，只是耐光性略差。棉麻、绢麻等天然麻类宽幅墙布材质比较粗犷、硬朗，透气性好，但弹性较差。在众多新品种墙布织物问世后，麻质墙布一度受到冷落。

图6-8 天然麻类墙布

近年来，随着国际装饰潮流的变化，追求质朴、自然之风兴起，麻质墙布重新得到人们的重视，日渐流行，麻质墙布的比例正不断升高，在家居及酒店、星级会所、茶楼等公共场所应用较多。如图6-8所示。

仿麻墙布一般是以涤纶等化学纤维为主，也有一些是再生纤维和少量天然纤维形成的混合丝为原料，通过花式竹节纱或仿麻组织等织成，具有麻织物外观特征，价格较低。

（4）玻璃纤维墙布。玻璃纤维墙布是在玻璃纤维织成的织物上涂以特殊的耐磨树脂，使质地脆硬的织物与树脂胶结合为适合黏贴的墙布。组织结构一般为平纹。经过印花的玻璃纤维墙布纹样清晰，晶莹、透明。由于玻璃纤维为无机纤维，不会燃烧，因此具有防火功能，可采用各种方式清洗除尘。玻璃纤维墙布色彩鲜艳，不易褪色、不易老化，耐潮性强，可擦洗；但保暖性差，折褶处易断裂，黏贴剪口处易毛边，转角处易破损，涂层磨损后散出的玻璃纤维对人体皮肤有刺激性，容易出现过敏现象。

图6-9 海基布墙布

玻璃纤维墙布也称海基布，还可配合乳胶漆使用，一般先贴布，然后表面再涂乳胶漆。最大的特点是防火阻燃，适合医院、博物馆等对防火要求较高的公共场所。如图6-9所示。

3. 按织物工艺类别分

墙布织物以各种天然纤维、化学纤维为原料，用织机制织而成。墙布织物组织结构致密，织纹变化丰富，织物的平挺性与尺寸稳定性好。

按墙布织物花色形成工艺不同，可分素织墙布、提花墙布、印花墙布、绣花墙布、植绒墙布、压花墙布等。素织墙布质朴、简练，以突出纤维线型与织物结构见长。提花墙布典雅、含蓄，花纹色彩的层次、凹凸效应明显。印花墙布在平素织物或提花织物上进行印花加工而成，色彩变化多，装饰纹样、风格清新、活泼。

（1）提花墙布。墙布为提花织物。提花织物采用大、小提花组织织造，常采用化纤丝、化纤混纺纱线、金银丝等相交织，形成各种几何图案和花卉图案，花纹或含蓄典雅，或艳丽多彩，具有良好的立体感和肌理感，精致、华丽，一般价格较高。如图6-10所示。

图6-10 提花墙布

图6-11 印花墙布与配套床品

（2）印花墙布。印花墙布是对底布进行印花加工而制成的墙布。花纹变化繁多，色彩丰富；有的印制金银粉，光泽要求柔和不刺激眼睛；有的墙布印花后再加发泡，增加层次感。如图6-11所示。

（3）刺绣墙布。刺绣墙布指对底布进行绣花装饰而制成的墙布，花纹立体感强，色彩变化丰富。刺绣墙布是墙布产品中的精品。精美的传统刺绣工艺，生动的图案造型，给墙面以浮突起伏的立体美感，让现代简约的居室，美得丰富、婉约，近似于工艺品。近年来，随着先进绣花设备的应用，独幅刺绣墙布应用于整幅背景墙，秀气而不失大气，如图6-12所示，它构图巧妙，疏密有致，针法有序，层次丰富，使墙布毫无痕迹地融入现代家装，既有美好寓意，又有自然情趣。

图6-12 刺绣墙布

（4）非织造墙布。非织造墙布是以各种纺织纤维经过化学黏合、热黏合或其他物理、化学、机械方法加工而成的非织造墙布。随着非织造技术的发展以及原料与后加工方法的变化，使非织造墙布呈现出各具特色的丰富效果，具有良好的装饰功能。

非织造墙布常用棉、麻等天然纤维和涤纶、腈纶等合成纤维混合后经非织造成形、上树脂、印制彩色花纹等工艺加工而成。非织造布外表附有毛绒纤维，质地柔韧，着色性强，不易褪色，有弹性、挺括、不易折断、不易老化，对皮肤无刺激性，有一定的透气性和防潮性，可擦洗，是理想的贴墙布。近年来，我国一些地方还利用桑蚕丝的下脚料制作高级真丝非织造墙布，具有优良的吸湿性、透气性，粘贴在墙面，不论什么样的气候条件都能保持洁净干燥。墙布表面所具有的漫反射性，能使它在强光直射时也不反光，保持柔和的视觉效果，备受消费者青睐。如图6-13所示。

图6-13　非织造墙布

（5）植绒墙布。植绒墙布是用人造丝、尼龙等短绒纤维通过静电效应植于底布上，形成毛绒簇立、绒面丰润的外观效果。植绒墙布中有一种是将绒纤维植于印花图案底布上，使图案具有绒面立体感，有单色，也有多套色，外观具有较浓郁的传统特色，如图6-14（1）所示。

植绒墙布中还有一种是仿麂皮织物，绒头纤维植于非织造底布上，然后经加压处理，毛绒感强，手感酷似天然皮毛，也称羊脂绒墙布。如图6-14（2）所示。这类植绒墙布色泽多，绒面丰盈，手感柔和、细腻光滑，风格别致，实用性强；不会因为颜色深浅产生反光；而且短纤维还可以起到吸声的作用，易除尘，用刷子可较方便地刷去积灰，从而保持洁净的外观和鲜艳的色彩。可用于高档居室的装修，如别墅、写字楼、电影院等场所。

（1）立体花纹植绒墙布　　（2）仿麂皮织物植绒墙布

图6-14　植绒墙布

（6）编织墙布。用草、竹、纸藤等编制而成的墙布，具有天然和手工的质感。图6-15所示为纸藤编织墙布。

底层为木浆纸
底层与面层之间为环保糯米胶粘贴，环保又耐用

表层编织层
精选原料，手工编织体现原生态家居的朴素与清秀

图6-15　纸藤编织墙布

4.按功能分

采用功能性整理可使墙布具有某些特殊功能，常见功能性墙布有防火阻燃墙布、防尘抗静电墙布、抗菌防霉墙布、防水防油防污墙布、保温隔热墙布、吸声隔声墙布、多功能墙布、环保无异味墙布等。

（二）壁纸的常见品种类别

壁纸也称墙纸，品种繁多，常见的有以下几类。

1.PVC壁纸

PVC壁纸以纯纸、非织造布等为基材，在表面喷涂PVC糊状树脂，再经印花、压花等工序加工而成。这类壁纸经过发泡处理后还可以产生很强的三维立体感，并可制作成各种逼真的纹理效果，如仿木纹、仿锦缎、仿瓷砖等，有较强的质感。PVC壁纸耐擦洗、防霉变、防老化、不易褪色，能够较好地抵御油脂和湿气的侵蚀；但因为喷涂PVC，透气性能不佳，还会散出淡淡的异味，所以选择时需要关注其环保性能是否达标。PVC壁纸常见的有以下品种。

（1）普通型。以80g/m² 的纸为纸基，表面涂敷100g/ m² PVC树脂。表面装饰方法有印花、压花或印花与压花的组合。如图6-16所示。

图6-16　PVC印花墙纸

（2）发泡型。以100g/m²的纸为纸基，表面涂敷300~400g/m²的PVC树脂，经印花后再加热发泡而成，有高发泡印花、低发泡印花和发泡印花压花等品种，比普通PVC墙纸厚实、松软，具有一定的吸声效果。高发泡墙纸表面富有弹性的凹凸花纹，形如3D浮雕；低发泡的PVC壁纸能产生布纹、木纹、浮雕等多种不同的装饰效果。如图6-17所示。

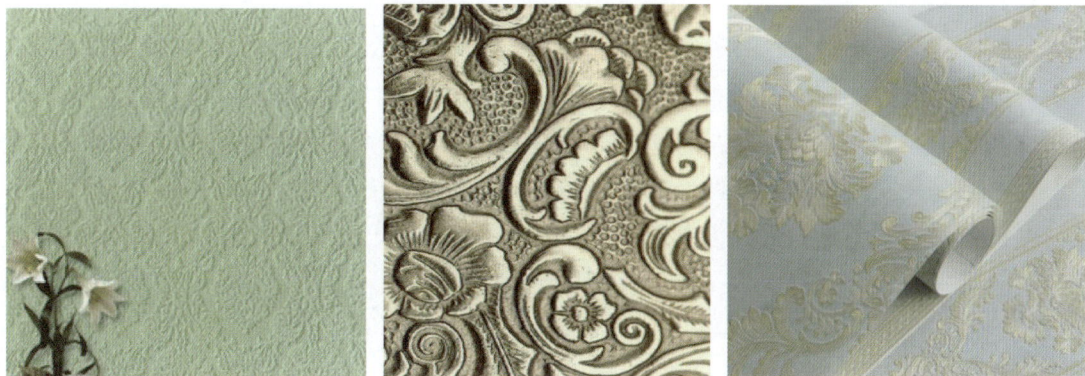

图6-17 PVC发泡压花和印花墙纸

（3）功能型。具有阻燃性、抗菌性、耐水性等某些特殊功能的墙纸，例如，耐水墙纸用玻璃纤维布作基材与PVC结合，可用于卫生间、浴室的墙面装饰；防火墙纸则采用石棉纸等为基材，并在PVC面材中掺入阻燃剂。

2. 纯纸壁纸

纯纸壁纸由纸浆制成，以纸为基材经印花、压花而成，如图6-18所示。常用纸基分原生木浆纸和再生纸。原生木浆纸以原生木浆为原材料，经打浆成型，表面印花。该类壁纸相对韧性比较好，表面相对较光滑，每平方米的重量相对比较重。再生纸以可回收纸料为原材料，经打浆、过滤、净化处理而成，该类纸的韧性相对比较弱，表面多为发泡或半发泡型，每平方米的重量相对比较轻。

图6-18 纯纸壁纸

纯纸壁纸的特点是自然、舒适、无异味、环保性好，透气性能强；由于纯纸壁纸的图案多是在纸质材料上经印染工艺加工制成，所以图案逼真，而且上色效果好，适合染印各种鲜艳的颜色；也可以手绘个性化图案。缺点是耐水、耐擦洗性能差，施工时技术难度高，一旦操作不当，容易产生明显接缝。

选择时需翻动纸张观察，纸质硬且白度好的则是好纸；而纸浆不好的纸质感明显偏软，时间久了会泛黄。

3. 和纸壁纸

据说日本现存最早的和纸距今约1300年，仍然能表现出昔日的光泽。和纸以麻、楮、黄瑞香等植物纤维为原料，纤维较长，制造出来的和纸薄如蝉翼，但强韧不减，且相较木浆纸，其保留有植物原有的纤维，所以纸中更增添了一份自然风情。在传统的和式建筑中，门窗都会使用和纸糊裱障子、装饰屏风。当今，它更是成为"艺术品"，2014年和纸技术被列入"世界非物质文化遗产"。图6-19所示为手工和纸职人Rogier的手工和纸壁纸作品。

机器生产的和纸壁纸是在传统工艺的基础上，利用现代化的抄纸机器抄成，具有手工抄纸的优秀品质，柔软、轻便、木纹粗，粗放感与纤细感共存共生，层次及纹理丰富，比一般的纸更结实耐用，表面色泽统一，基本上看不到斑点，给人清新脱俗之感，并兼具防水、防污、防火性能；由于采用天然材质，不含任何有害物质，能针对室内湿度的变化吸湿、放湿，也不会因光照而变色。不过大多价格昂贵。

图6-19 手工和纸壁纸

4. 金属壁纸

金属壁纸是面层以金箔、银箔或铜箔仿金、铝箔仿银为主装饰处理而制成的特殊壁纸，呈金、银等色系，具有光亮华丽的效果。金属箔的厚度只有 $6\sim25\mu m$，一般工艺比较复杂，贴金工艺考究，有的甚至需要经过几十道工艺而成，如图6-20所示。其特点是质感强、空间感强，繁富典雅、高贵华丽；防火、防水；易于保养；价值较高。有用高纯度的铜、铝来代替金银，但价格较低的产品很可能会被氧化产生变色。

市场上最常见的金属壁纸多为仿金属质感的壁纸，有光面的、拉丝的以及压花的，效果华丽，不太适合大面积用于家居空间中。另外一类是部分印花，采用金箔材质的金箔壁纸，可适当扩大使用面积，如图6-21所示。

图6-20 金属壁纸

图6-21 印金壁纸

5. 草木壁纸

草木壁纸指由天然的草、麻、木材、树叶等天然材料干燥后压粘于纸基上加工而成的壁纸，如图6-22所示。它具有浓郁的乡土气息，自然质朴，给人带来返璞归真的体验，适用于自然古朴风格的空间。透气性好，具有保暖通风、吸声防潮的功能。缺点是由于材料天然，铺装时接缝明显，不能精细平整；耐久性、防火性较差，不宜用于人流较大的场合。

图6-22 草木壁纸

6. 云母壁纸

云母是一种含有水的层状硅酸盐结晶体，具有极高的电绝缘性、抗酸碱腐蚀性。云母壁纸是一种优良的环保型室内装饰材料，有弹性、韧性，耐热、隔声，相对来说导电性弱，安全系数高，而且具有高雅、华贵的光泽感，既实用又美观。适用于客厅电视背景墙、沙发背景墙及公众场所等。

7. 硅藻土壁纸

硅藻土是由生长在海、湖中的植物遗骸经百万年变迁形成的。硅藻土壁纸以硅藻土为表面材料制成，其表面有无数细孔，可吸附、分解空气中的异味，具有调湿、保湿、隔热、透气、除臭、防霉、防止细菌生长等功能。由于它的物理吸附作用和氧化分解作用，可以有效去除空气中的游离甲醛、苯、氨、VOC等有害物质以及吸烟和生活垃圾产生的异味、宠物的体臭等，有助于净化室内空气，达到改善居家环境、调理身体的效果。硅藻土壁纸久用不褪色，耐高温、耐日晒，还可通过硬压泡沫硅藻泥形成各种凹凸纹理，增加立体感和层次感，适用于家居客厅、卧室、书房及办公场所等。如图6-23所示。

图6-23　硅藻土墙纸

（三）墙布、壁纸优缺点比较

壁纸（墙纸），如图6-24所示，色彩多样、图案丰富，价格比较实惠，比乳胶漆的环保性好，施工方便，能够满足多种装修风格的要求，可营造出温馨的家居氛围。如果墙面有渗水或者室内湿度过大，普通壁纸会受潮发霉；另外普通壁纸不耐擦洗，使用寿命较短，容易被刮花，施工不当会造成翘边、起泡、脱落等问题。

墙布如图6-25所示，多采用丝、羊毛、棉、麻等纤维织成，质感明显好于壁纸。墙布的无缝黏贴是壁纸所无法实现的，翘边、开裂等问题也优于壁纸。透气性好的墙布具有防潮防霉的特点，具有很好的耐磨性。

图6-24　壁纸

图6-25　墙布

墙布使用寿命要比壁纸长很多，一般普通的壁纸寿命基本在5~8年，高档的进口壁纸可再延长3~5年；而普通墙布使用寿命一般在15~20年，如果保养程度好还会延长寿命，所以墙布一般比较适合长期居住的家庭或高端场所。墙布的价格比墙纸高，铺贴时的损耗也比较大，破损后更换麻烦。

　　墙面装修时，无论是选择壁纸还是墙布，都要对墙面做好防水处理，并涂刷基膜，以避免基层渗入多余的潮气，并增强壁纸或者墙布与墙面之间的黏结力。

五、墙布、壁纸的选配要点

　　在选择搭配空间墙布或壁纸时，需要仔细考虑其装饰的环境和装饰对象的功能，主要考虑的因素有如下。

（一）房间光线

　　一般来说，壁纸、墙布选择冷色调或是暖色调，和房间的光线息息相关，如图6-26所示。朝南或是朝东的房间光照充足，壁纸、墙布宜选用淡雅的浅蓝、浅绿等冷色调；如果光线非常好，壁纸、墙布的颜色可以适当加深以综合光线的强度，以免壁纸、墙布在强光的映射下泛白。此外，不宜大面积使用带反光点或是反光花纹的壁纸、墙布，如果用得太多，会像在墙面装了很多小镜片，让人感觉晃眼。朝北或是光照不足的房间，壁纸、墙布应以暖色为主，如奶黄、浅橙、浅咖啡等色，或者选择色调比较明快的壁纸、墙布，以免过分使用深色系强调厚重感，使人产生压抑的感觉。

图6-26　墙布、壁纸的选配示例

（二）房间面积

　　面积小或光线暗的房间，宜选择图案较小的壁纸。细小规律的图案可增添居室秩序感。有规律的细小图案可以为居室提供一个既不夸张，又不会太平淡的背景，可以尝试色调比较浅的纵横相交的格子类壁纸、墙布，一切归于秩序之中，也可以扩充空间。

　　壁纸、墙布的颜色和图案直接影响空间气氛，大花朵图案能降低居室拘束感。有些花朵图案逼真、色彩浓烈，远观有呼之欲出的感觉，这种壁纸、墙布可以降低房间的拘束感，让人置身于花丛之中，适合格局较为平淡无奇的房间使用。一般来说，这种壁纸、墙布应搭配欧式古典家具（如咖啡色、黑桃木色），既可以压住大花朵图案的艳丽，又可以在古典的沉稳中添加一丝亮色。如果是现代简约家具的居室，最好不要选用这种壁纸、墙布。

（三）房间空间

竖条纹图案的壁纸、墙布可以增加居室高度。长条状的花纹壁纸、墙布具有恒久性、古典性、现代性与传统性等特性，是成功的选择，可以把颜色用最有效的方式散布在整个墙面上，而且简单、高雅，非常容易与其他图案相互搭配。

如果房间原本就显得高挑，可选择宽度较大的图案或是稍宽的长条纹（如穿衣服的道理），这类壁纸、墙布适合用在流畅的大空间中，能使原本高挑的房间产生向左右延伸的效果，平衡视觉。如果房间本身较矮，可以选择长条状的设计，较窄的图案能使矮的房间产生向上引导的效果。

线条明朗、用色大胆、图案抽象的造型壁纸适合个性化的需求，但这样的壁纸需要同样个性化的家具搭配。

（四）房间用途及与家具的搭配

墙面对家具起到衬托作用，色彩过于浓郁凝重，则起不到背景作用，所以颜色浓郁的壁纸、墙布只宜小面积使用（电视墙、沙发背景墙或是餐厅一面的墙面），而客厅或是餐厅起主要背景作用的壁纸、墙布应选择浅色调。如果室外是绿色植物，光影散射进入室内，用浅紫、浅黄、浅粉等暖色装饰的墙面就会营造出阳光明媚的氛围；若室外是大片红砖或其他红色，墙面应以浅黄、浅棕色为主，可给人一种清新流畅的感觉。

客厅、餐厅是人们聚会、休闲娱乐、进食的地方，亮色及明快的颜色对人的情绪有刺激作用，搭配这一类的壁纸、墙布，可以使人精神愉悦，心情舒畅，增加食欲。

卧室需要给人温馨的感觉，使人放松，情绪安定，甚至具有催眠效果，亮度较低、颜色较深的壁纸、墙布比较适合。

老人居住的卧室应选择安静沉稳的壁纸颜色，也可根据老人的喜好选择带有素花的壁纸。

儿童房一般选择色彩明快的壁纸、墙布，也可以饰以卡通腰线点缀，或上下搭配使用上部带卡通图案，下部是素条或素色的壁纸，营造出快乐整洁的氛围。

冷色调的壁纸、墙布容易让人集中精神，适宜用在书房。另外，地面、家具最好与壁纸为同一色系，这样居室环境会显得和谐统一。

（五）墙布、壁纸颜色与情绪健康

不同空间的颜色对人的情绪健康会有不同的影响。

红色的墙布、壁纸能刺激和兴奋神经系统，增加肾上腺素分泌和增强血液循环。但接触红色过多，会产生焦虑情绪，使人易疲劳。所以，在寝室或书房应避免使用过多的红色。

橙色墙布、壁纸容易使人产生活力，诱发食欲，有助于钙的吸收，对健康有利，适用于娱乐室等空间。

黄色基调的墙布、壁纸，可使人思维活跃，丰富创造力，但金黄色的装饰易使人情绪不稳定，所以寝室与活动场所、阳台等避免使用金黄色。

淡雅的绿色墙布、壁纸则有益消化，促进身体平衡，并能起到镇静作用，对好动或身心受压抑者有益。自然的绿色对晕厥、疲劳与消极情绪有一定的治疗作用。

舒缓的蓝色墙布、壁纸能降低脉搏跳动频率，调整体内平衡。在寝室使用蓝色可消除紧张情绪，有助于减轻头痛、发热、晕厥失眠。

紫色墙布、壁纸对运动神经和心脏系统有压抑作用，可维持体内钾的平衡，能促进安静，激发关爱及关心他人的感觉。

六、墙布、壁纸的质量鉴别与保养

（一）墙布、壁纸的质量鉴别

有关织物墙布中纺织纤维的鉴别已在前面项目2中做了介绍，这里仅介绍纯纸壁纸与PVC壁纸的鉴别。

目前市面上木纤维纯纸壁纸并不多，有的企业会把PVC壁纸冒充木纤维壁纸销售，因此选购时要对照壁纸样本仔细观察比对，可通过闻气味鉴别。木纤维壁纸散出淡淡的木香味，几乎闻不到刺激气味，如有异味则不是木浆纤维。用燃烧方法也可以鉴别木纤维壁纸。木纤维壁纸易燃，燃烧时没有黑烟，呈现白烟，有烧纸的气味，燃烧后留下灰白色灰烬；如果冒黑烟、有臭味，则有可能是PVC壁纸。

选购壁纸和墙布时，还可以通过看、摸、闻、擦、查来判断其质量好坏。

看：看墙布表面是否存在色差、皱褶和气泡，墙布的花纹图案是否清晰、色彩是否均匀。

摸：看过之后，可以用手摸，感觉墙布的质感是否好，薄厚是否一致，软硬度、回弹性如何。手感较好、凹凸感强的墙布，质量较好。

闻：如果有明显异味，很可能是甲醛、氯乙烯等挥发性物质含量较高。同时还要检查涂胶的环保性能。

擦：裁一块小样，用湿布擦拭表面，看是否有脱色现象。

查：查看产品的编号与批号是否一致，因为有的产品尽管是同一编号，但由于生产日期不同，颜色上可能存在细微差异，购买时难于察觉，贴到墙上后可发现。每卷产品上的批号即代表同一颜色，所以，应避免墙纸颜色不一致影响装饰效果。

（二）墙布、壁纸的清洁保养

墙布、壁纸在使用维护时，需要特别注意以下几点。

（1）壁纸和墙布表面一般容易破裂损坏，日常生活中应防止锋利硬物撞击、摩擦壁纸和墙布。倘若有的地方接缝开裂，要及时予以补粘，不能任其发展扩大。

（2）墙布壁纸一般能吸湿、吸水，使用时要特别小心水渍、油污、墨水等的影响，这些污渍容易在墙布壁纸表面留下明显痕迹，甚至导致变形、起剥。

（3）白天最好打开门窗保持通风，晚上或雨天则关闭门窗防止潮气进入，同时也要防止刚贴上墙面的壁纸被风吹松动，从而影响墙布壁纸黏贴的牢固程度。

（4）建议每半年进行一次壁纸、墙布的清洁保养，定期对壁纸、墙布进行吸尘清洁。

（5）发现特殊脏迹要及时擦除，时间越久导致渗透越不易清除干净。对耐水墙纸可用水擦洗，洗后用干毛巾吸干即可；对于不耐水壁布要用橡皮等擦拭，或用毛巾蘸清洁液拧干后轻擦。清除要及时，擦拭时注意不要碰坏接缝处，避免强擦硬蹭，对墙布壁纸造成破坏。

（6）壁纸若发生霉斑，可用以下方法清除。

①壁纸发霉面积比较大时，建议直接更换新的整面壁纸，效果会更好。

②壁纸发霉面积较小，建议沾肥皂水或清洁剂等擦拭。如果效果甚微，可用布蘸取消毒酒精擦拭，清除效果很好。

③使用漂白水。由于漂白水具有较强的腐蚀性，使用时一定要戴上胶手套，记得用水过清。

④购买专用的处理墙壁霉斑的除霉剂。

（7）若壁纸发生开裂，需分析找准原因再及时进行处理。出现这种情况一般是PVC墙纸，通常是在贴壁纸对缝的时候没有对平整，或者是铺贴的时候被移动了。对于PVC壁纸，当铺贴好后，最好把门窗关闭，特别是夏天，温度比较高，如果没关门窗，容易出现这种墙纸开裂的情况，这是因为夏天温度高，墙纸胶干得太快而导致的。壁纸出现这种情况只能重新铺贴。

（8）墙布壁纸起鼓及翘边的处理方法。墙布、壁纸起鼓现象一般是由于壁纸铺贴的时候没有涂全胶水所致，只要用注射器将胶水注入起鼓处再用刮板刮平即可。

壁纸翘边是常见的问题，壁纸翘边后，首先用刀片把所翘边与墙体分开，再用毛刷蘸上水往翘边处刷，待壁纸软化后，再用毛刷将准备好的壁纸胶水涂在需要修补的地方，再用刮板将壁纸翘边处刮平后，用压边器将其压平，用抹布把多余的胶水擦拭干净即可。有的壁纸较厚，可用黏稠些的胶水黏性更好。

项目七

软装家具认知与应用

知识目标

1. 了解家具在软装中的主要作用。
2. 熟悉软装家具常见分类方法及家具用纤维织物特点要求。
3. 掌握软装家具及家具纤维织物选配要点。

能力目标

1. 能够正确识别软装家具种类及家具软装材料。
2. 能够正确分析鉴别家具纤维织物。
3. 能够合理选配软装家具及家具纤维织物。

实践训练

1. 调研分析所在城市、地区的家具市场及特点。
2. 实际体验并比较分析沙发布与窗帘、床品用织物的不同。

一、家具的主要功能

家具在家居空间中所占体积一般较大、较多，在整个家居风格形成中起到主导作用。家具在家居软装中所占预算比例也较大，是主人经济实力、生活态度和消费观念的重要体现。家具是人们日常生活中必不可少的用具，也是耐用品，一般使用年限较长，不轻易更换。因此，无论在软装设计还是日常生活中，家具的地位至关重要。

家具包括材料、结构、外观形式和功能四个要素。其中，功能是先导，是推动家具发展的动力。家具既具有重要的实用功能，同时又要满足空间装饰的审美要求。

（一）营造室内区域感

通过家具的陈设可以营造室内空间区域感，如卧室床柜、客厅沙发、茶椅茶桌、餐桌厨柜、书桌书架等。适当的布置可以把居室划分出会客区、就餐区、学习工作区、休息区等。在卧室、书房或室内随便一处角落摆放两张单椅、一张小茶几，就形成了休闲区。虽然只是简单的家具，却可以营造出不同的室内气氛。图7-1所示为常见公寓房通过功能家具布置形成的不同区域空间。

图7-1　家具营造室内区域感

（二）空间隔断功能

家具可以将较大的空间隔断，分隔出不同的功能空间。如在开放式厨房，可以利用餐边柜把厨房区分为烹调区和用餐区；卧室空间较大时，可以用柜子分隔出更衣间或书房。越来越多的定制家具代替了墙体的空间分隔作用，可更好地节约空间和利用空间。如图7-2所示。

图7-2　家具空间隔断功能

（三）增进空间使用功能

多功能的家具可以增进空间的使用功能。如没有多余的客房，书房可布置一张沙发床兼具沙发和床的功能；榻榻米中间布置一张可伸缩式的桌子，平常可用来泡茶当作休闲室，晚上收起桌子就能作为客房。

图7-3　多功能家具增进空间使用功能

（四）增加收纳或装饰功能

如果空间户型有缺陷，可以通过摆设家具来转移视觉注意力，进行巧妙掩饰。如房间中横梁下的空间通常很难利用，最好的方法就是在横梁下方摆设合适尺寸的衣柜或书柜；楼梯下方如果形成一个三角形的狭小空间，容易在视觉及使用上造成死角，可摆设柜子或桌几进行装饰，还可以增加收纳或装饰功能。如图7-4所示。

图7-4　家具增加收纳或装饰功能

（五）创造空间新鲜感

房间使用久了，难免觉得陈旧乏味，这时可以通过改变家具陈设或组合的方法，使人耳目一新。如果家具整齐排列或靠墙边排列显得单调，可以选择一件主要家具改变它的摆放角度，就能创造出不同的视觉感。如图7-5所示。

图7-5　家具组合变化创造新鲜感

二、家具的常见分类

（一）按建筑环境分类

家具按建筑环境的使用和地点不同，可分为住宅家具、公共建筑家具和户外庭院家具等。其中，住宅家具也就是民用家具，是人们日常起居生活所用的家具，是类型多、品种复杂、式样丰富的基本家具类型。这类家具尤其注重使用舒适性、实用性、功能性，体量上一般较小。住宅家具按使用空间又可分客厅家具（如沙发、茶几、电视柜）、卧室家具（如卧床、床头柜、梳妆桌、衣柜、衣箱）、书房家具（如书桌、书柜）、餐厅家具（如餐桌椅、餐边柜）、厨房家具（如厨柜）、卫浴家具（如台盆柜、收纳柜、收纳篮架）等。

酒店家具是公共建筑家具中的一类。酒店大堂家具往往体量上较住宅类家具更大，造型感更强，常作为艺术装饰品陈设。酒店客房内家具主要有床、床头柜、桌椅、沙发、衣柜、电视柜、陈列柜洗漱台等，常根据整体软装风格、房间结构和空间大小等选料定制，目前有些组合多功能柜设计巧妙、结构紧凑、实用性和经济性很强。如图7-6所示。

（1）酒店大堂家具　　　　　　　　　　　（2）酒店客房家具

图7-6　酒店家具

此外，还有商业展示家具、学校家具、户外家具等。如图7-7所示。

（二）按功能分类

家具按使用功能通常可分为床类、沙发类、椅凳类、桌几类、橱柜类等。

1.床类家具

（1）按材质分。常见的如木板床、软床、铁艺床、竹藤床、气垫床等。如图7-8所示。

软床按表面包覆材料不同，可分为皮床、布艺床和皮布结合床。皮床床头、床架等床体表面都由真皮或人造皮革包覆，高贵奢华。布艺床常用纺织面料包覆床体表面，颜色多样，柔软、温馨、舒适。皮布结合的软床将布艺和皮艺有机结合，时尚现代。如图7-9所示。

图7-7 户外休闲遮阳家具

图7-8 精巧优雅的木板床和铁艺床

图7-9 软床：皮床、布艺床

（2）按款式结构分。常见的有平板床、雪橇床、四柱床、圆床、地台床、双层床、折叠床等。如图7-10所示。

此外还有特殊形状床（如圆形、仿船形、仿汽车形等）、地台床、折叠床、双层床等。

图7-10 平板床和四柱床

2. 桌几类家具

桌几类家具分桌和几两类，桌类较高，几类较低。常见的有餐桌、书桌、梳妆桌、茶几、边几等。桌几类家具高低宽窄造型都要与坐卧类家具配套设计，如沙发与茶几配合使用，茶几高度通常与沙发的坐高相符。

3. 沙发类

沙发按材质不同，有皮沙发、布艺沙发、皮布结合沙发、实木沙发、竹藤沙发等。沙发按椅背高低，可分低背沙发、高背沙发和普通沙发；也可按座位数分成单人沙发、双人沙发、三人沙发等；可以成套购置，也可以单件或组合使用。如图7-11所示。

图7-11 各种沙发示例

4. 椅凳类

椅凳类家具丰富多彩，使用量也最广泛，常见的有单人椅、餐椅、吧椅、玄关凳、床尾凳等。如图7-12所示。

5. 橱柜类家具

橱柜类家具也称储藏家具，分固定式和可移动式两类，结构形式有封闭式、开放式、综合式等。柜类家具常见的有玄关柜、电视柜、餐边柜、床头柜、衣柜、书柜、厨柜等。还有流行用织物制作、可折叠的布艺柜、布箱等。

图7-12 椅凳类家具

（三）按材质分类

家具按材质分类，常见有木质家具、金属家具、塑料家具、玻璃家具、石材家具、软体家具、布艺家具等。有用单一材质的，也由多种材质组合而成的。

1. 木质家具

木质家具包括实木家具、板式家具、竹藤家具等几大类，如图7-13所示。

（1）实木家具。常用天然木材有松木、水曲柳、枫木、橡木、柞木、榆木、杨木、榉木、柚木、胡桃木、紫檀木、酸枝木、乌木、鸡翅木、花梨木等。

（1）实木家具

（2）板式家具

（3）竹藤家具

图7-13 木质家具图例

按照相关标准，实木家具可以是主体部分由木材和少量配用人造板材等辅材制成。常见的有纯实木家具、实木家具、板木结合实木家具等类，其标识内涵区别如下：

①纯实木家具。采用100%纯实木，且家具通体使用全木材的家具，通常常用榫卯结构。

②实木家具。所有木质零部件（镜子托板、压条除外）均采用实木锯材或实木板材制作的家具，实木含量在80% ~ 95%之间。

③板木结合实木家具。家具框架或腿柱等用实木材、其他有用人造板材制成，实木含量要在60% ~ 80%之间。实木含量低于60%的木质家具不能称为实木家具。

因木材尤其是优质名贵木材资源紧缺，也常将天然木材刨切或旋切成厚0.2 ~ 1mm的薄片做成的板材饰面，然后用高温热压机贴于人造基材板上制成实木贴皮板材，进而制成实木贴皮家具。

（2）板式家具。是指以人造板（禾香板、中密度纤维板、刨花板等）为基材，以板件为基本结构，进行表面贴面装饰加工，用五金件连接而成的拆装组合式家具。

（3）竹藤家具。指以天然竹藤或仿竹藤为表材制成的家具，它代表了一种传统的手工艺文化，表现休闲、放松、贴近自然的生活态度。

2. 金属家具

金属家具以铁、铜、铝、不锈钢等为主要原料，由空心的圆管材、方管材等焊接或组装连接而成，表面可镀锌、镀铜、烤漆、喷漆等。

3. 塑料家具

塑料家具色彩丰富，防水、防锈，广泛应用于公共、户外、办公、学校、家居等场所。现代新型材料可整体成型，色彩丰富、造型时尚，材料可循环利用。可与金属、玻璃等多种材质配合。

4. 玻璃家具

玻璃家具以晶莹剔透的玻璃为主要材料，常与木材、金属等一起使用制作家具，常见茶几、柜类等。线条明快，平滑光洁，清新通透，具有独特材质美感，装饰效果好。

5. 石材家具

石材家具以天然石材或人造石材为主要原料，常与木材、金属等一起组合使用制作家具，常见如餐桌台面、户外家具等。

6. 软体家具

软体家具通常采用木框架或金属框架，填充海绵、弹簧、泡沫、塑料、乳胶等软性或弹性、膨体或支撑材料，表面包覆纺织面料、皮革，或者直接由纺织面料填充柔软材料等制成。如布艺沙发、皮革类沙发、软座椅、席梦思床垫、床榻等。如图7-14所示。

图7-14　软体家具示例

（四）按结构特征分类

1. 框式家具

框式家具以榫卯卯合为主要特点，一般一次性装配而成，不便拆装。如传统的红木家具、明式清式家具等。

2. 板式家具

板式家具一般由人造板构成，分可拆和不可拆。

3. 折叠家具

折叠家具是能够折合或能够叠放的家具，便于携带和存放，也包括可折叠的布艺沙发、布艺衣箱等。

4. 曲木家具

曲木家具是以实木弯曲或多层单板胶合弯曲而成的家具，别致美观。

5. 壳体家具

壳体家具指整体或零件利用塑料或玻璃一次模压浇注成型的家具，结构轻巧，新颖时尚。

（五）按风格分类

这是一种很重要的软装家具分类方法，因为家具风格与室内的软装设计和陈设风格具有非常密切的关系。

1. 欧式风格家具

欧式风格家具主要分为古典欧式家具、现代欧式家具、田园欧式家具等。古典欧式家具华丽、庄重、典雅；现代欧式家具在此基础上更为简洁；田园欧式家具则结合自然元素，清新雅致。

2. 中式风格家具

中式风格家具分古典中式家具和现代中式家具。古典中式家具以明清时期的家具为代表，明式家具的质朴典雅、清式家具的精雕细琢，都达到了很高的艺术高度。现代中式家具摒弃了传统中式家具的繁复雕花和纹路，保留了传统中式家具的意境和精神象征，多以线条简练的仿明式家具为主，将经典元素符号化、抽象化，造型简练朴素，但非常讲究品质和工艺细节，比例匀称，功能性强，有极高的艺术价值和使用价值。现代中式家具既古典又时尚，也称新中式家具。如图7-15所示。

图7-15　新中式家具

3. 现代风格家具

现代风格家具实用、经济、美观大方，结构合理，较少装饰。采用工业化生产，材料多样，零部件标准且通用，造型简洁。深受年轻消费者的喜爱。如图7-16所示。

图7-16　现代风格家具

4. 美式风格家具

美式风格家具如图7-17所示。

图7-17　美式家具

美式风格家具将以前欧洲皇室贵族的极品家具平民化，摒弃过度的繁琐与奢华，但依然保留高大气派的风格，注重细部的雕刻，但不过分张扬。追求自然与舒适，一般体积大、厚重、实用性强，兼具功能与装饰性。多采用桃花木、樱桃木、枫木及松木等天然实木，保有木材原始的纹理质感。在色彩上，多采用深棕色这样的沉稳色泽。近年来比较流行的有美式轻奢风格、美式乡村风格、现代美式风格等，特点有所区别。

美式轻奢风格家具更多传承传统古典美式的韵味，用材精致讲究，常用高档木材和皮革制成。常配有华丽的枫木滚边、胡桃木的镶嵌线、纽扣样式的抽屉把手以及模仿动物形状的家具脚腿造型等，表面精心涂饰和雕刻。同时结合现代人的审美，讲究优雅高尚的品质感，但又不过度张扬，体现低调的奢华感。

美式乡村风格家具带着浓浓的乡村气息，给人以回归自然、舒压放松的舒适感。装饰上常采用做旧工艺，使漆面斑驳、表面具有磨损感，营造出粗犷自由的休闲质感和怀旧的历史沧桑感。摒除繁复的样式和奢侈的设计，搭配随意。布艺是非常重要的装饰元素，条格、花鸟图案的棉麻面料、在沙发边角镶嵌铆钉等，都是常见的典型应用。

现代美式风格家具也称简美风格家具，在尺寸上经过改良缩小或定制，在形态上化繁为简，更加适应都市住宅的特点，符合实际空间的使用比例，达到完美的协调效果。

（六）按功能空间分

软装家具具有区域性功能，不同功能空间的家具选配可参考如下。

（1）玄关家具。包括玄关柜、鞋柜等。

（2）客厅家具。包括沙发、单椅、茶几、电视柜、边柜等。

（3）卧室家具。包括床、床头柜、床尾凳、衣柜、梳妆桌等。

（4）餐厅家具。包括餐桌、餐椅、吧椅、餐边柜等。

（5）书房家具。包括书桌、书柜等。

（6）厨房家具。包括厨柜等。

（7）卫浴间家具。包括洗漱台柜、浴室柜、洗衣柜等。

（8）花园、阳台家具。包括户外休闲桌椅、花架等。

三、软装家具的常用材料

家具的结构五花八门、相当复杂，制作家具的材料非常多，包括框架材料（如实木、金属、竹藤）、门板材料（如实木板、人造板材、金属、玻璃）、包覆材料（如皮革、纺织面料、实木皮、贴纸、PVC）、台面材料（如实木、板材、玻璃、大理石、金属、亚克力）、填充材料（如海绵、化纤棉絮、乳胶、弹簧、棕榈），还有五金配件、油漆料等。下面简要介绍实木、板材、皮革、家具包覆织物等几类常用主材。

（一）实木

实木是指自然长成的树木直接砍伐下来的天然木材，根据硬度可分为硬木和软木两大类。

硬木生长周期长，一般密度较高，材质坚硬，耐久耐磨、不易腐烂、不易蛀虫、不易变形。常见硬木有榆木、水曲柳木、柞木、橡木、胡桃木、桦木、樟木、楠木、黄杨木、泡桐木、紫檀木、花梨木、桃花心木、色木等。红木最初是指红色的硬木，生长缓慢、材质细腻、坚硬耐久，花纹美观，是高端名贵家具常用木材。红木家具常用木材有黑檀木、紫檀木、黄檀木、花梨木、酸枝木、鸡翅木、乌金木等。红木家具材质细腻坚硬，适宜作精美雕刻，大多价格昂贵。

软木生长周期短，一般密度较低，纹理粗大，质地轻软，具有良好的弹性和隔热、隔音性能，但一般易变形、易磨损。家具常用软木有红松木、白松木、冷杉木、云杉木、柳桉木、马尾松木、柏木、油杉木、落叶松木、银杏木、柚木、红檀木等。

（二）人造板材

木材经过二次加工处理后成为人造板材，由内芯基材和饰面材料组成。

1. 内芯基材

人造板材的内芯基材常见种类有实木多层板（胶合板）、大芯板（细木工板）、颗粒板（刨花板）、纤维板（密度板）、指接板等。

（1）实木多层板（胶合板）。又称木夹板、木工板、细芯板，是以纵横交错排列的多层单板薄片为基材，经干燥、胶合、热压而成。特点：表面平整，易加工；结构稳定性好、收缩性小，耐水性较好，不易起翘开裂变形；强度较高；装饰性好，具有自然真实木质表面纹理及手感；价格较高；使用胶水较少，环保性较好。

（2）大芯板（细木工板）。是特种胶合板的一种，中间芯板使用长短不一的天然木条烘干后拼接而成，外层两面各贴有一层木表皮，是最常使用的板材之一。特点：板面平整，易加工，结构稳定，不易变形；耐水性好，可耐热胀冷缩；具有较大硬度和强度；竖向（以芯板材走向区分）抗弯压强度差，但横向抗弯压强度较高。适用于制作门套、门、柜子等。

（3）颗粒板（刨花板）。是将各种木材废料或其他木质纤维素材料切削成一定规格的碎片，经过干燥，拌以胶黏剂、硬化剂、防水剂等，经黏合、热压制成的一种人造板，因其剖面类似蜂窝状，又称为刨花板。特点：具有良好的吸声隔声、绝热性能；表面平整，不易变形，易清洗；横向承重力好，价格相对较便宜；但抗弯性和抗拉性较差，密度疏松易松动，侧面必须进行封边处理，在裁切中易出现爆齿。适用于制作橱柜衣柜、浴室柜等板式家具。

（4）纤维板（密度板）。是以木材废料或其他植物纤维等为原料，经破碎、浸泡、制浆、成型、干燥等，然后施加胶黏剂热压处理而成，使用胶水较多。按其密度可分为高密度纤维板、中密度纤维板和低密度纤维板。中密度纤维板常用于制作家具、门板等，高密度纤维板适合制作复合木地板，低密度纤维板常用作装饰线条。

（5）实木指接板。也叫齿接板，是由小条块原木（多为杉木、松木）锯齿状拼接而成。特点：不需要黏压，胶量较少，环保性较好；质轻，易加工，表面可直接涂刷清漆，耐用性较好，相比实木板便宜；但耐久耐用程度不如实木板，含水率稍高，容易变形，在拼接前要预先做好风干、烘干处理。常用于制作家具、门窗门套、隔断、假墙、暖气罩、窗帘盒等。

2. 饰面材料

贴面装饰是人造板家具生产中非常重要的装饰手法，用贴面材料装饰家具表面，不仅可遮盖材面的缺陷，还能提高基材表面耐磨性、耐热性、耐水性和耐腐蚀性等性能。按贴面材料分，板材贴饰面常见有三聚氰胺饰面、PVC覆膜饰面、实木皮饰面、科技木皮饰面、猫眼纸饰面、防火板饰面、烤漆饰面等。

（三）皮革

皮革是软体家具和墙面软包等家居装饰中的常用材料。皮革可分天然皮革、再生皮革和人造皮革等，天然皮革即真皮，再生皮革和人造皮革统称仿皮。

1. 天然皮革

天然皮革常见有牛皮、马皮、猪皮、羊皮等，品质各异、价格悬殊。中高档真皮床、真皮沙发一般采用牛皮。

（1）牛皮。按产地牛皮可分为国产皮和进口皮。国产皮有四川皮、河北皮等；进口皮以意大利和德国进口的头层黄牛皮品质较佳。

按牛种牛皮可分为黄牛皮和水牛皮（图7-18）。黄牛皮表面的毛孔呈圆形，毛孔紧密而均匀，排列不规则，好像满天星斗。水牛皮表面的毛孔比黄牛皮粗大，毛孔数较黄牛皮稀少，皮质较松弛，不如黄牛皮细致丰满。整体而言，黄牛皮光洁细腻，纹理清晰，色泽柔和，薄厚均匀，皮张较大。优质真皮沙发一般会选用头层黄牛皮。

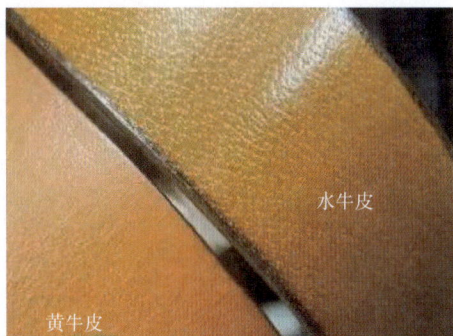

图7-18　黄牛皮与水牛皮比较

按牛皮层数位置可分为头层皮、二层皮等。头层皮又分全青皮（全粒面皮）和半青皮（修面皮）。全青皮由牛皮最表面一层最上等的皮加工而成，保留了完好的天然皮质，纹路自然细腻，能够看见清晰的毛孔，纤维层结构紧密，手感滑软舒适，透气性好，光泽好，具有良好的强度、弹性和韧性，不易撕裂，不会脱层，经久耐用。半青皮是全青皮剥离后切割比较厚的表皮，也属上等的头层皮，一般伤痕较多。表面常经过轻磨后涂饰或轧上花纹。精皮耐磨、透气性好、伸展性强、质感好、舒适感较好，半青皮也属真皮中的上品，价格比全青皮低很多。

二层皮是牛皮下组织的二层部分，组织较疏松，一般表面喷涂或覆上 PVC、PU 薄膜加工制成；相较头层皮更硬，使用久了有起皮脱层现象，价格较头层皮低。二层黄牛皮一般会轧上花纹，其柔软度、光滑度与半青皮差不多，但纹路比半青皮粗些，弹性也差些。

（2）猪皮（图7-19）。猪皮表面的毛孔圆而粗大，毛孔呈品字形三角排列，皮质比较疏松、较软、粗糙，光泽度较差，但也可用于皮沙发、皮箱、皮靠枕等。

（3）羊皮（图7-20）。羊皮的皮张较小，皮面较细，纹路有规律，手感柔韧，羊皮革粒面的毛孔扁圆，毛孔清楚，几根组成一组，排列呈鱼鳞状，往往需要拼接，影响美观，可用于沙发垫等。

（4）马皮（图7-21）。马皮表面的毛孔呈椭圆形，比黄牛皮毛孔稍大，排列较有规律，皮质较松弛，不耐用。

图7-19 猪皮

图7-20 羊皮

图7-21 马皮

2. 再生皮革

再生皮革是将各种动物的废皮及真皮下脚料粉碎后，调配化工原料加工制作而成的产品。其特点是皮张边缘较整齐、利用率高、价格便宜。

再生皮革兼有真皮和人造皮的特点，在皮具、家具中广泛应用。再生皮具有一定的吸湿透气性，质量好的还具有真皮一样的柔软度、弹性，质地轻、耐磨、对极端的高低温耐受力强。强度不如同等厚度的真皮，也比PU皮差，不适宜做受力较大的皮面。但通过调整再生革的生产工艺，可以生产各种不同软硬度、不同强度的产品来弥补其本身的不足。其后期的表面处理与PU皮类似，经过压花、印花、和PU复合等工序，在表面纹路及颜色上可以呈现各种外观效果，花色品种丰富。而且性价比高，价格极具竞争性，仅是真皮的十分之一、PU皮的三倍。

3. 人造皮革

人造皮革简称人造革，是在纺织基布上用各种不同配方的聚氯乙烯（PVC）和聚氨酯（PU）等发泡或覆膜，根据不同强度、耐磨度、耐寒度和色彩、光泽、花纹图案等要求加工制作而成。

普通人造皮革的手感、弹性、强度和耐磨性等一般无法达到真皮的效果，但其花色品种丰富、美观、边幅整齐、防水性能好，价格相对真皮便宜，是极为流行的一类仿皮材料。随着技术的进步，极似真皮特性的人造革已生产面市，它的表面工艺及基料的纤维组织几乎可以达到真皮的效果。如近年来流行的超纤皮、科技布等。

科技布被誉为"会呼吸的面料"，也叫科技超纤布、纳米科技布，是一种高性能仿皮面料。其基布采用涤纶超细纤维面料，有着优于真皮的力学性能，表层通过PU或丙烯酸树脂复杂工艺渗透涂层处理，运用3D仿生设计，并通过染色、拉毛、渗透印花、烫金、贴膜、砂洗、加厚复合、干烘等工序制成，可达到与真皮相似的优点和感观，同时弥补真皮的缺点和不足。

科技布可以制成不同的纹路和质感。根据面料肌理纹饰的不同，可以分为仿天然肌理皮纹和仿工艺肌理皮纹两类。如图7-22所示。

科技布具有以下主要特点：

①感官厚实饱满，质地舒适轻盈，外观和手感媲美真皮。具有真皮的纹理和色泽，而且花色品种丰富，可真实还原多种天然真皮的外观、色泽、纹理。触感柔软舒适，长期接触，也不会出现黏腻的感觉；四季恒温，室温低的时候也不会觉得冰冷。

（1）仿牛皮纹   （2）仿磨砂皮纹

（3）仿油蜡皮纹   （4）仿磨砂绒面纹

图7-22 不同肌理纹饰的科技布

②拥有比真皮更优越的物理性能，透气性较好，透湿性和透热性远远超过真皮，耐折、耐磨、防水、不易发霉和变形；具有良好的抗老化性能，耐用性强，使用寿命可达5~10年。

③易打理，性价比高。日常打理操作简单，无需养护；原料价格便宜且易获取；加工难度低，产品丰富，性价比高。

④安全环保。布艺基底相对更安全健康、绿色环保，可长期接触使用；替代真皮，可有效减少动物资源的消耗。

（四）家具覆饰织物

纺织面料是布艺床、床头软靠背、席梦思床垫、沙发、座椅等软体家具表面包覆的常用材料，常称为家具覆饰织物或家具布。

1. 家具覆饰织物常见品种

（1）按原材料分。有棉、亚麻、苎麻、羊毛等天然纤维织物，涤纶、腈纶、锦纶等化学纤维织物，涤纶与毛、棉、黏纤、麻混纺或羊毛、麻和黏纤等混纺织物，涤/棉、涤/黏等交织织物。

（2）按织造方式分。常用机织物和针织物。非织造布常用于家具衬垫、填充、夹层材料等。

（3）按生产加工工艺分。有染色织物、涂层织物、复合织物、印花织物、色织物、提花织物、割绒织物、植绒织物、起绒起圈织物、绣花织物等。

2. 家具覆饰织物基本功能与性能要求

由于家具的使用特点和要求，不是所有的纤维织物都能用于家具覆饰，家具覆饰织物应具备以下基本功能与性能要求。

（1）基本功能。

①保护功能。对家具起防磨、防尘、防污、防晒等保护作用，便于清洁换洗。

②舒适功能。使家具柔软、温暖有弹性，有良好的触感和保暖性。

③美化功能。使家具有更时尚的色彩图案和美的外观，同时还能对室内整体空间产生装饰作用，这是纺织材料在软装饰中突出的特点和优势之一。

（2）性能要求。

①坚牢度。家具覆饰织物在使用中常处于拉伸、挤压、摩擦的紧张状态，必须具备较好的拉伸强度、耐磨和耐压性能，坚固耐用、

②稳定性。指在使用过程中织物外观的稳定性能，包括抗起球、抗勾丝、抗接缝滑脱的性能，耐光照、耐摩擦色牢度、耐老化、尺寸稳定性好等性能。如沙发布常会被猫狗宠物抓挠造成损坏。

③摩擦系数。要求织物具有一定的表面摩擦系数，增加坐姿稳定性和舒适性，多采用绒面结构、结子线等花式纱线织物，外观粗犷。

④透气性。要求织物具有良好的吸湿透气性，不易闷湿，涂层、轧光整理的织物往往透气性会受到影响。

⑤防污性。家具覆盖饰织物一般使用年限长且不易拆洗，织物要求具有良好的防污、耐污性，防霉、防螨、防蛀，并且容易去污、舒适卫生。

⑥阻燃性。要求达到国家阻燃性标准要求。

四、家具选配与陈设

选择家具时，要从室内空间的整体效果出发，从主人喜好、生活或工作习惯需求入手，结合家具的颜色、造型及风格特点，正确处理家具与空间的关系，才能获得和谐统一、相得益彰的室内装饰效果。

（一）家具配置基本技巧

1.根据摆放确定家具尺寸，注意预留活动空间

家具与空间的合理比例，是整个空间是否协调的关键。因此在选购家具前，首先要根据家具在空间中的摆放位置，逐一确认家具尺寸，否则再好看的家具，如果尺寸不合适，会影响摆放效果。所有家具占据的面积，最好不要超过室内面积的一半，这样才能预留出合理的活动空间。

2.把握空间节奏与平衡，合理配置家具比例

每件家具都有各自不同的重量感和高低感，因此无论如何摆放，都要注意大小相接、错落有致。摆在一起的家具，如果彼此间的大小、高低和空间体积过于悬殊，会产生头重脚轻或此大彼小的视觉效果。另外，相邻的家具如果起伏过大，也会产生杂乱无章的感觉，看上去很不协调。

3.突出中心家具的摆放，避免空间焦点过多

应根据室内功能区域确定焦点家具，并以其为中心营造空间氛围。但不要制造太多焦点，以免使空间失去重心，无主次之分，视觉模糊。

4. 家具造型与装修风格协调，注意和地面颜色的搭配

家具的款式既要符合空间风格，造型特点也应该一致，例如，成套家具中如果既有兽爪腿，又有圆形腿，就会显得不协调。在色调方面，深色地面再搭配深色家具，则会产生压抑感。

5. 注意家具的使用功能，不要过度追求潮流

越摩登的东西越容易过时，家具也一样，传统家具通常是经典产品，且具有保值性，因此，不要一味追求潮流样式，而忽略家具的实用性和文化内涵。

6. 按室内结构定制家具，弥补空间缺陷

由于成品家具在规格和款式等方面的限制，要想最大限度地利用空间，可根据空间结构和功能需求选择定制家具，不但可以满足个性化需求，也能在风格上与整体环境相匹配，展示独具匠心的设计，还能有效弥补空间缺陷，更具人性化地实现家具的多种功能。

7. 注意通道尺寸，避免家具难入户

购买的家具能否顺利搬入室内，关键是大型家具的最长对角线，不能大于电梯或楼梯转角处的实际距离。因此，在订购成品家具前，务必注意测量房间门的入口、楼道拐弯以及电梯轿厢所能通过的尺寸上限，做到心中有数，以免造成家具难入户。

（二）软装家具色彩搭配技巧

空间中除了墙、地、顶面、窗帘外，就数家具的颜色面积大，这些大色块组合在一起就形成了整体空间的主体配色效果。成品家具颜色的选择自由度相对较小，空间软装色彩搭配可以先定家具的颜色，然后根据配色规律来斟酌墙、地面的颜色，最后决定窗帘和摆件、挂件、饰品等的颜色。

1. 大小空间的家具色彩搭配

基本原则是：小空间尽量用浅色，显得轻盈开阔，减少压迫感；大空间相对来说选择余地较大，但是容易色彩发散、跳跃、不成整体，要有一个明确的基准色调来统一，既避免家具色彩过于分散，又避免单调。

2. 家具与墙面的色彩搭配

通常对于浅色的家具，墙面宜采用与家具相近的色调；对于深色的家具，墙面宜用浅的灰性色调。

3. 家具与地面的色彩搭配

地面色彩构成包括地板、地砖、地毯等，地面采用与家具或墙面颜色接近而明度较低的颜色，可获得稳定感。

4. 家具与窗帘的色彩搭配

家具与窗帘选用同色系，可以形成较为平和恬静的视觉效果；将家具中的点缀色作为窗帘主色，可以营造出灵动活跃的空间氛围。如果家具色彩较深，窗帘布艺的颜色则不宜过于浓烈鲜艳，可选择较浅淡的色系。

如果是整体方案设计，或家具选用定制柜，则需要整体考虑空间中各类软装元素的色彩搭配。方案设计步骤可按以下次序选配颜色：确定背景色（墙、顶、地）；家具，大件家

具为主角，小件家具为配角，主角优先，凸显色优先；灯饰、布艺、装饰品等。如图7-23所示。

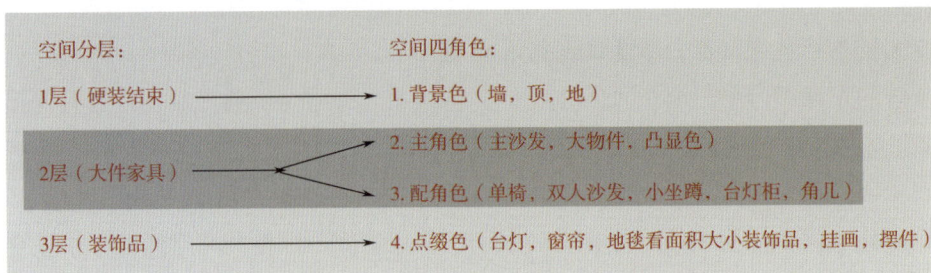

图7-23　整体方案配色设计示意图

（三）软装家具的风格选配

市场上的家具风格、款式、尺寸、质地多样，家具的挑选和陈设需要考虑整体家居的搭配，不同家居、不同人群的搭配风格各异，需要根据每个人的需求进行设计搭配。

（1）软装家具选择和陈设的风格应与家居整体硬装和软装风格一致，在保持不同区域功能特点的前提下，尽可能达到居室结构、色彩、风格的协调一致。

（2）根据居室的风格选配相应风格的家具。如古典风格、巴洛克风格家具都有复杂精美的雕刻花纹；洛可可风格家具虽然也注重雕工，但线条较柔和；而新古典家具的线条则更明快一些，主要以嵌花贴皮来呈现质感。欧式装修的居室可选择像巴洛克、洛可可风格的家具，注重精细的雕琢、华丽的装饰、精美的造型、布艺面料的质感。北欧风格家具线条十分简约优美，做工精细，喜用纯色，大多用原木制成，保持木材的纹路和触感，形成以自然简约为主的独特风格。

（3）家具色彩与风格需整体考虑。现代简约风格的小体积家具可选择饱和度较高的颜色，大件家具要谨慎选择彩色。家具线条要选择棱角分明、不拖沓的。一般总体颜色比较浅，大量使用钢化玻璃、不锈钢等现代新型材料。美式家具强调舒适、气派、实用和多功能，风格粗犷大气，华贵富丽，多以核桃木、樱桃木、枫木及松木制作。

（4）中式风格家具适合喜爱或具有中华传统文化修养、对家具材质要求较高的人群。家具的色彩质地偏向木头原色，多为黄色暖调，雕刻花、鸟、虫、鱼或神兽等吉祥纹样，屏风、花格、条几等极具中国特色的家具，多搭配吉祥字纹等绣、纱。

（5）崇尚自然的人群，可以选择地中海或田园风格的家具。家具表面没有繁杂的图案，以白色或蓝色为基调，线条简单，修边浑圆，重视对于木材的运用，铁艺家具和竹藤家具是这种风格的特色。在织物质地的选择上多采用棉、麻等天然材质。

项目八

灯具灯饰认知与应用

知识目标

1. 熟悉光源的类型与特点。
2. 掌握灯具灯饰的分类及特点。
3. 熟悉布艺灯饰的特点和应用。

能力目标

1. 能够正确分析与合理选配灯具灯饰。
2. 能够合理选配并运用布艺灯饰。

实践训练

进行灯具灯饰市场调研及材料应用分析。

灯具灯饰是室内装饰必不可少的元素，灯饰灯光设计是软装设计中不可或缺的内容。其中，由纺织丝绸、亚麻布等制成的布艺灯饰能给居室空间营造独具魅力的温馨环境，是一类独特的软装材料。

一、灯具灯饰的主要功能

灯具灯饰兼具实用性和装饰性，主要具有以下功能。

（一）照明功能

这是灯具灯饰最基本的核心功能，它能为空间环境提供必要的光照。合理控制灯光亮度，为人们活动提供各种不同的照明，满足人们视觉、形状、空间、色彩等需要。巧妙的照明设计可以为人们带来安全、舒适的居住体验，增添生活情致和乐趣。

（二）装饰功能

灯具灯饰还具有很重要的空间装饰功能。它往往在外观造型、材质表现、灯光变化等方面融入各种艺术性元素，使其在具有照明功能的同时体现装饰功能。灯饰的型、材、色、光与环境格调相互协调、相互衬托，能达到灯与环境互相辉映的效果。

（三）调节空间

灯光照明可以调节室内空间的深度、大小，达到划分区域的效果。灯光照明可以构成空间、改变空间、美化空间。

（四）突出重点

重点照射可以吸引视觉、突出重点，能塑造物体的立体感和质感。

（五）调节空间氛围

根据不同空间及人们的生理、心理要求布光，调节室内冷暖色调的关系，利用光影的变化，能营造不同的空间意境和情调，创造不同的视觉环境和空间气氛。

二、灯具灯饰常见分类

（一）按光源分

灯具灯饰主要由光源、控制器、装饰件等组成。常见室内照明光源有白炽灯、卤素灯/卤钨灯、荧光灯、LED灯等。如图8-1所示。其中，荧光灯可分为日光色、冷光色、白色、暖白色和彩色，使用寿命长，但显色性差，装饰性差，有频闪现象。LED为发光二极管的缩写，LED灯光源具有使用低压电源、耗能少、适用性强、稳定性高、响应时间短、对环境无污染、多色发光等的优点，虽然价格较高，仍被认为将不可避免地替代现有的照明器件。

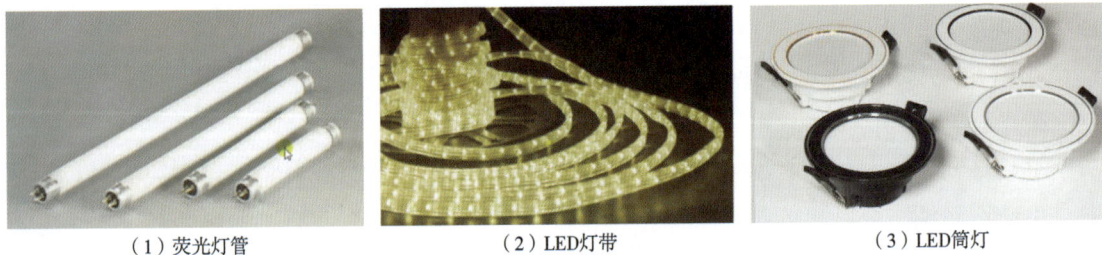

（1）荧光灯管   （2）LED灯带   （3）LED筒灯

图8-1 光源

（二）按材质分

灯具灯饰按灯罩灯具所用材料可分为水晶灯、金属灯、玻璃灯、陶瓷灯、木质灯、布艺灯、羊皮灯、贝壳灯、纸质灯等。其中，用纤维材料作灯罩的布艺灯应用也很广泛。

1.布艺灯

布艺灯由纤维布艺类材质制作灯罩，透光或半透光，主要用作室内灯具，如台灯、落地灯、吊灯、壁灯、吸顶灯等。灯罩所用布艺材料有丝绸、亚麻布、蕾丝等，也可用手工编制、缝制或手工绘制灯罩，能为房间增添亲密感和柔和感。如图8-2所示。

布艺灯的灯身常用水晶、树脂、铁艺等打造出各种形状的结构，再配以不同颜色、不同花色、不同质地的布料，并用精美的绢花和蕾丝花边作配饰，或用不同形状、不同色彩的水晶作装饰，从而形成千姿百态的布艺灯。布艺灯又可以分为：

2.羊皮灯

羊皮薄、透光度好，古代草原上的人们用它裹住油灯防风遮雨。以此为灵感，用羊皮材料制作成羊皮灯。羊皮灯光线柔和、色调温馨，能给人温馨、宁静感。

图8-2　布艺吊灯和台灯

　　近年来，经过技术开发，羊皮灯的颜色已经突破了原有的浅黄色，出现了月白色、浅粉色等色系，灯饰框架也隐入羊皮灯罩内，使造型更时尚。羊皮灯有吊灯、落地灯、壁灯、台灯和宫灯等不同系列。

　　羊皮灯主要以圆形与方形为主。圆形羊皮灯人多是装饰吊灯，起画龙点睛的作用；方形羊皮灯多以吸顶灯为主，外围配以各种栏栅及纹样，古朴端庄，简洁大方。运用现代先进的制作工艺，可把羊皮灯制作成各种不同的造型，以满足不同喜好的消费者的需求。

（三）按功能分

　　按照使用环境和功能，常见有吊灯、吸顶灯、壁灯、镜前灯、射灯、筒灯、落地灯、台灯和烛台灯等。其中，吊灯、吸顶灯、壁灯、镜前灯、射灯和筒灯等固定安装在特定的位置，不可以移动，属于固定式灯具；落地灯、台灯和烛台灯属于移动式灯具，不需要固定安装，可以根据需要移动使用、自由放置。如图8-3、图8-4所示。

吊灯　　　　嵌入式顶灯　　　　吸顶灯　　　　壁灯、射灯

图8-3　固定式灯具

（四）按风格分

　　灯具灯饰常见风格有中式、欧式、美式、北欧、现代、东南亚、地中海等，各具特色，与软装风格搭配得当，才能整体协调一致。

落地灯　　　　　　　　　　台灯　　　　　　　　　　烛台灯

图8-4　移动式灯具

1. 中式风格灯饰

中式风格灯饰多以对称形式结构造型为主，无论是方形或者圆形，基本都以中心线对称。常采用实木框架、镂空或雕刻等工艺制作而成，搭配玻璃、羊皮、布艺等其他材料做外部灯罩，配以各种栏栅及中式传统纹样，如通过梅兰竹菊、花鸟山水、龙凤等中式元素表现中国传统文化神韵，将中式灯饰的古朴、端庄和雅致充分展示出来。如图8-5所示。

新中式风格灯饰相对于古典中式风格灯饰，同样会采用一些中国传统文化经典元素，但造型上偏现代，线条简洁大方，如形如灯笼的落地灯、带花格灯罩的壁灯等，都是打造新中式软装风格的理想灯饰。

2. 欧式风格灯饰

古典欧式风格灯饰讲究合理、对称的比例，注重线条、造型以及色泽上的雕饰，做工考究，显得雍容华贵、富丽堂皇，充满浓郁的欧洲宫廷气息。

图8-5　中式风格吊灯

古典欧式风格可细分为哥特式、巴洛克、洛可可等风格。造型高耸、锋利的烛台吊灯适合神秘的哥特式风格，宜搭配古典欧式或美式风格的别墅，使整个空间散发出一种古老而神秘的贵族气质。巴洛克风格常用水晶灯、烛台灯、云石灯等，常见层叠式造型，以曲线为主，图案有涡卷饰、人像柱、喷泉、水池等。梦幻浪漫的水晶灯、烛台灯为洛可可风格的首选，造型精致细巧、圆润流畅。

新古典欧式风格是在古典欧式基础上简化以适应现代审美。具有现代设计感的新古典欧式风格灯饰，如烛台灯、水晶灯、云石灯、铁艺灯等，装饰性强，给人以奢华高贵之感。如圆形的水晶吊灯晶莹璀璨，造型复杂却非常具有层次感，既有欧式特有的优雅与浪漫，又融入现代设计元素。欧式水晶烛台灯，古时在铁艺支架上放置数根蜡烛来照明，现在将蜡烛改成灯泡，但灯泡和灯座仍保持蜡烛和烛台的造型。如图8-6所示。

图8-6 欧式风格灯饰

3. 现代风格灯饰

现代风格灯饰体现时尚、简约，多采用现代感十足的金属、玻璃、亚克力等材质；外观和造型简洁利落，线条纤细硬朗；颜色以白色、黑色、金属色（如金色、银色、古铜色）居多，能营造现代、时尚的奢华氛围。

无主灯设计是近几年现代风格流行的照明方式，"见光不见灯"，没有突出的外在灯饰，即借点光源、线性光源和筒灯、射灯等多种方式照明，将灯光分散式设计，以"人的活动"为中心，针对不同空间做分区、组合照明，根据不同的使用场景智能切换相应的照明模式，营造更有层次、更贴切、更多样的灯光氛围，使照明更有格调也更高级。如图8-7所示。

图8-7 现代风格灯饰

4. 美式风格灯饰

美式风格没有太多造作的修饰与约束，休现自由不羁的生活方式，有一种休闲式的浪漫，摒弃复杂，崇尚自然，怀旧、贵气而不失随意。美式风格对灯饰的搭配局限较小，一般适用于欧式古典家具的灯饰都可使用，但不可过于繁复。如图8-8所示。

图8-8　美式风格灯饰

古典美式风格适合搭配水晶灯或铜制的金属灯饰，具有复古大气的悠远沉淀感。水晶材质晶莹剔透，提亮居室的整体色调；线条细腻、造型丰富的全铜落地灯，能营造典雅大气的氛围。

美式乡村风格可选择造型更为灵动的铁艺灯饰，引入浓郁的乡野自然韵味，粗犷与细致之美流畅中和。铁艺具有简单粗犷的特质，可为美式空间增添怀旧情怀。

5. 工业风格灯饰

工业风格整体色系偏暗，为了起到缓和作用，可以局部采用点光源照明的形式。工业风格灯饰常选择金属、麻绳等作为装饰材料，并选择典型工业形象作为灯具造型，如极简风格的工矿吊灯，金属圆顶，表面采用搪瓷处理或模仿镀锌铁皮材质，并且常见绿锈或磨损痕迹；还有布料编织的电线、样式多变的艺术灯泡、自来水管、齿轮等，表现粗犷的空间氛围，匠心独运，极富创造力。如图8-9所示。

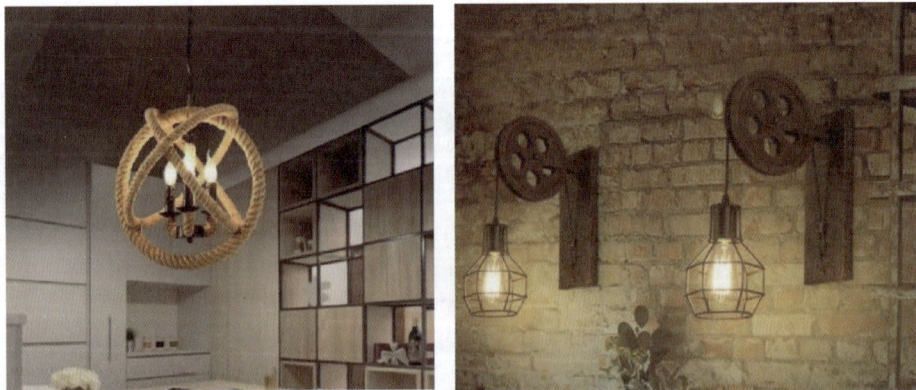

图8-9　工业风格灯饰

6. 北欧风格灯饰

北欧风格强调材质的原味，造型简单，但注重功能性和品质感，在工艺上经过反复推敲，简洁、舒适、实用，又具现代时尚感。选择灯饰时，应考虑搭配整体空间使用的材质以及使用者的需求，如较浅色的北欧风空间中，如果出现玻璃及铁艺材质，就可以考虑挑选有类似质感的灯具；采用原木体现自然清新格调的空间，可选用白、灰、黑等原木材质的灯具。如图8-10所示。

图8-10　北欧风格灯饰

7. 东南亚风格灯饰

东南亚风格空间的灯具灯饰主要用于烘托氛围，营造神秘感。灯饰具有明显的地域民族特征，在设计上融合西方现代概念和亚洲传统文化。常采用象形设计方式，如铜制的莲蓬灯、手工敲制出具有粗糙肌理的铜片吊灯、大象等动物造型的台灯等。多以深木色为主，采用木材、竹、藤、椰壳、贝壳等天然材质，自然雅致，很多还会装点类似流苏的装饰物。由于东南亚气候湿热，风扇灯也是常用的选择。如图8-11所示。

图8-11　东南亚风格灯饰

8. 地中海风格灯饰

地中海风格灯饰的灯臂或中柱部分常会进行擦漆做旧处理，体现被海风吹蚀的自然印迹。

地中海风格灯饰通常会配有白陶装饰部件或手工铁艺装饰部件，透露出一种自然气息。此外，还会使用一些半透明或蓝色面料、玻璃等材质制作灯罩，透出的光线具有艳阳般的明亮感，让人联想到阳光、海岸、蓝天。小细花图案的棉织品灯罩是地中海风格灯具的常见形式。

地中海风格的吊灯不仅在色彩上有很多大胆地运用，在造型上更是有很多创新之处，代表性的有以风扇、浪花等为造型的吊灯；地中海风格台灯会在灯罩上运用多种色彩或呈现多种造型；地中海风格壁灯往往会设计成地中海独有的美人鱼、船舵、贝壳等造型。

三、室内空间灯饰选配

根据不同的空间功能区域特点和要求选择合适的灯饰和照明方式是软装照明设计的重要环节。室内空间环境的风格、大小、形状、比例、功能不同，需配备数量和种类也不同的灯饰，设计与之相适应的灯饰及照明方案，才能满足人们对灯光灯饰的使用要求，并体现其独特风格。

（一）客厅灯饰

客厅是一家人生活共用的活动场所，具有会客、视听、阅读、游戏等多种功能，通常会运用主照明和辅助照明的灯光交互搭配，可以通过调节亮度和亮点来增添室内的情调，但注意要保持整体风格的协调一致。

一般以一盏明亮的吊灯或吸顶灯作为主灯，搭配其他多种辅助灯饰，如壁灯、筒灯、射灯等。如果要经常坐在沙发上看书，建议用可调的落地灯、台灯来做辅助，满足阅读对灯光的需求。如果客厅较大且层高在3米以上，宜选择较大的多头吊灯；高度较低、面积较小的客厅应选择吸顶灯，因为光源距地面2.3米左右照明效果最好。如果房高只有2.5米左右，灯具本身高度在20厘米左右，厚度小的吸顶灯可以达到良好的照明效果。

（二）玄关灯饰

玄关是进入室内的第一印象处，也是整体家居的重要部分，因此灯饰的选择一定要与整个家居的装饰风格相搭配。如果是现代简约的装修风格，玄关灯饰要以简约为主，一般选择灯光柔和的筒灯或隐藏于顶面的灯带进行装饰。欧式风格的别墅，通常会在玄关处正上方顶部安装大型多层复古吊灯，灯的正下方摆放圆桌或方桌搭配相应的花艺，用来体现高贵隆重的仪式感。别墅玄关的吊灯不能太小，高度不宜吊得过高，要比客厅的吊灯低一些，与桌面花艺很好地呼应，灯光要明亮。

（三）书房灯饰

书房的照明主要是为了满足阅读、写作之用，要考虑灯光的实用功能，光线要柔和明亮，避免眩光产生视觉疲劳，使人能够舒适地学习和工作。间接照明能避免灯光直射所造成的视觉炫光伤害，所以书房的照明最好采用间接光源，如在顶面的四周设置隐藏式光源，这样能烘托出书房沉稳的氛围。通常书桌、书柜、阅读区是需要重点照明的区域。

（四）卧室灯饰

卧室是休息睡觉的私密功能区，很多人也常在卧室内看书学习，把卧室作为书房。选择灯饰及安装位置时要避免有眩光刺激眼睛。低照度、低色温的光线可以起到促进睡眠的作用。卧室内灯光的颜色最好是橘色、淡黄色等中性色或暖色，有助于营造舒适温馨的氛围。

卧室一般建议使用漫射光源、壁灯或者T5灯管均可，可以采用顶灯或安装筒灯进行点光源照明，光线相对于射灯要柔和。床头柜上摆设台灯或用光带、壁灯。

（五）楼梯灯饰

复式住宅空间应考虑在晚上行走时的楼梯照明，以提升居住的舒适性与方便性。可以在楼梯转角处设置吊灯，让视觉更有停驻点；也可以利用地脚灯照亮每一层台阶；或利用扶手作线状导引灯光，线性灯光也可增加空间的装饰性。光源可选择省电的LED灯。

（六）餐厅灯饰

餐厅灯饰照明应烘托出一种其乐融融的进餐氛围，既要让整个空间有一定的亮度，又需要有局部的照明作点缀。因此，餐厅灯饰照明应以餐桌为重心确立一个主光源，再搭配一些辅助光源。灯饰的造型、大小、颜色、材质，应根据餐厅的面积、家具与周围环境的风格作相应的搭配。可以考虑选择下罩式、多头型、组合型的灯具；灯饰形态与餐厅的整体装饰风格应一致。长形餐桌可以搭配一盏相同造型的吊灯，也可用同样的几盏吊灯一字排开，组合运用。如果吊灯形体较小，可将悬挂的高度错落开来，给餐桌增加活泼的气氛。圆形餐桌通常适合单盏吊灯或风铃形吊灯。

（七）儿童房灯饰

儿童房灯饰最好选择能调节明暗或者角度的，夜晚把光线调暗一些，增加孩子的安全感，帮助孩子尽快入睡。床头灯要保证孩子躺在枕头上看不到灯头，因为强烈的反光会损伤孩子的视力。儿童房灯饰在造型与色彩上给孩子营造一个轻松、充满意趣的氛围，以拓展孩子的想象力，激发孩子的学习兴趣，可以考虑选择一些富有童趣的灯饰。一般布艺木质、纸质或树脂材质的灯更符合儿童房轻松自然、温馨而充满童趣的氛围。

（八）厨房灯饰

厨房照明以工作性质为主，建议使用日光型照明。除了在厨房走道上方安装顶灯，还应在操作台面上增加照明设备，以避免身体挡住主灯光线，做饭时光线不充足。安装灯饰的位置应尽可能地远离灶台，避开蒸汽和油烟，并要使用安全插座。灯具的造型应尽可能简单、不纳污，方便擦拭。通常采用能保持蔬菜水果原色的荧光灯为佳，这不单能使菜肴发挥吸引食欲的色彩，而且有助于使用者在洗涤时有较高的辨别力。

（九）卫浴间灯饰

卫浴间主灯一般采用嵌入式吸顶灯或筒灯以柔和的光线为主，照度要求不高，但要求光线均匀，灯饰本身还要具有良好的防水功能、散热功能和不易积水的功能，材料以塑料和玻璃为佳，方便清洁。除了主灯之外，还需增加一些辅助灯光，如镜前灯、射灯等满足洗漱时所需光线。但是，卫浴间也不能过于明亮，否则会让人缺乏安全感，尤其是沐浴的时候，柔和一点的灯光能使人心情放松。

项目九

软装配饰认知与应用

知识目标

1. 了解软装配饰的类别及各自特点、用途。

2. 熟悉各类软装配饰的主要品类和特点。

3. 掌握家居中软装配饰的选配与陈设要点。

能力目标

1. 能够根据局部空间的要求分别进行装饰画、挂饰摆件、花艺的选配、设计与陈设。

2. 能够根据整体空间的要求进行软装配饰的总体设计、选配与陈设。

实践训练

1. 选择到博物馆或美术馆、宾馆等参观分析画作饰品及其陈设。

2. 选购或动手制作1~2件纤维艺术品或布艺挂饰、摆设品并搭配陈设。

综合训练

软装材料综合运用与分析。

家居空间中，软装配饰起着非常重要的作用，是生活空间必不可少的重要装饰元素，也往往是主人文化艺术修养和精神追求的体现。通常，软装配饰包括装饰画、挂件饰品、摆件饰品和花艺等，其中也包括不少纤维布艺配饰品，如像景织物挂件，各种刺绣、扎染、蜡染装饰挂件，纤维艺术作品，手工布艺摆设品，布艺玩具、抱枕等。

模块一　装饰画认知与应用

装饰画是一种集装饰功能与美学欣赏于一体的工艺品。随着人们生活和审美水平的提高，装饰画作为时尚单品越来越多地应用于室内装饰，这是人们热爱和追求高品质生活的体现。装饰画常见的有中国画、西方绘画、现代工艺装饰画等。不同类别的装饰画各具特色，适用于不同软装风格的室内空间。

一、装饰画的分类

（一）中国画

中国画的装饰画，简称"国画"，体现的是用毛笔、软笔或手指，将墨和国画颜料在特制的宣纸或绢绸上作画的一种中国传统绘画形式。国画装饰比较适用于中式风格的空间环境，显得文雅、古朴，尤其适合书房。

中国画具有鲜明的民族形式和风格，融入了中华民族历史悠久的传统文化和审美意趣，充分体现了人们对自然、社会及与之联系的政治、哲学、宗教、道德、文艺等的认识。中国画强调"外师造化，中得心源"，要求"意存笔先，画尽意在"，强调人景融合。在描绘物象上，主要运用线条、墨色来表现形体、质感，有高度的意境表现力，常与诗词、歌赋、书法篆刻等相结合，达到形神兼备、气韵生动的效果。

1. 中国画分类

中国画的种类和流派丰富，分类众多。

（1）按题材分类。

①人物画。人物画是以人物形象为描绘主体的绘画统称，是中国画系中出现较早的一大画科。人物画力求刻画人物个性，逼真传神、气韵生动、形神兼备。历代著名人物画有：东晋顾恺之的《洛神赋图》、唐代韩滉的《文苑图》、五代南唐顾闳中的《韩熙载夜宴图》、北宋李公麟的《维摩诘像》、南宋李唐的《采薇图》、元代王绎的《杨竹西小像》、明代仇英的《列女图卷》、清代任伯年的《高邕之像》、现代徐悲鸿的《泰戈尔像》等。图9-1所示为以中国古人肖像画作为家居墙面装饰的图例。

图9-1 家居装饰中的人物肖像画

②山水画。中国山水画是中国传统绘画最重要的一种形式，为第一大画科，是最能体现中国文化与艺术精神的一种艺术形式。中国山水画在人物画之后出现，孕育萌芽于早期人物画的背景中。山水画于隋唐时期进入成熟阶段，五代两宋时期达到艺术的高峰，元明清各代均有发展与建树，名家辈出，遂形成蔚为壮观的中国传统艺术形式，至今不衰。

　　山水画不但表现了多姿多彩的自然风景，还体现出中国古代人们的自然观和审美意识。在风格上，北方山水劲健挺拔、雄浑大气；南方山水清秀雅致、疏淡挥洒；画院山水造型严谨、颇守法度；文人山水挥洒自如、抒发性情；青绿山水设色艳丽、富丽堂皇；水墨山水淡雅素朴、水晕墨张。图9-2所示为北宋王希孟创作的绢本设色画《千里江山图》，是中国十大传世名画之一，现收藏于北京故宫博物院。

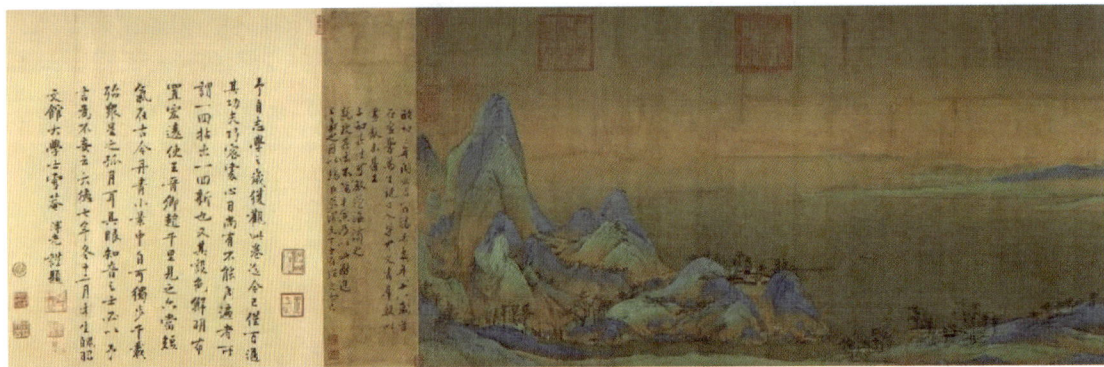

图9-2　北宋王希孟的《千里江山图》

　　③花鸟画。花鸟画萌芽于宋，成熟于明，鼎盛于清，是中国传统绘画中的又一重要画科。花鸟画以植物和动物为主要描绘对象，采用"工笔""写意""兼工带写"的方式描绘花卉、翎毛、蔬果、草虫、畜兽等。工笔花鸟画用浓、淡墨勾勒动象，再深浅分层次着色；写意花鸟画用简练概括的手法描绘对象；兼工带写介于工笔和写意之间。图9-3~图9-5所示为中国近代几位著名画家的花鸟作品示例。

图9-3　黄宾虹《花鸟画》　　图9-4　张大千《没骨荷花图》　　图9-5　齐白石《居高声自远》

④民俗画。民俗画是中国画的一种，常以一定地区、民族的一定阶层人们的日常生活、生活面貌、民俗风情等为题材。我国的风俗画历史悠久，始于汉代，盛于唐代。根据表现生活对象的不同，可以分为市井、舟车、耕织、货郎、牧童、婴戏等门类。南宋时流传至今的年画就属于风俗画。

年画，是一种汉族农耕社会特殊的象征性装饰艺术。源于古代的门神画，多用于春节新年张贴，是中国人辞旧迎新、驱灾辟邪、祈福纳祥的象征，也是最具代表性的中华民族文化符号之一，如图9-6所示。年画寓民俗信仰与民间艺术于一体，寄托着人们对美好生活的向往。我国民间木版年画产地众多，风格迥异。其中天津杨柳青、河北武强、山西平阳和绛州、河南朱仙镇、山东杨家埠、江苏桃花坞、四川绵竹等地，均是久负盛名的年画产地。

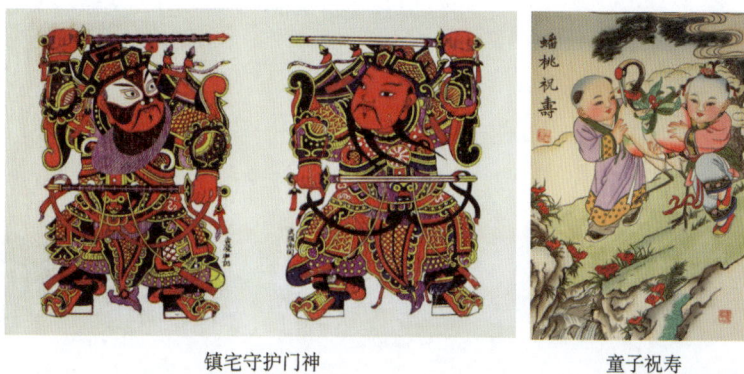

镇宅守护门神　　　　童子祝寿

图9-6　中国传统木版年画

（2）按技法分类。

①写意画。写意画按照题材包括写意人物、写意山水、写意花鸟等。写意画忽略了描绘对象的外在形象，更加注重艺术创作手法，充分利用水与墨调和与概括的手法表现描绘对象。按照写意画的技法运用，可分为小写意与大写意两种，小写意重视用笔的轻松与书写性，倾向于写实风格，大写意倾向于水墨画的表现方式，注重书法味与墨色的多变性。如图9-7所示。

图9-7　家居软装中的写意装饰画

②工笔画。也称"细笔",与"写意"对应,属于工整细致一类密体的画法。工笔画用极细腻的笔触描绘物象,用笔工整细致,细节刚彻入微,整个画面线条有序、非常工整,敷色层层渲染,以准确形象为准则,着重线条美,一丝不苟。工笔画代表有:宋代的院体画,明代仇英的人物画,清代沈铨的花鸟走兽画等,唐代周昉的《簪花仕女图》《挥扇仕女图》,张萱的《捣练图》《虢国夫人游春图》都是工笔画。历史上著名的工笔画家有张萱、王维、赵佶等;20世纪的中国画坛有两座工笔花鸟画"高峰",分别矗立于大江南北,一位是于非闇,另一位是陈之佛。如图9-8所示。陈之佛(1896—1962)现浙江慈溪人,在其家乡建有陈之佛艺术馆。

工笔画按题材包括工笔人物、工笔山水、工笔花鸟等;按照配色还分为工笔淡彩画与工笔重彩画。

(1)陈之佛《松龄鹤寿图》　　　　　　　(2)于非闇《花蝶图》

图9-8　中国工笔花鸟画

2.中国画的展现方式

中国画独特的装裱形式,能起到衬托画体的作用。根据绘制载体和装裱的不同,中国画的展现常见以下方式。

(1)手卷。以能握在手中顺序展开阅览得名,也称轴卷、横卷、横轴、手轴、卷子等。它是将书画裱成条幅,端头以圆木作轴,把字画卷在轴外,体积较小,轻巧且宜收藏,但长的书画横幅不适合悬挂。

(2)中堂。中堂是中国书画装裱样式中立轴形制的一种,是中国绘画主要的室内展示形式之一。中堂是随着古代厅堂建筑的发展演变逐渐形成的较大尺寸的画幅,因主要悬挂于房屋厅堂而称为中堂。

(3)扇面。历代书画家常喜欢在扇面上绘画或书写以抒情达意,收藏或赠与友人留念。存字和画的扇子,保持原样的叫成扇,为便于收藏而装裱成册页的称扇面。扇面集实用性和艺术性为一体,既渲染文学和书画作品,又极具实用性。如图9-9所示。

明·文徵明《沧浪濯足》扇面　　　　宋·吴炳《出水芙蓉》图页

图9-9　扇面画

（4）册页。中国书画装裱体式之一。因画身不大，也称"小品"，又称册叶、叶册。由一张张对折的硬纸板组成，可以左右或上下翻阅。册页与手卷相似，便于欣赏和收藏、保存，历来备受艺术家青睐。

（5）屏风。画在屏风上的画，称为屏风画或屏障画，也称画屏、图障。屏风有单幅或摺幅，可配字画。小型的单一幅可摆在桌上的称镜屏，用框镶座，立于八仙桌上，是传统装饰之一。图9-10、图9-11所示为客厅软装中的屏风装饰。

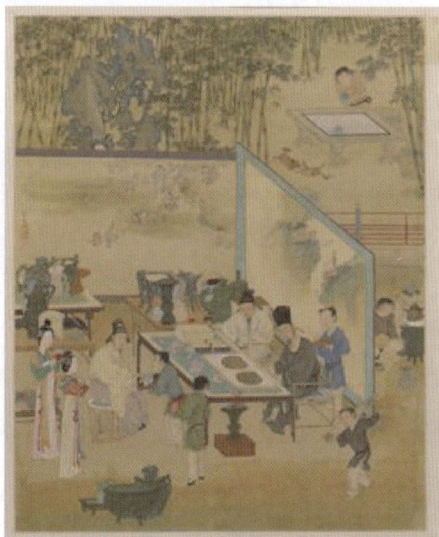

图9-10　明·仇英《竹院品古图》　　　图9-11　新中式软装中的屏风

3. 中国画的悬挂

（1）悬挂位置。书画悬挂位置应选光线明亮、视野开阔、便于瞻视的墙壁，且与窗户成90°角为宜，悬挂的高度一般以视觉转换点为参考，画面中心处于人站立时眼睛平衡线稍高一点的位置较好，但离地不宜超过2米。

（2）悬挂卷轴书画时要小心展挂，悬挂时要一手用画叉挑住画绳，一手托住画卷慢慢展开。不可因展卷不当而打折，一旦打折则无法补救，因为纸张的纤维折断后，日久必从此处开裂。悬挂不可太久，字画长期悬挂易发生风化，使纸质发脆，画面缺乏光泽，严重者托纸难揭，无法重裱，影响书画的寿命。因此书画悬挂一段时间后要卷起存放一段时间，久存的书画也要时常进行展示或每年悬挂几次。

（3）冬天屋内有暖气或炉子，不宜悬挂字画，夏天阴雨连绵、湿气较大，也不宜悬挂字画。书画裱件的悬挂还应避免阳光直射、暴晒、烟熏、尘蚀，在清洁裱件时不能用刷子刷，更不能用湿毛巾擦，用软布或鸡毛掸轻轻掸去灰尘即可。凡是接触书画作品（特别是裱件），一定要戴上手套，以免汗液玷污作品使其变形生霉。

（4）尽量采用镜框的装裱方式来悬挂居室内的书画，因为中国画用的宣纸和西方水彩纸比起来，更容易吸油烟、挂灰尘，镜框能很好地避免这些污染对画作的侵蚀。有些中国画经过装裱后，还可以直立于地面或放置于书架上，具体还要根据室内的实际情况确定。

（二）西方绘画

西方绘画简称西画。最早也是源自原始壁画，在中世纪一直作为宗教艺术存在。油画作为西方最重要的一种美术类型已经有700多年的历史。在经历过长期发展后，西方绘画已经成为一种既有具象又有抽象的实践性艺术。西方绘画主要有以下特点。

（1）作画方式。西方绘画作为一门独立的艺术，画家从科学的角度来探寻形成造型艺术美的根据，不仅用摹仿学说作为传统理论的主导，也加入了透视学、艺术解剖学和色彩学，重点分析和阐释事物的具象和抽象形式。

（2）作画手法。西方绘画与中国绘画最明显的区别在于，西画是一种"再现"艺术，追求对象和环境的真实。

（3）作画题材。西方绘画题材多样，有描述上流社会生活场景的作品，也有表现宗教圣徒殉难场景的作品，也有描绘一般景物的作品。

1. 西方绘画类别

西方绘画主要有素描、油画、水彩画、水粉画、壁画和版画等。素描（包括速写）是所有画作的创作基础，要求作品能准确及时地描绘物像的特征；油画、水彩画及水粉画则体现绘画的精彩，要求画作能够对色彩、光影有非常强烈的体现；壁画和版画等则非常重视体现画作的整体性和结构完整性。如图9-12、图9-13为素描装饰画和山水壁画。

2. 油画的装裱方式

（1）油画装裱类别。油画装裱主要有无框和有框两种方式，要根据画的内容和技法确定选用。通常简约风格的画作采用无框形式为主，古典风格的画作一般采用有框形式。

①外框画。外框的适当运用可以起到画龙点睛的作用，所谓"三分画七分裱"，这个观点在西方画中也一样适用。小小一个画框，综合了个性、人文、传统、装饰学等知识。可以说，好的画框本身就是一幅画作及装饰的重要部分。

②无框画。无框是指没有外框，利用内框支撑，将油画布面像绷鼓面一样紧绷于内框上，画布边包裹内框，将内框隐藏在画的后面。由丁表面看不到画框，所以叫无框画。无框画多用于现代装饰设计当中。

图9-12　素描装饰画

图9-13　山水壁画

（2）油画框材质。油画框经过手工至工业化的转化，在材质、制作工艺、形状等方面已衍生出很多种类。它按材质可分为木材加工类、原木类、PU 类（聚氨酯）；按外形结构可分为角花框、圆框、线条框、一次成型框（机压或抽塑）；按表面工艺可分为喷涂类、金银箔类、原木封蜡类等。

现在市场上的主流油画框为木材加工类和PU类。因为木材框容易自然开裂，所以环保、性能稳定、价格实惠、花样繁多的PU材质画框应用很广。

（三）现代装饰画

新材料、新技术、新创意造就了现代装饰画的品种和风格多种多样、丰富多彩。现代装饰画常见以下类别。

1.印刷品装饰画

印刷品装饰画是现代装饰市场的主打产品，是工业规模印刷而制成的装饰画。该类装饰画造价低，使用面非常广，多被用于公共环境或普通装修住宅，喜欢频繁更换装饰画的也常用。如图9-14所示。

图9-14　印刷品装饰画

与印刷画类似的是摄影装饰画，即将喜欢的摄影作品装裱后制成装饰画挂于墙上。艺术摄影能增加室内艺术氛围，普通摄影照片还能记录一段旅程、一个故事。

2. 实物装裱装饰画

实物装裱装饰画不同于绘制和印刷的平面画作，它是采用真实物体（如服装、饰品、干花、瓷块、勋章、纤维、小物件等）在画板上通过拼贴、镶嵌、粘贴等制作而成的具有强烈立体感的装饰画。一般都是纯手工制成，有背板或画框等为依靠，有规则的形状基底，如圆形、矩形、方形等。实物装裱画常以定制创作为主，以一些具有纪念意义或珍藏的、有趣的、装饰性强的实物作为装裱内容。如采用独特的实物，可以装裱一段历程、定格一个场景、定制一段回忆，也可以展示收藏爱好。因此，实物装裱装饰画往往具有较好的纪念性、欣赏性和展示性。如图9-15所示。

图9-15　实物装裱装饰画

3. 装置艺术装饰画

装置艺术是指艺术家在特定的时空环境里，将人类日常生活中的已消费或未消费过的物质文化实体进行艺术性地有效选择、利用、改造、组合，令其演绎出新的展示个体或群体丰富的精神文化意蕴的艺术形态。简单地讲，装置艺术就是"场地+材料+情感"的综合展示艺术。如图9-16所示。

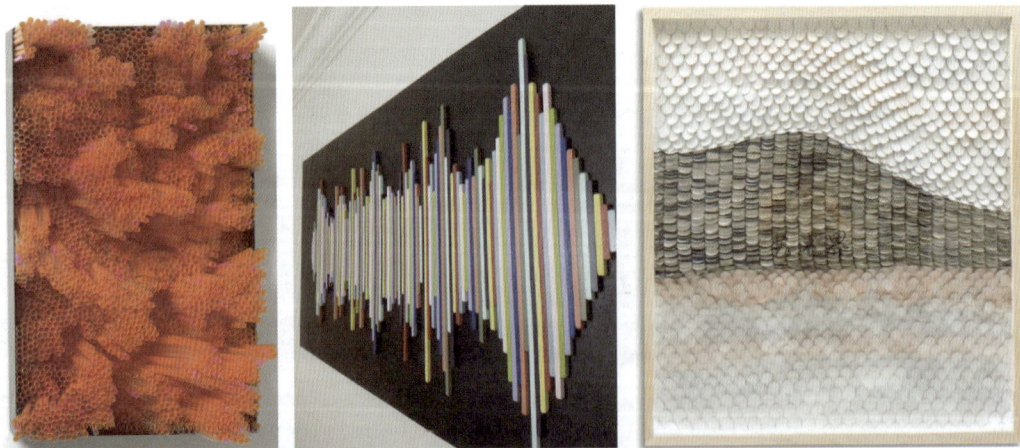

图9-16　装置艺术装饰画

4.装饰墙绘壁画

装饰墙绘壁画是在墙上手工绘制而成的各种装饰图案。它来自欧美的涂鸦，被许多设计师用于现代室内外的墙面设计中，形成了独特的富有个性的装饰风格。它是一种具有原创性、独特性的装饰风格，画师、设计师和业主都能对它投入情感，每一幅都是单独手工绘制而成的独一无二的作品，而不是机器批量制作的，是有想法、有态度、有情绪，有人手与人心交互参与的有温度的艺术品。

定制的墙绘壁画不必悬挂装饰画，也可以使空间变得别致、华丽或富有诗意。在追求个性化的时代，正受到越来越多人的喜爱。如图9-17所示。

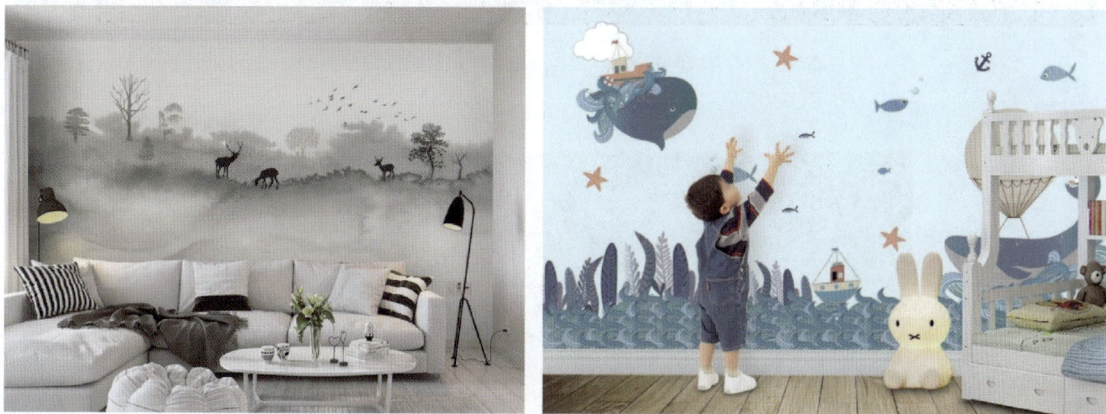

图9-17 装饰墙绘壁画

5.织锦装饰画

织锦装饰画简称织锦画，是采用纺织纤维纱线，通过织物组织结构变化等纺织工艺，用提花织机将图画织成的提花织物，也称像景织物装饰画。织锦画可以通过纺织材料表现出国画、油画等能表现的各种题材画面，如风景、肖像、静物等，是艺术与技术结合的结晶。

1839年，法国首先推出丝织肖像画和风景画，像景织物正式出现在世人面前。1879年英国著名的斯蒂文丝织厂在英国约克郡的国际博览会上推出织锦画系列艺术品。织锦画在19世纪的欧洲曾是非常时髦的室内装饰品。

中国的第一幅丝织风景画《九溪十八涧》出自民国时期著名的杭州丝织画艺术家都锦生之手。1922年5月，都锦生在杭州茅家埠家中办起以自己的名字命名的丝织厂（1960年改名为中国杭州东方红丝织品厂），生产销售用独创的织造方法制作的都锦生织锦丝织品。1926年在美国费城世界博览会上，彩色织锦画《宫妃夜游图》获得金质奖章，从此享誉全球。图9-18所示为杭州中国丝绸博物馆收藏的以北宋画家张择端的《清明上河图》为题材的都锦生织锦画，图9-19所示为李加林2013年创作的大型独幅彩色织锦画《贵妃醉酒》。

6.其他装饰画

采用多种材料和工艺还可以制作各类独具特色的装饰挂画，如雕刻类、镶嵌类、编织类、拼贴类等，通常将这些归类于装饰挂件。如图9-20~图9-22所示。

图9-18 织锦画《清明上河图》

图9-19 织锦画《贵妃醉酒》

图9-20 木雕画

图9-21 镶嵌画

图9-22 拼布刺绣画

二、装饰画的选配

装饰画的类型、风格、题材非常丰富，只有将装饰恰到好处地与家居软装、硬装整体风格融为一体，才能起到相得益彰的装饰效果。

（一）装饰画的风格选配

与前面其他装饰元素材料相类似，装饰画的选配风格也可分为以下类型。

1. 新中式风格

新中式风格兼具中式元素与现代表现形式，装饰画一般造型简约、清雅含蓄，常采用大量留白，渲染唯美诗意。多用中式元素题材，如山水、花鸟、梅兰竹菊、荷池莲花等。表现形式有印刷画、水墨画、写意画、绕线画等。如图9-23所示。

2. 美式风格

美式风格有多种，装饰画特色也各有所不同。如美式古典风格，可选体现美国先民开拓精神和崇尚自然为主题的画；新美式古典风格，可选体现古典风范、个人风格、现代精神的画；美式现代简约风格，充满时尚浪漫的情怀，多以抽象画和意象画为主；美式田园风格，大多选用风景油画，突显大自然的景色，体现生活的舒适安逸，使人感受到太阳和田野的气息。如图9-24所示。

图9-23 新中式风格装饰画

图9-24 美式风格装饰画

3. 现代简约风格

现代简约风格的装饰画用曲线和非对称线条及自然界各种优美、波状图案等体现，线条柔美，富于节奏感，与空间的节奏感、立体多变融为一体。色彩运用明快的浅色调、沉稳的深色系以及轻柔色系等，画面安静舒适、简洁，适应整体的宽敞与通透。可以根据室内整体风格选择现代简约装饰画，材质上可以选择卓格铁艺那种造型多变的金属壁

图9-25　现代简约风格装饰画

挂，也可以挂三联画或两联画，山水、风景或油画等。如图9-25所示。

4. 欧式风格

欧式风格具有豪华、优雅、浪漫的特点，在众多装修饰品中，华美精致的水晶和考究的装饰画成为其点睛之笔，欧式客厅装饰画，最好选择金属框抽象画、油画、摄影作品，以营造浓郁的艺术氛围，凸显雍容华贵。如图9-26所示。

图9-26　欧式风格装饰画

5. 地中海风格

地中海风格的颜色饱和度高，色彩结合了海天的亮色，在简单中能体会到丰富，主要颜色搭配有蓝白、黄蓝、紫绿、土黄、红褐等，以此来体现花与叶的相印、大地的浩瀚和蓝天碧海的辽远。使用不规则的线条构造，具有鲜明的装饰手法。通常采用浪漫的拱形风格建筑，打造地中海式的景中窗，具有延伸的透视感；室内装饰大多以彩度色调和棉织品为主；搭配一些做旧风格的小饰物，自然明亮，赋予生活更多的情趣。如图9-27所示。

6. 日式风格

日式风格居室优雅简洁，多采用简洁的线条或者几何形式的装饰画，或用反复的符号化图案，让居室具有较强的线条感；崇尚自然、随性而洒脱，注重自然质感的材质，装饰画材料常采用原木色，色调通常以暖黄色为主色调，白色或浅棕色为辅助色，使整体室内环境呈现出舒适而有温馨的气氛。如图9-28所示。

图9-27　地中海风格装饰画

图9-28　日式风格装饰画

7. 东南亚风格

东南亚风格装饰画的特点是：取材天然时尚，以简单整洁的画风营造清凉、舒适的感觉；善于运用各种色彩，绚烂且华丽；总体效果层次分明、有主有次。注重细节，装饰绘画理念融合中西，通过不同的材料和色调搭配，产生丰富多彩的变化，适合混搭的居室环境装饰。如图9-29所示。

8. 时尚混搭风格

混搭风格讲究随意性、自主性、层次感和富有个性。它结合凝聚了其他风格的装修元素和特点，打破了现在与古典、奢华与庄重、繁琐与简洁的界限，跨越不同年代、不同文化背景、不同阶层的装修装饰风格。设

图9-29　东南亚风格装饰画

计使用者可以根据自己的意愿进行搭配，组合千变万化，个性独特。如图9-30所示。

(二) 不同空间装饰画的选配

不同的室内空间有不同的功能和氛围要求，选配不同的装饰画能使人产生不同的心理感受。

1. 玄关装饰画

玄关是入门第一空间，玄关装饰画是整个空间的"门面担当"，选择题材与色调以吉祥愉悦为佳，并与整体风格协调搭配。一般不宜选择太大的装饰画，以精致小巧的画为宜，可选择格调高雅的抽象画或静物、插花等题材的装饰画，来展现主人优雅高贵的气质。

装饰画除了美观还要考虑实用性，如常用于遮挡入户的强弱电箱，或者是利用装饰画为家宅祈福。挂画的高度以平视点在画的中心或底边向上1/3处为宜。如图9-31所示。

图9-30　时尚混搭风格装饰品

图9-31　玄关装饰画

2. 客厅装饰画

客厅是家居主要活动场所，客厅装饰画是整个客厅空间的重要焦点，可以起到改善和渲染空间氛围的装饰效果，同时体现主人的审美及性格特征，还能填补客厅空间的留白，减少大空间的单调感。客厅配画要求稳重、大气，一般挂在客厅的大面墙上。

古典风格空间装饰画以风景、人物、花卉题材为主。如中式古典风格空间常挂一些卷轴、条幅类的中国书画作品；欧洲古典风格或是新古典主义的简欧风格，则常挂一些西方油画、水粉画、水彩画等；现代简约风格空间常选择现代题材的风景、人物、花卉或抽象画等。

客厅挂画常见组合形式有：单幅（90cm×180cm）、两组合（60cm×90cm×2）、三组合（60cm×60cm×3）、四组合、六组合等，具体视客厅的大小比例而定。客厅的大小直接影响着装饰画尺寸的大小。客厅装饰画的大小比例可以依据黄金比例来计算，用墙面的宽度和高度各自乘以0.618算出装饰画的尺寸。如图9-32所示。

图9-32　客厅装饰画

通常，大客厅可以选择尺寸大的装饰画，从而营造一种开阔大气的意境；小客厅可以选择多挂几幅尺寸较小的装饰画作为点缀，也可以利用装饰镜面的折射来拉大视觉效果，选用纵深感强的装饰画同样也是延伸空间的一种方法。

如果面积不大的墙面只挂一幅过小的装饰画会显得过于空洞，想搭配出一面大气的背景墙，可选择较大幅的装饰画，画面适当地留白，减缓视觉的压迫，留给人无限遐想的空间。

3. 餐厅装饰画

餐厅是进餐的场所，挂画的色彩和图案应清爽、柔和、恬静、新鲜，画面能使人增添食欲、营造轻松愉悦的氛围。

（1）选画题材。通常餐厅会选配一些花卉、果蔬、插花、静物、风景等题材的挂画，来营造热情、好客、高雅的氛围，吧台区还可挂洋酒、高脚杯、咖啡具等现代图案的油画。如图9-33所示。

（2）挂画方式：餐厅画尺寸一般不宜太大。餐厅挂画建议画的顶边高度在空间顶角线下60~80cm，并居餐桌中线为宜；西式餐桌一般体量大，画挂在餐厅周边壁面为佳。可

图9-33　餐厅装饰画

根据墙面尺寸或餐桌摆放方向选择确定画的横竖形式。如果墙面较宽、餐厅面积大,可以用横挂画的方式装饰墙面;如果墙面较窄,餐桌又是竖着摆放,装饰画可以竖向排列,减少拥挤感。

4. 卧室装饰画

卧室是放松身心的栖息场所,需要营造一种宁静与温馨的气氛,给人一种轻松自在之感。装饰画多选清新美观、低调温馨风格,常以田园风光、花卉花鸟等题材表达美丽的事物和美好的生活;或者以照片墙装饰、纪念美好生活,增添幸福感;避免选择诡异、个性、张扬的风格。卧室装饰画可悬挂在床头墙面,床对面的墙不挂电视机的话也可以挂画,床侧面也有以挂画装饰。如图9-34所示。

图9-34 卧室装饰画

5. 书房装饰画

书房作为工作、学习的功能区,要凸显浓厚的文化气息,营造轻松愉悦的空间氛围。书房装饰画宜选择静谧、优雅的风格,以衬托出"宁静致远"的意境,色彩不能太过鲜艳跳跃,让人在书房能够安静专注地阅读和思考。书房装饰画题材常有书法、山水、风景等。书房装饰画一般尺寸不要太大,悬挂的位置在书桌上方和书柜旁边的墙面上。如图9-35所示。

图9-35 书房装饰画

6.过道装饰画

过道比较狭长，如果只是单色墙面不免显得枯燥。可以巧妙地利用装饰画来装饰，美观之余也不会占用空间；如果用照片墙装饰，仿佛置身回忆长廊，可增添生活情趣。如图9-36所示。

过道装饰画不宜太大，一般画宽在40~60cm。多幅画等距平行悬挂，可形成连贯的整体性，既有利于整体空间的整洁大方，又利于欣赏其美观；错落有致地悬挂可以让过道空间显得俏皮活泼而不沉闷。

7.楼梯间装饰画

楼梯间挂画可以组合画的形式根据楼梯的形状错落排列，也可以选择照片或喜欢的画报打造一面个性的照片墙。如图9-37所示。

图9-36　过道装饰画

图9-37　楼梯间装饰画

三、装饰画的陈设布置

（一）装饰画悬挂位置

1.挂画的位置

画要挂在引人注目的墙面或者开阔的地方，避免挂在房间的角落或者有阴影的地方。如图9-38所示。

2.挂画的宽度

例如，客厅挂画的宽度最好略窄于沙发，可以避免头重脚轻的错觉。如图9-39所示。

3.挂画的高度

装饰画的悬挂高度影响欣赏时的舒适度，控制挂画高度是为了便于欣赏。可以根据画品的大小、类型、内容等实际情况进行操作，可参照以下方法。

图9-38 挂画位置的选择

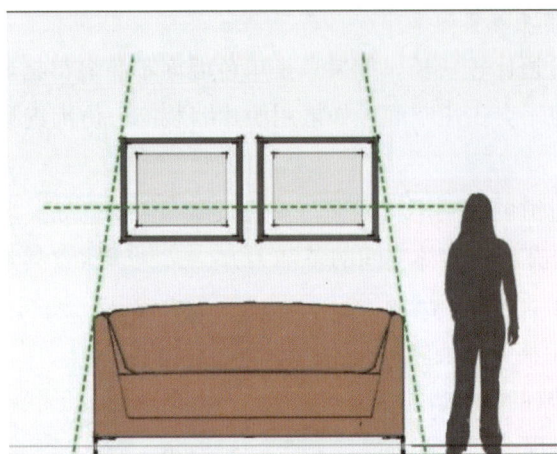

图9-39 挂画宽度的确定

（1）通常人站立时候，视线的平行高度或者略低的位置是最佳观赏高度。所以单独一幅装饰画不要贴着吊顶之下悬挂，否则会让空间显得很压抑。

（2）如果在空白墙上挂画，最佳的挂画高度一般是画面中心位置距地面1.5m处。如图9-40所示。

（3）以主人的身高作为参考，画的中心位置在主人双眼平视高度再往上10~25cm的高度为宜，这个高度不用抬头或低头，为最舒适的看画高度。如图9-41所示。

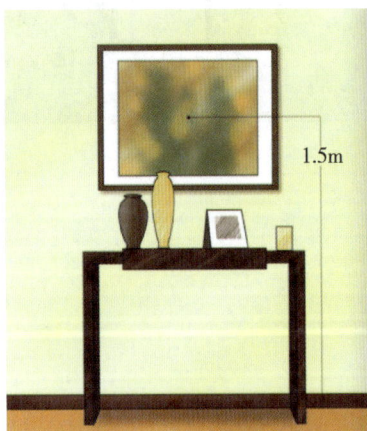

图9-40 挂画的高度

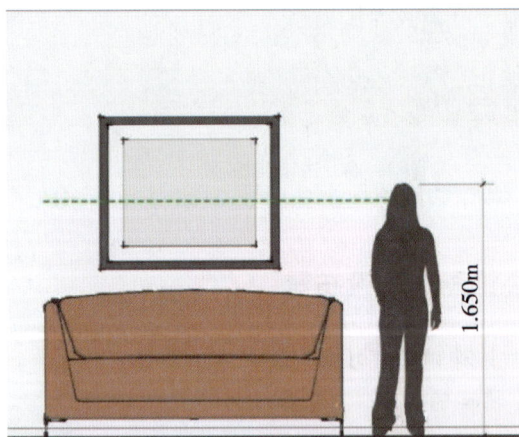

图9-41 挂画高度的确定一

（4）根据"黄金分割线"，画品的"黄金分割线"距离地面140cm的水平位置可作为挂画的位置。

（5）还可以环境为参照，如沙发旁的书柜、壁柜、落地灯或窗户，可作为挂画的参照。如图9-42所示。

（6）装饰画的高度还可根据周围摆件来决定，一般要求摆件的高度和面积不超过装饰画的1/3，并且不能遮挡画面的主要表现点。如图9-43所示。

图9-42　挂画高度的确定二

图9-43　挂画的高度三

（7）在空间中挂多幅装饰画，应考虑画和画之间的距离。如果是悬挂大小不一的多幅装饰画，则不是以画作的底部或顶部为水平标准，而是以画作中心为水平标准。同等高度和大小的装饰画则整齐对称排列就好。

装饰画悬挂实际操作中需要根据画品种类、大小和空间环境的不同进行调整，不断进行适当的高度调节，使看画最直接、最舒服。当然，装饰画的悬挂更多是一种主观感受，只要能与环境协调，也不必完全拘泥于数字标准。

（二）装饰画悬挂方法

空无一物的墙面有很多可以发挥的空间，但切忌把装饰画填鸭式地挂满墙面。挂画前一定要规划好悬挂画作的尺寸、数量和间隔。数量少、幅面大、规则排放的画组会让空间显得沉稳、简洁、严肃；而多幅、小尺寸且不规则排列的画组会使空间相对丰满、亲切和灵动；过于复杂的排列手法在一定程度上会使空间变得凌乱且没有重点。

装饰画的悬挂可参考以下常用技法。

1. 单幅式悬挂法

如果所选装饰画的尺寸较大，或者需要重点展示某幅画作，又或是想形成大面积留白且焦点集中的视觉效果，适宜采用单幅悬挂法，但所在墙面一定要够开阔，避免形成拥挤的感觉。如图9-44所示。

2. 对称式悬挂法

一般多为2~4幅装饰画以横向或纵向的形式均匀对称分布，画框的尺寸、样式、色彩通常是统一的。这种挂法简单易操作，同一色调或是同一系列的画效果最好。如图9-45所示。

图9-44　单幅式悬挂

图9-45 对称式悬挂

3.连排式悬挂法

三幅或以上的装饰画平行连续排列，上下齐平，间距相同，一行或多行均可。画框和装裱方式通常是统一的，最好选择成品组合。单行多幅连排时，画的内容可灵活些，但要保持画框的统一性，以加强连排的节奏感，适合过道这样空间面积很大的墙面。

（1）均衡连排式悬挂法。装饰画的总宽比被装饰物略窄，并且均衡分布。若是多幅装饰画，建议选择同一色调或是同一系列的内容。如图9-46所示。

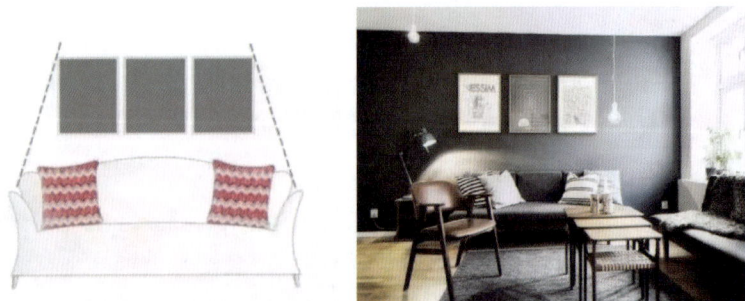

图9-46 均衡连排式悬挂

（2）重复连排式悬挂法。在重复悬挂同一尺寸的装饰画时，画之间的间距最好不超过画的1/5，这样具有整体装饰性，不分散。多幅画竖向重复悬挂，能产生强大的视觉冲击力，但不适合房高不足的房间。如图9-47所示。

图9-47 重复连排式悬挂

4. 水平线挂法

上水平线平齐的挂法，既有灵动的装饰感，又不显得凌乱。如果画的颜色反差较大，最好采用统一样式和颜色的画框来协调。下水平线齐平的挂法，随意感较强，图片最好表达同一主题，并采用统一样式和颜色的画框，整体装饰效果更好。如图9-48所示。

图9-48 水平线挂法

5. 中线对齐式悬挂法（中线挂法）

将上下两排大小不一的装饰画集中在一条水平线上，随意感较强。最好表达同一主题，并采用统一样式和颜色的画框，整体装饰效果更好，既有灵动的装饰感，又不显得凌乱。选择尺寸时，要注意整体墙面的左右平衡。如图9-49所示。

图9-49 中线对齐式悬挂法

6. 搁板陈列法

利用墙面搁板展示装饰画更加方便，可以在搁板的数量和排列上进行变化，例如，单层搁板或多层搁板整齐排列或错落排列。注意搁板的承重有限，更适宜展示多幅轻盈的小画。此外搁板上最好有沟槽或者遮挡条，以免画框滑落。用搁板来衬托画框，不用担心画挂得高低是否合适，还可常换常新。多层搁板摆放可填补空白墙面，放置装饰画和轻巧的装饰品。如图9-50所示。

7. 方框线悬挂法（混搭式挂法）

不同材质、不同样式的装饰品，构成一个方框，随意又不失整体感。这种悬挂法尤其适合乡村风格的空间。

图9-50　隔板陈列法

采用一些挂件来替代部分装饰画，并且整体混搭排列成方框，形成一个有趣的更有质感的展示区，这样的组合适用于墙面和周边比较简洁的环境，否则会显得杂乱。如图9-51所示。

图9-51　方框线悬挂法

8. 视线引导式悬挂法（建筑结构线挂法）

沿着楼梯的走向，或沿着屋顶、墙面、柜子，在空白处挂满装饰画，不仅具有引导视线的作用，而且表现出十足的生活气息。这种装饰手法在早期欧洲盛行一时，特别适合房高较高的房子。如图9-52所示。

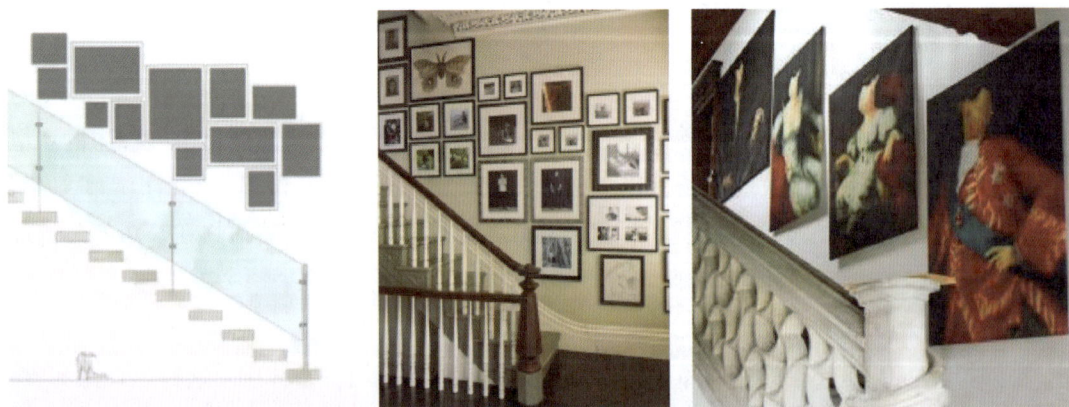

图9-52　视线引导式悬挂法

9.发散式悬挂法（放射式挂法）

选择一幅最喜欢的装饰画作为中心，再布置一些小画围绕呈发散状。如果照片的色调一致，可在画框的颜色选择上有所变化。这种挂画方式通常可以表现出很强的文艺气息。如图9-53所示。

图9-53　发散式悬挂法

10.对角线挂法

该种挂法是相对随意的搭配方式，需要注意的是空间材质和色彩的选择应与周围环境一致。装饰效果虽很随意但却协调。如图9-54所示。

图9-54　对角线挂法

模块二　软装挂饰认知与应用

除了装饰画外，软装挂饰也是室内墙面装饰的重要组成部分，主要包括挂镜、挂钟、挂盘及其他工艺品挂件等。

一、工艺挂镜

挂镜是家居空间中不可或缺的一个软装元素，它除了具有日常实用功能外，镜面的巧妙使用能够让镜面成为空间的亮点，给室内装饰增加许多灵动。

（一）挂镜主要功能

1. 实用功能

挂镜是人们日常整理衣装、装扮仪容等必不可少的一类家居用品，常用于更衣间、卫浴间、化妆间等。如图9-55所示。

图9-55　卫浴间、衣帽间挂镜

2. 装饰功能

在家居装饰上，镜子也有其独特的装饰作用。挂镜的款式造型越来越多样化，使其本身就具有很好的装饰性。挂镜的组合呈现还可以传递出更丰富的效果，软装搭配时选择装饰性较强的镜面或镜面组合，和室内其他软装元素相互协调搭配，可以提升空间品质感。如图9-56所示。

图9-56　造型各异的装饰挂镜

3. 借景功能

利用镜面的反射功能，可以镜像室内装饰物；也可以将窗外的风景引入室内，增加室内的舒适感和自然感。如图9-57所示。

图9-57 挂镜借景功能

4. 空间扩容功能

挂镜可以在视觉上扩展和延伸空间。如果空间局促，适当运用挂镜可以从视觉上调整房间的狭窄感。在空间狭小、层高低矮的房间里，可用挂镜来弥补空间的缺陷。如狭长走廊式的玄关搭配一面镜子，可从视觉上改变小玄关的狭长逼仄感；层高不高的房间，可以在顶面巧妙运用镜子，给人一种层高的错觉。但要注意放置镜面的角度，斜放的镜面可以拉升空间高度，适合比较矮的房间；镜面整块运用或是直角运用，能成倍加大空间的视觉面积。如图9-58所示。

图9-58 大面挂镜起到视觉扩容作用

5. 补充光线功能

挂镜能够反射光线的特点也被用来解决一些采光不好、幽闭空间的户型缺陷。可以将挂镜放置在光线比较弱的地方，利用光反射将自然光线或其他空间的灯光引入，提高房间的视觉感，也能消除空间的压迫感。如图9-59所示。

（二）挂镜常见形状

挂镜形状各种各样，常见的有方形（长方形、正方形）、圆形（正圆形、椭圆形）、多边形（多边、多面）、曲线形（曲线、曲面）、不规则形等。每一种造型、款式的挂镜都会产生不同的视觉效果。如图9-60所示。

把一些边角经过圆润化处理的小块镜面组合拼贴在墙面上，富于变化的造型可带来更加丰富的空间感觉，展现出生活的多姿多彩。

图9-59　挂镜的提亮功能

图9-60　形状各异的挂镜

（三）挂镜的布置法则

1. 挂镜数量与尺寸的确定

挂镜选用要根据空间需求适度适量。家居空间中不能大量、过分地使用镜面，否则会引起视幻觉，扭曲人的正确判断，人眼会出现持续疲劳；房间中装饰太多或太大的镜子和隔断，还容易让人产生冷感。而整面墙镜子可以很好地产生扩容的效果。精巧别致的镜子也能起到画龙点睛的装饰作用。

2. 挂镜颜色选择

挂镜常见有金色、茶色、黑色、咖色等多种镜面颜色，可以根据不同的风格选择。如茶色挂镜，可以营造朦胧的反射效果，不但具有视觉延伸作用，增加空间感，也比一般镜子更有装饰效果，既可以营造出复古氛围，也可以凸显时尚气息。茶镜与白色墙面或是浅色素材搭配时，更能强化视觉上的对比感受。

3. 挂镜位置选择

选择挂镜位置时，若以实用性为主要功能，要充分考虑镜子使用的便利性，包括挂镜场合位置、适合高度及配合灯光光线位置等。同时，要善于利用挂镜的镜像反射功能，使镜中呈现美好的景象，如将镜子安装在与窗户呈平行的墙面上，可以将室外的风景引入室内，增加室内的舒适感和自然感；如果挂镜不能安装在与窗户呈平行的墙面上，要重点考虑反射物的颜色、形状与种类，避免室内显得杂乱无章。如图9-61所示。

图9-61　挂镜再现美景

此外，在为镜子选择位置时，一定要避免阳光直射的墙面。阳光照在镜面上会对室内造成严重的光污染，不但起不到装饰效果，同时还会对视线产生影响。

（四）挂镜的陈设布置

不同空间对挂镜的选配与陈设要求也有所不同。

1. 玄关挂镜

一般房子的玄关面积都不大，因此借助挂镜的反射作用不仅可以改变小玄关的窄小紧迫感，起到扩充视觉空间的作用，而且进出门时还可以利用玄关镜子整理仪表，一举两得。如图9-62所示。

图9-62　玄关挂镜

要注意，直接对门的玄关通常不适合挂大面镜子，玄关挂镜也避免安装在正对入口的墙面。如果玄关在门的侧面，最好　部分放镜子，和玄关成为一个整体；但如果是带有曲线的设计，也可以全用镜子来装饰。

2.过道挂镜

在狭长过道的一侧墙面上安装大面挂镜，既显得美观，还可以提升空间感与明亮度，又可以化解狭小与局促感。但面积太小的挂镜起不到扩大空间的效果。如图9-58所示。

3.客厅挂镜

客厅中运用挂镜，首先可以起到装饰作用；其次，可以借助镜子的反射延伸，在视觉上起到扩容效果，让客厅显得宽敞。挂镜的尺寸和颜色，可以根据客厅的面积和格局的具体情况选择。

在客厅的某个角落处巧用镜子，也是一个很不错的选择。通常角落处的光线较为不足，空间也较为局促，在低矮柜子的墙面上用挂镜装饰，就可多增加一面墙的反光照射，加强亮度，延伸空间。

4.餐厅挂镜

挂镜也是餐厅的常用软装元素，可以有效提升空间的艺术氛围。挂镜对于面积不大的餐厅来说，不仅可以起到扩容作用，镜子照射到餐桌上的食物，还能够刺激用餐者的味觉神经，让人食欲大增。

有些餐厅空间较狭小局促，小餐桌选择靠墙摆放，容易受到来自墙壁的无形的压迫感，这时在墙上装一面比餐桌宽度稍宽的长条形镜子，可以消除靠墙座位的压迫感，并增添用餐情趣。

如果餐厅中布置了餐边柜，也可以把镜子悬挂在餐边柜的上方。

5.卧室挂镜

从传统习俗来讲，忌讳在卧室中布置挂镜，挂镜最好不要对着床或房门。这主要是因为居住者夜里起床，意识模糊时看到镜子中的影像容易受到惊吓。

在现代设计中，只要镜子的位置安装得当也无伤大雅。卧室挂镜适合布置在床头或两侧的墙上，避免安装在床尾的墙面上。卧室的挂镜除了用作穿衣镜，还可以用来放大空间，化解狭小卧室的压迫感。可以在卧室墙上设计一些几何图形，在里面安装镜子，既有扩大空间的效果，又能装饰卧室，极具个性，让人眼前一亮。此外，挂镜不仅可以用在卧室的墙上，也可以把衣柜门用镜面装饰，使空间有横向扩展的感觉。

6.卫浴间挂镜

镜子作为卫浴间的必需品，以实用功能为主，但也不要忽视它的装饰性与空间效果。镜子不仅可以在视觉上延展卫浴空间，同时也能增加光线不好的卫浴间的明亮度。

卫浴间的镜子通常悬挂在盥洗台的上方，美化环境的同时，方便整理仪容。在注重收纳功能的小户型中，挂镜通常以镜柜的形式出现。

二、工艺挂钟

虽然生活在电子时代的人们已经把手机当作主要的报时器，但挂钟是每家都必不可少的物件，它能让人们在家里的每时每刻，抬头即可获知时间。在房间或者客厅装饰一款有品位的工艺挂钟，也能体现主人的艺术修养并营造艺术氛围。如图9-63所示。

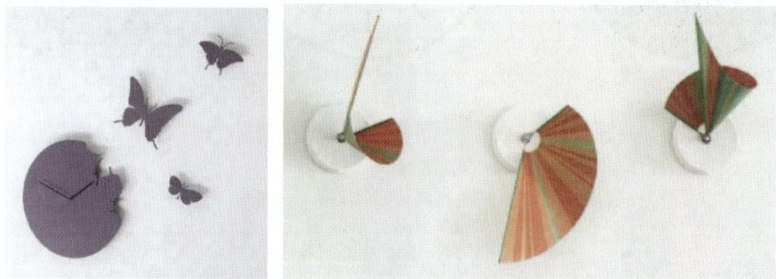

图9-63　工艺挂钟兼具报时和装饰功能

（一）挂钟的类型

1. 机械式挂钟

机械式挂钟采用发条动力系统，根据单摆原理制成，外观具有比较浓厚的机械色彩。但由于机械之间的摩擦损耗，计时准确性差。如图9-64所示。

图9-64　机械式挂钟

2. 指针式石英挂钟

指针式石英挂钟利用石英晶体受到电力驱动而产生规律振动从而带动时钟指针指示时间的原理制造，走时准确误差小，外观多样。如图9-65所示。

3. 数码屏显时挂钟

挂钟除了常规以指针显示时间外，数码显示屏挂钟应用也较多，如图9-66所示为Rafael Assandri设计的"可以开花的壁挂钟"，时间通过中间的数码屏显示，它共有十二片花瓣，每五分钟会长出一朵小花瓣，全部开满需要一个小时，在55分钟的时候看上去就像一朵花，既时尚又充满创意。

图9-65　指针式石英挂钟

图9-66　数码屏"可以开花的壁挂钟"

4. 电波钟

电波钟表是一种继石英电子钟之后的新一代的高科技产品，它可以自动接收国家授时中心发射的电波信号，接收到标准时间后自动校正，可以完美消除走时累计误差，很多电波钟还有温度测量的功能。

（二）挂钟的风格

挂钟的款式造型、颜色、材质等丰富多彩，风格各异，不同风格的挂钟布置在家中会产生不同的效果，可根据不同空间和使用要求选配，与整体软装风格相协调。

1. 田园风格挂钟

田园风格挂钟以白色木质或铁艺钟居多，钟面多为碎花、蝴蝶图案等小清新画面，尺寸26~38cm，其中双面壁挂钟装饰效果更加突出。如图9-67所示。

2. 美式风格挂钟

美式风格挂钟以做旧工艺的铁艺挂钟和复古原木挂钟为主，颜色选择较多，如墨绿色、黑色、暗红色、蓝色等，钟面以斑驳的木版画、世界地图等复古风格画纸装饰，挂钟边框采用手工打磨做旧，规格多样，直径30~50cm不等，造型不拘于圆形、方形，其中椭圆形麻绳挂钟、网格挂钟等异型造型都是不错的选择。如图9-68所示，做旧的表盘显现出时间的印记，粗糙的漆面呈现出浓浓的复古意味，表盘上的涂鸦体现出多彩而个性的生活情趣。

图9-67　田园风格挂钟

图9-68　美式风格挂钟

3. 欧式风格挂钟

　　欧式风格挂钟常见材质有实木、树脂或铁艺等，实木挂钟稳重大方，而树脂材料更容易表现一些造型复杂的雕花线条，展现了古典优雅的美感，如图9-69所示。

图9-69　欧式风格挂钟

4. 工业风格挂钟

工业风挂钟多以铁艺制品呈现，常借用工业齿轮、水管、自行车等造型，营造出工业复古怀旧的艺术氛围，给室内装饰艺术引入新意。如图9-70所示。

图9-70　工业风格挂钟

5. 中式风格挂钟

中式风格挂钟以原木、铜质挂钟为主，透过厚重的实木质感体现中式文化的深厚底蕴，通过金（铜）色体现富贵华丽，红檀色、原木色、金色都是很好的搭配，回纹、祥云、花鸟山水、梅兰竹菊、吉祥文字、折扇、窗格、葫芦等都是常用的中式元素。如图9-71所示。

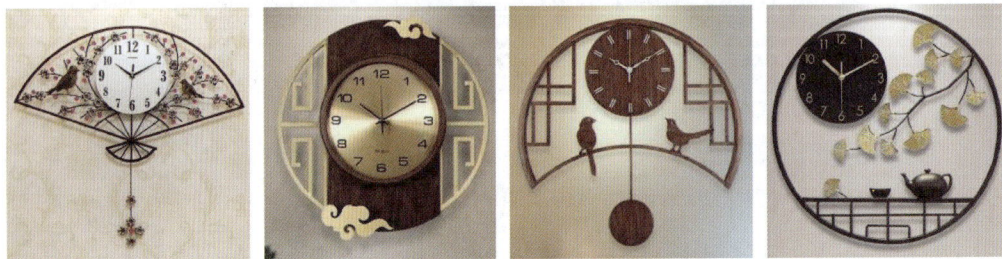

图9-71　中式风格挂钟

6. 现代风格挂钟

现代风格挂钟外框以不锈钢居多，钟面色系纯粹，整体造型简洁流畅大气。现代极简风格挂钟，钟面简约到极致，甚至只有指针没有数字。如图9-72所示。

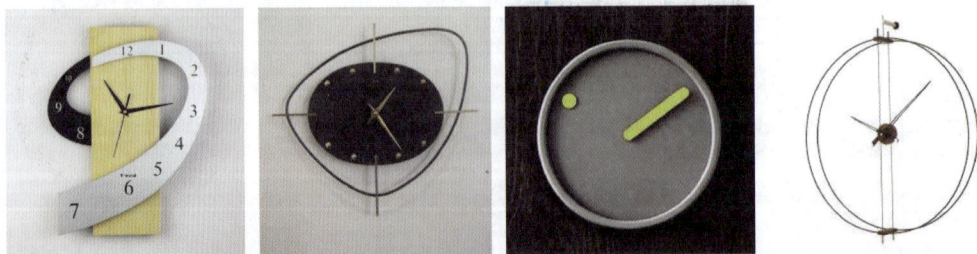

图9-72　现代风格挂钟

还有很多现代挂钟设计奇思妙想，非常独特，充满趣味。如图9-73所示。

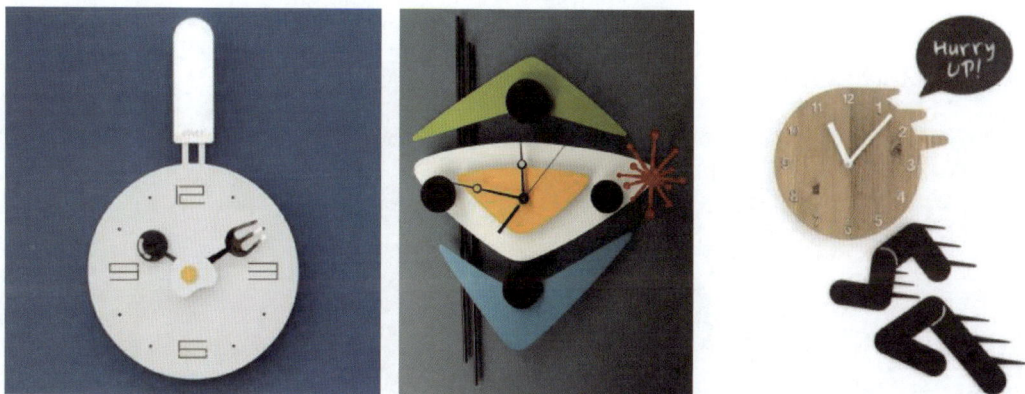

图9-73　设计独特有趣的挂钟

（三）挂钟尺寸选择

挂钟的尺寸常见有直径25cm、30cm、38cm、40cm、46cm、50cm、68cm等；或以英寸选择如10英寸、12英寸、14英寸、16英寸、18英寸、20英寸等。一般，面积小的住宅不宜摆放大笨钟，一方面喧宾夺主，另一方面钟声太响也会使人心绪不宁，坐立不安，或有恐惧感。不同空间的挂钟一般可参考尺寸：餐厅可选直径30~40cm，客厅可选直径35~50cm，卧室可选直径30~40cm，书房、过道、玄关等其他墙面的尺寸一般是25~38cm。

在购买挂钟时，不要把挂钟拿在手上来感觉挂钟的大小，因为挂钟是挂在墙上远观的，视觉差异会导致看起来大小合适的挂钟挂在墙上却显得偏小。客厅的挂钟尺寸可略大一些，配合造型与颜色，成为空间中的视觉焦点。餐厅的挂钟尺寸要和餐桌大小成比例，富有创意的极简挂钟可增加墙面的立体感。

（四）挂钟的陈设布置

（1）挂钟的位置应使其使用功能最大可视化，就是能够最大可能地从各个不同角度都能看到挂钟。

（2）一般不将挂钟放置于客厅沙发墙正上方，常坐此处的人容易出现心神不宁甚至身体不适。会让人感觉客厅像是公共的候车、候船、候机大厅。

（3）挂钟一般表面有发光面，正对主光源会产生反光，但也不能太背光，影响其显示，通常适合悬挂在客厅的主光源侧面。如图9-74所示。

图9-74　挂钟的位置

三、工艺挂盘

风格多样的工艺挂盘不仅可以让墙面活跃起来，还能体现居住者的个性和品位，工艺挂盘可以装饰各种不同风格的墙面，并不局限于个别的风格。如图9-75所示。

图9-75　工艺挂盘的装饰效果

（一）工艺挂盘的风格

工艺挂盘需要配合整体的家居风格，这样才能发挥锦上添花的作用。

北欧风格崇尚简洁、自然、人性化，工艺挂盘可以选择简洁的白底，搭配海蓝鱼元素，显得清新纯净；麋鹿图样也是北欧风格常用的元素之一，寓意吉祥，将麋鹿图样的组合挂盘装饰于沙发背景墙上，可为家增添了神秘色彩。

欧式田园风格与北欧风格有很大的差异，它用色大胆，图样更加繁复。挂盘通常以鸟、蝶、花为主题元素，呈现出生机勃勃与自然质朴的乡村风格。

美式风格因为单纯、休闲的特点受到很多人的喜爱，选择色彩复古、表面做旧工艺的挂盘会让家居更有格调。

新中式风格的空间中，黑白水墨挂盘能给人浓郁的中式韵味，寥寥几笔就体现出浓浓的中国风，简单大气又不失现代；也可用青花瓷作为墙面装饰，在其他位置再加上青花纹样的呼应，如用青花花器或布艺装饰点缀，效果更佳。

（二）工艺挂盘色彩搭配

越是内容丰富的挂盘，越是可以搭配色彩适度浓烈的墙面，形成相互呼应。例如，挂盘带有彩绘的鱼、波浪等图案，采用蓝色、绿色、黄色等艳丽色彩，搭配浓艳黄色或明快蓝色的背景墙，可为空间带来更多明媚与活力；简单素雅的纯色挂盘装饰在花色繁多的墙面上则有一泓清泉的效果；而在素白的墙面上，搭配白底描花的挂盘则会显得十分优雅。

装饰墙面的挂盘，一般不会单只出现，通常多只挂盘作为一个整体出现，这样才有画面感，但要避免杂乱无章。主题统一且图案突出的多只挂盘巧妙地组合在一起，能起到替代装饰画的效果。如图9-76。

（三）工艺挂盘的陈设布置

工艺挂盘装饰墙面一般有两种方法：规则排列和不规则排列。当挂盘数量多、形状不一、内容各异时，可以选择不规则排列方式。建议先在平面上设计挂盘的悬挂位置和整体形状，再将其贴到墙面上。当挂盘数量不多、形状相同时，适合采用规则排列的手法。例如，两列竖排盘子，中间加一个置物层板，形成H形，层板上摆放一两盆小植物，可软化挂盘的硬结构。如图9-77。

图9-76　挂盘的巧妙组合

图9-77　挂盘装饰手法

四、工艺品挂件

软装工艺品挂件是对不同材料进行艺术加工和组合制成的艺术品，其中就包含柔和、独特、丰富多彩的纤维布艺工艺品挂件。

（一）工艺品挂件常见类别

按材质分，工艺品挂件包括树脂、金属铁艺、陶瓷、玻璃、木质、纤维布艺等多种，不同材质与造型的工艺品挂件能给空间带来不一样的视觉感受。如图9-78、图9-79所示。

（二）工艺品挂件的风格

工艺品挂件的种类很多，形式也非常丰富，应与被装饰的室内空间氛围相协调。但这种协调并不是将工艺品挂件的材料、色彩、样式简单地融合于空间之中，而是要求工艺品挂件在特定的室内环境中，既能与室内的整体装饰风格、文化氛围协调统一，又能与室内已有的其他物品在材质、肌理、色彩、形态的某些方面有适度的对比和呼应。

图9-78　各种工艺品挂件

图9-79　纤维布艺挂件

1. 美式乡村风格

美式乡村风格悠闲而自由，墙面色彩通常自然、质朴，软装配饰的选择倾向于自由、乡村而怀旧的格调。美式风格的挂件可以天马行空地自由搭配，不必整齐有规律。铁艺材质的墙面装饰和挂画、镜子、老照片、手工艺品等都可以装饰在同一面墙上，自由随意是美式风格的灵魂所在。如图9-80（1）所示。

2. 东南亚风格

东南亚风格的软装元素在精不在多，选择墙面工艺品挂件时要注意留白与意境，可选用少量木雕工艺饰品和铜制品进行点缀。但是，铜容易生锈，在选用铜质挂件时要注意做好护理，防止生锈。如图9-80（2）所示。

3. 现代简约风格

现代简约风格以简约宁静为美，饰品相对比较少，可选择少量的工艺品挂件分布整面墙壁，能起到画龙点睛的作用。在软装配饰比较少的空间里，注重元素之间的协调对比，选择工艺品挂件时要注重意境的刻画。如图9-80（3）所示。

（1）美式风格　　　　　　　　（2）东南亚风格　　　　　　　　（3）简约风格

图9-80　不同风格的工艺品挂件

4. 新中式风格

新中式风格雅致而沉稳，常用字画、折扇、瓷器等工艺饰品来装饰，注重整体色调的呼应和协调。沉稳素雅的色彩符合中式风格内敛、质朴的气质，荷叶、金鱼、牡丹等具有吉祥寓意的工艺饰品经常作为挂件用于背景墙面装饰。中式家居讲究层次感，选择组合型工艺品挂件时注意各个单品的大小选择与间隔比例，并注意平面的留白，大而不空，这样装饰起来才有意境。如图9-81所示。

5. 后现代风格

后现代风格常用黑色搭配金色来打造炫酷、奢华的空间格调，所以金色的金属饰品占据相对大的比例。金色工艺品挂件搭配同色调的烛台或桌饰，可以营造出典雅尊贵的空间氛围。使用金属挂件装饰墙面时，注意添加适量布艺、丝绒、皮草等软性饰品来调和金属的冷与硬，烘托华丽精致感，平衡整个家居环境的氛围。如图9-82所示。

图9-81　新中式风格工艺挂件

图9-82　野兽派墙面装饰挂件

（三）工艺品挂件的陈设布置

工艺品挂件可以随时更换，能立即改变空间氛围，起到装饰、点缀墙面的效果。因材质、造型、色彩、尺寸的差异，不同的功能空间适合装饰不同的工艺品挂件。

1.客厅工艺品挂件布置

客厅的软装元素在风格上统一才能保持整个空间的连贯性。将工艺品挂件的形状、材质、颜色与同区域的饰品相呼应，可以营造出非常好的协调感。

例如，小鸟、荷叶以及池鱼元素的陶瓷挂件适合出现在中式风格的客厅背景墙上；工业风格的客厅中常出现齿轮造型的挂件；在现代风格的客厅中，金属挂件是一个非常不错的选择；美式乡村风格客厅中通常会有老照片、做旧铁艺挂件等；划桨造型挂件、船锚船舵则是地中海风格的主题；羚羊头造型挂件凸显北欧风格的灵性。如图9-83所示。

图9-83 客厅工艺品挂件

2. 餐厅工艺品挂件布置

餐厅如果是开放式空间，应注意软装配饰在空间上的连贯、在色彩与材质上的呼应，并协调局部空间的气氛。例如，餐具的材料如果带金色，在工艺品挂件中加入同样的色彩，有利于空间氛围的营造与视觉感的流畅，使整个空间显得更加和谐。虽然在整体偏冷的环境中加入金色能表现富贵与温暖感，但金色不宜过多，应根据整体色调选择一定的比例进行点缀。如图9-84所示。

3. 卧室工艺品挂件布置

卧室作为休息的地方，色调不宜太重太多，光线也不宜太亮，以营造一个温馨轻松的居室氛围。背景墙的工艺品挂件应选择图案简单、颜色沉稳内敛的类型，给人宁静和缓的感觉，利于睡眠。

图9-84　餐厅工艺品挂件

扇子是古代文人墨客喜爱的物件，有吉祥的寓意。圆形的扇子饰品配上长长的流苏和玉佩，是装饰背景墙的最佳选择，通常用在中式风格和东南亚风格卧室中。注意，如果用工艺品挂件装饰卧室的背景墙，墙面最好是做过硬包或者软包的，这样效果更加精致，但底色不能太深，也不能太花哨。如图9-85所示。

4. 儿童房工艺品挂件布置

儿童房的装饰要考虑空间的安全性以及孩子的身心健康，通常避免大量的装饰，不用玻璃等易碎品或易划伤的金属类挂件，应预留更多的空间来自主活动。儿童房的布置应有童趣，颜色相对明快且温暖，墙面上可以是儿童喜欢的或引发想象力的装

图9-85　卧室工艺品挂件

饰，如儿童玩具、动漫童话挂件、小动物或小昆虫挂件、树木造型挂件等，也可以根据儿童的性别选择不同风格的工艺品挂件，鼓励儿童多思考、多接触自然。如图9-86所示。

图9-86　儿童房工艺品挂件

5. 茶室工艺品挂件布置

茶室在中式风格中比较常见，是供饮茶休息的地方，宜静宜雅，装饰宜精而少，或用一两幅字画、些许瓷器点缀墙面，以大量的留白来营造宁静的空间氛围。茶室工艺品挂件的选择宜精致而有艺术内涵。例如，一些自然而和缓的、带有山水的艺术元素，如莲叶、池鱼、流水等，与茶文化气质相呼应。如图9-87所示。

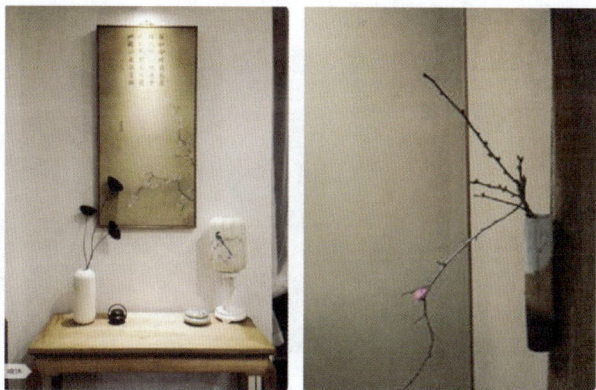

图9-87 茶室工艺品挂件

6. 卫浴间工艺品挂件布置

卫浴间较其他地方小且光线偏暗，湿度大，装饰画不利于保存，选择防水耐湿材料的立体挂件来装饰更合适。为保持卫浴间整洁干净的格调，具有自然气息的挂件会让空间氛围更加轻松愉悦。注意，卫浴间的装饰量不宜过多过大，颜色以低调为佳，少量的点缀即可让空间不显单调。

7. 过道工艺品挂件布置

过道的驻足时间不长，但装饰不可忽略。过道工艺品挂件选择的原则是不仅要与室内风格相协调，而且不能影响人的正常通行。通常除了装饰画以外，在墙面上悬挂几束花草也能起到很好的装饰作用，增添自然活力的同时为过道营造一个轻松阳光的氛围。但并不是所有的花都适合挂在墙上或放在花架上，要根据花的习性与室内的采光选择合适的植物，也可选择仿真花草，以轻便易打理为佳。如图9-88所示。

图9-88 过道工艺品挂件

模块三 摆件饰品认知与应用

软装摆件饰品（图9-89）指陈列、摆设在桌台、几、案、架之上的具有装饰性的工艺制品，或兼具装饰性和实用性的日用品，主要包括工艺品摆件（图9-90）、日用品摆件（图9-91）等。其中，有很多工艺品摆件也是艺术品、收藏品。家居空间中陈设一些精致的工艺品摆件，不仅可以充分展现居住者的品位，还可以提升居室空间的文化格调。

图9-89 软装摆件饰品

图9-90 工艺品摆件

图9-91 日用品摆件

一、工艺品摆件常见材质类别

工艺品摆件饰品的材质非常丰富，常见有陶瓷、玻璃、水晶、金属、竹木、玉石、树脂、纤维布艺、纸等。

（一）陶瓷工艺品摆件

陶瓷在室内装饰应用中很受欢迎，它造型可塑性强，装饰效果好，因为是土质，空间的包容性也很好。常见的有土陶、彩釉、手绘釉等。陶瓷工艺品摆件大多制作精美，即使是近现代的陶瓷工艺品也具有极高的艺术收藏价值。适用于多种装饰艺术风格。如图9-92、图9-93所示。

图9-92　马蒂斯装饰艺术中的手绘陶瓷花瓶

图9-93　孟菲斯装饰造型中莫兰迪色系的陶瓷工艺品

中式风格中常见有将军罐、青花瓷摆件、陶瓷台灯等，还有中国传统寓意吉祥的动物，如貔貅、小鸟、骏马等造型的陶瓷摆件。以及各大名窑陶瓷摆件，如传统的五大名窑瓷器"汝官哥钧定"；中国现代主要陶瓷产区的产品，如浙江龙泉慈溪的"越窑青瓷"、江西景德镇的"骨质青花瓷"、广东潮州主产的艺术日用陶瓷、福建德化的白瓷、江苏宜兴的紫砂壶等。或胎质细腻、釉色温润、青翠晶莹；或胎骨细柔坚致、胎釉质感美妙、色泽温润明亮、形体晶莹剔透；或形制优美、颜色古雅。

（二）玻璃工艺品摆件

玻璃工艺品摆件常见有彩色玻璃、磨砂玻璃、艺术玻璃、印刷玻璃、手绘玻璃，具有艺术效果的玻璃材质还包含琉璃等，其质感通透，装饰性强，适用于北欧、现代/后现代、轻奢等风格的空间及公共艺术装饰等。如图9-94、图9-95所示。

（三）树脂工艺品摆件

树脂分天然树脂（松香、安息香等）和合成树脂（酚醛树脂、聚氯乙烯树脂等）。树脂可塑性强，可任意塑造成动物、人物、卡通等形象，几乎没有不能制作的造型，而且在价格

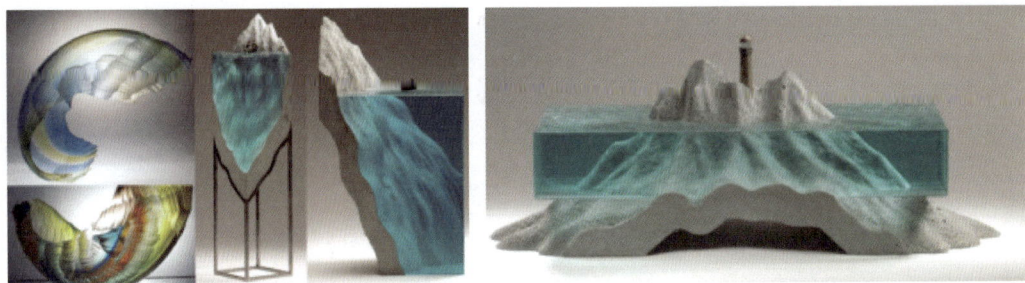

图9-94　玻璃工艺品摆件（悉尼玻璃艺术家Ben Young的作品）

图9-95　玻璃装饰花瓶

上极具竞争优势，可应用于家居装饰行业的任何领域，如大型的艺术雕塑、公共艺术品等，成本可控，造型丰富多彩，是一种非常受欢迎的配饰材质。例如，美式风格非常受欢迎的一类软装饰摆件，采用做旧工艺的麋鹿、小鸟、羚羊等动物造型，可给室内增加乡村自然的氛围；工业风格的家居或商业空间中经常陈设复古树脂留声机，富有时代的沧桑感；欧式古典风格的室内空间中，往往陈设天使造型的树脂摆件。如图9-96所示。

图9-96　树脂工艺品摆件

（四）玻璃钢工艺品摆件

玻璃钢（fiber reinforced plastics，FRP），即纤维增强复合塑料。它是以玻璃纤维及其制品（如玻璃布、玻璃纱等）作为增强材料，以合成树脂作基体制成的一种复合材料。根据所使用树脂不同，可分为聚酯玻璃钢、环氧玻璃钢、酚醛玻璃钢等，通常可以代替钢材制造机器零件、汽车和船舶外壳等。艺术玻璃钢与工艺树脂的性能类似，具有很好的艺术造型可塑性，韧性、抗氧化能力强，材质的质感、亮度与色泽度优于其他材质。如图9-97所示。

图9-97 玻璃钢工艺品摆件

（五）金属工艺品摆件

金属工艺品摆件用金、银、铜、铁、锡、铝合金等材料或以金属为主要材料加工而成，风格和造型可以随意定制。例如，铁艺鸟笼可以很和谐地融入居室环境，既可以做花器，也可以用作装饰摆件，还可以作为吊灯的灯罩；组合型的金属烛台常用于欧式风格，可以增添生活情趣；在营造现代简约气氛的空间中，可选择实用与装饰兼具的金属座钟进行点缀。如图9-98所示。

图9-98 金属工艺品摆件

（六）竹木工艺品摆件

竹木工艺品摆件以原木，竹，藤、草等为原材料加工制成，给人一种自然原始的感觉。

根雕、木雕、竹雕是家居常见的陈设艺术品，也是非物质文化遗产，如图9-99所示。适用于中式风格、北欧风格、侘寂风格、自然风格、田园风格等家居、民宿酒店等空间配饰。

图9-99　竹木工艺品摆件

（七）矿物质/石材工艺品摆件

矿物质/石材工艺品摆件常见材质有原石、大理石、水晶石、汉白玉，甚至海洋贝壳等。水晶工艺品摆件玲珑剔透、造型多姿，配合适宜的灯光，会显得更加晶莹辉煌，能增强室内装饰感染力。例如，把水晶烛台应用于新古典风格餐厅中，可为就餐增添精致浪漫的氛围；水晶地球仪适合摆设在书房，体现浓郁的文化气息；色彩单一的卧室，可用水晶台灯营造气氛。如图9-100所示。

图9-100　矿物质/石材工艺品摆件

二、工艺品摆件常见风格类别

（一）中式风格工艺品摆件

常见品类有陶瓷、盆景、茶具、书房用品（文房四宝、笔架、镇纸、书挡）、台灯等。

中式风格庄重、雅致，工艺品摆件陈设可对称或并列布局，或者按大小摆放出层次感，以达到和谐统一。陶瓷工艺品多采用对称式布局。例如，中式家居中常用格栅来分割空间、装饰墙面，这些都可以是工艺品摆件的背景，可在格栅前面陈设与其风格相似的落地摆件

（如花几或落地花瓶）来呈现空间美感

中式风格注重视觉的留白，有时会在工艺品摆件上点缀一些亮色来提亮空间色彩，如传统的明黄、藏青、朱红色等，营造典雅的传统氛围。

（二）美式风格工艺品摆件

美式乡村装饰风格及摆件摒弃了奢华，并将不同的元素汇集融合，突出"回归自然"的设计理念，在设计与材质上相对广泛，金属、藤条、瓷器、天然木质、麻织物等都能以质朴的方式互相融合，营造自然、简朴的格调。

美式风格空间常采用一些有历史感的元素，软装工艺品摆件追求一些仿古艺术品，表达回归自然的乡村风情。例如，仿旧地球仪、被翻卷边的古旧书籍、做旧工艺的实木相框、表面略显斑驳的陶瓷器皿、动物造型的金属或树脂雕像等。

（三）法式风格工艺品摆件

法式风格端庄典雅，高贵华丽，工艺品摆件常见的有高贵奢华的镀金镀银器或描有繁复花纹的描金瓷器，大多带有复古的宫廷尊贵感，以符合整个空间典雅富丽的格调。此外，法式风格通常用组合型的金属烛台搭配丰富的花艺，并以精美的油画作为背景，营造高贵典雅的氛围。

（四）北欧风格工艺品摆件

北欧风格简洁自然，由于装饰材料多质朴天然，空间主要使用柔和的中性色，自然清新；饰品相对较少，多以植物盆栽、蜡烛、玻璃瓶、线条简洁的雕塑进行装饰；室内几乎不采用纹样图案装饰，居室中的简洁宁静就是北欧风格的最好体现。例如，围绕蜡烛而设计的各种烛灯、烛杯、烛盘、烛托和烛台等工艺品是北欧风格的一大特色，这些摆件可应用于任何房间，为北欧的冬季带来一丝温暖。

（五）工业风格工艺品摆件

工业风格的室内空间陈设无需过多的装饰和奢华的摆件，一切以回归为主线，越贴近自然和结构原始的状态，越能展现该风格的特点。搭配用色不宜艳丽，通常采用灰色调。

工业风格的摆件适合采用凌乱、随意、不对称的陈设布局，小件物品可选用跳跃的颜色点缀。常见的工艺品摆件包括旧电风扇或旧收音机、木质或铁皮制作的相框、放在托盘内的酒杯和酒壶、玻璃烛杯、老式汽车或者双翼飞机模型等工业革命的特征物件。

（六）东南亚风格工艺品摆件

东南亚风格的装饰无论是材质或颜色都崇尚朴实自然，饰品色彩大多采用原始材料的颜色，棕色系、咖啡色、白色是常用颜色，营造出古朴天然的空间氛围。东南亚风格结合了东南亚民族岛屿特色与精致的文化品位，静谧而雅致。其软装饰品与其整体风格相似，自然淳朴，富有禅意。所以软装工艺品摆件多为带有当地文化特色的纯天然材质的手工艺品，并且大多采用原始材料的颜色。如粗陶摆件、藤或麻装饰盒、大象、莲花、棕榈等造型摆件，富有禅意，充满淡淡的温馨与自然气息。

（七）现代风格工艺品摆件

现代风格简约实用，饰品数量不需过多，以个性前卫的造型、简约的线条和低调的色彩为宜。如抽象人脸摆件、人物雕塑、简单的书籍组合、镜面的金属饰品都是现代风格常见的软装工艺品摆件。还有局部出现的烛台或各种颜色的方边相框等，需严格控制数量，点到为止。

三、不同空间摆件饰品的陈设布置

摆件饰品由于材质多样、造型灵活及创意新颖，能为室内空间增姿添彩，是软装配饰中极为重要的组成部分。摆件饰品的选配与陈设也有许多讲究，不同功能的空间选择与陈设摆件饰品的陈设技巧往往各不相同。通常，同一个空间的软装摆件饰品数量不宜过多，摆设时也需要注意构图原则，避免在视觉上感觉不协调。

（一）玄关摆件饰品陈设

玄关的摆件饰品应与花艺搭配，营造一个和谐的主题，例如，中式风格中，花艺和鸟形饰品组成花鸟主题，能使人产生鸟语花香、自然清新的感觉。

（二）客厅摆件饰品陈设

客厅是整个房子的中心，摆件饰品的陈设要有独到之处，以彰显居住者的个性。例如，现代简约风格客厅应尽量陈设一些造型简洁、色彩饱和度高的摆件；新古典风格的客厅可以选择烛台、古铜色金属台灯等；乡村风格客厅经常摆设仿古做旧的工艺饰品，如表面做旧的铁艺座钟、仿旧的陶瓷摆件等；新中式风格客厅中常陈设鼓凳、将军罐、鸟笼以及一些实木摆件。

1. 茶几摆件饰品陈设

若茶几上摆满物品，大小随意堆放，就会杂乱无章，毫无美感。首先要保证每样东西摆放有序，分成几个大类摆放，这样就能找到整体平衡，让人视觉舒适。例如，若是长方形的茶几，可以尝试将茶几面分成三格，然后将摆件物品分成三类放在相应的位置，这种布局可以迅速完成茶几摆设，形成简洁有序的整体美感。

若所有摆件都处在同一个水平线，则没有陈列的艺术感，可尝试改变茶几上摆件饰品的高度，将高低不同的饰品摆放得错落有致，从视觉上营造一个富有层次感的画面。

2. 边几摆件饰品陈设

客厅中的边几小巧灵活，目的在于方便日常放置经常流动的小物件，如台灯、书籍、咖啡杯等，这些常用品可作为软装配饰的一部分，再配合一些小盆栽或精美的工艺品摆件，就能营造一个自然闲雅的小空间。边几的旁边如果还有空间，可陈设一些落地摆件，以丰富边几区域的层次，而且起到平衡空间视觉的作用。

3. 壁炉摆件饰品陈设

壁炉是欧美风格中最常见的装饰元素，通常是整个客厅的重点装饰部分。它不仅对室内空间气氛的营造起着关键作用，而且可以带给人温暖和亲密的感情。壁炉周围的大型装饰要尽量简单，如油画、镜子等要精而少，而壁炉上放置的花瓶、蜡烛以及小的相框等小物件则可适当地多而繁杂。

最基础的壁炉台面装饰方法是整个区域呈三角形：中间摆放最高最大的背景物件，如镜子、装饰画等；左右两侧摆放烛台、植物或其他符合整体风格的摆件来平衡视觉；底部中间摆放小的画框或照片；角落里可以点缀一些高度不一的小饰品。此外，壁炉旁边也可适当摆放一些落地摆件，如果盘、花瓶等，不生火时可放置木柴，营造温暖的氛围。

（三）卧室摆件饰品陈设

卧室需要营造一个轻松温暖的休息环境，装饰简洁和谐利于睡眠，所以饰品不宜过多。除装饰画、花艺外，可适当点缀一些首饰盒、小工艺品摆件，也可在床头柜上摆放照片等配合花艺、台灯，能让卧室倍添温馨。

（四）餐厅摆件饰品陈设

餐厅摆件饰品的主要功能是烘托就餐氛围。餐桌、餐边柜、墙面搁板上都是摆设饰品的好地方。花器、烛台、仿真盆栽以及一些创意铁艺小酒架等都是不错的搭配。餐厅的软装摆件饰品成组摆放时，可以采用照相式的构图方式或与空间中的局部硬装形式感接近的方式，从而产生递进式的层次效果。

（五）书房摆件饰品陈设

书房安静轻松，所以摆件饰品的颜色不宜太亮、造型避免太怪异，否则会产生不协调感。现代风格书房的摆件饰品，要少而精，适当搭配灯光效果更佳；新古典风格书房中可以选择金属书挡、不锈钢烛台等摆件。书房同时也是一个收藏区域，工艺品摆件也可以收藏品为主，如用具有文化内涵或贵重的收藏品作为重点装饰，与书籍或小饰品搭配摆放，按层次排列，简洁大方。

（六）过道摆件饰品陈设

过道可以陈设一些摆件饰品提升装饰感，数量不用太多，以免引起视觉混乱。摆件饰品的颜色、材质应与家具、装饰画相呼应，造型应简单大方。因为过道是经常活动的地方，所以摆件饰品的摆放位置要注意安全稳定，并且注意避免阻挡视线。

（七）楼梯口摆件饰品陈设

楼梯口的装饰容易被忽略，适当陈设摆件饰品，会使整个空间的装饰感延续，通过楼梯口的过渡，为即将看到的空间预留惊喜。通常，楼梯口适合大而简洁的组合性摆件装饰，简约自然的线条不会过多地消耗人的视觉而引起长时间的停留。例如，一组大小不一的落地陶罐组合搭配干枝造型的装饰，古朴典雅，低调内敛，凸显居住者的品位。

（八）厨房摆件饰品陈设

厨房的摆件饰品尽量体现实用性，要考虑在美观基础上的清洁问题，还要尽量考虑防火和防潮。玻璃、陶瓷一类的摆件饰品是首选，容易生锈的金属类摆件尽量少用。此外，许多形状不一、采用草编或是木制的小垫子，也是厨房中很好的装饰物。

（九）卫浴间摆件饰品陈设

卫浴间中的水气和潮气多，所以通常选择陶瓷和树脂材质的摆件饰品。这种材质的饰品在卫浴间不会因为受潮而褪色变形，而且方便清洁。除了一些装饰性的花器、梳妆镜之外，比较常见的是的布艺洗漱收纳套件，既具有装饰性，还可以满足收纳需求。

四、布艺装饰摆件——抱枕、布玩

抱枕或靠枕，是家居生活中的常见用品，它既能起到实用保暖的作用，又是家居和车饰等常见的装饰品，给人时尚、温馨的感觉。抱枕的结构比较简单，但造型多种多样。它由枕芯和枕套构成。枕芯中填有涤纶、腈纶和棉、羽绒等填充物，柔软、透气、有弹性；枕套可以用各种棉、麻、毛织物和化纤仿丝绸织物，甚至毛皮、皮革等，还可以自己创意绣制各种图案。

（一）抱枕的分类

1. 按用途分

按用途可分为沙发抱枕、汽车抱枕、床枕等。沙发上的抱枕除了供坐卧躺靠之外，也用来装饰沙发，给人舒适温馨的感受。汽车上的抱枕，能在行车中起到舒缓疲劳的作用，也能起到装饰汽车的内部空间。卧室床上的抱枕，既有装饰作用，也可使人在休息时感受更多的舒适和亲切。

2. 按功能分

分为普通抱枕、保健抱枕、装饰抱枕等。装饰抱枕相对于常见的家用抱枕来说，更多地体现装饰效果。通过特殊的造型、图案、色彩及刺绣等调节居室空间色彩、提升视觉空间感知，或借助流行色的搭配，赋予空间时尚感，体现空间的装饰风格等，如图9-101所示。

图9-101 不同功能的抱枕/靠垫

3. 按款式造型分

抱枕的款式造型很多，千变万化，已不再局限于方方正正的四角形，圆形、长方形、动物造型、卡通造型，越来越多的抱枕造型应用于不同的个性环境，在色彩上也融入更多奇思妙想的设计，以及刺绣、珠花、羽毛、珠片、流苏、缎带等装饰元素的应用，让小小的抱枕成为美化空间的重要装饰元素。如图9-102所示。图9-103所示具有异域风情的三角抱枕，由印度设计师设计，将印度流行的色彩、手工工艺以及设计理念融合在一起，适用于家居装饰、卖场陈列、橱窗展示。

图9-102　不同造型款式的抱枕/靠枕

图9-103　异域风情三角抱枕

4. 按抱枕面料材质分

抱枕外包面料的材质分为棉质、麻质、棉麻、羊毛、真丝绸、化纤织锦缎、桃皮绒、化纤仿丝绸、印花织物、麂皮绒、雪尼尔、帆布等。纯麻、棉面料吸湿、透气、温暖，可在冬天使用，高档的真丝香云纱是抱枕用料的极品，丝滑、凉爽，可在夏天或空调房中使用。

抱枕之所以传递温馨，除了色彩图案的视觉感受外，面料的触感也很重要，甚至决定了它的功能、用途和装饰风格。品质好的面料触感能给人温柔舒适的感觉，可根据个人喜好、季节变化和装饰风格选配抱枕面料。

5. 按填充材料分

抱枕根据内芯材料可分为荞麦抱枕、化纤抱枕、乳胶抱枕、羽绒抱枕、泡沫粒子抱枕、PE弹性管抱枕等。荞麦抱枕是传统、保健、环保，具有坚韧不易塌陷的保形特点，倚靠起来比较舒服，但比较重、硬、不柔软，需要定期在太阳下晾晒清洁。化纤抱枕吸湿透气性差，容易结块，呈现高低不平的状态。乳胶的弹性好，不易变形、支撑力较强，没有引发呼吸道过敏的灰尘、纤维等过敏源，但价格较昂贵。羽绒质轻、透气、蓬松柔软舒适，是上好的抱枕填充材料，缺点是清洗不方便。PE弹性管由复合材料制成，抗挤压效果好，不易压扁，防霉变、不吸湿、重量轻、弹性好、不塌陷、柔和松软、使用寿命长，是抱枕的优质填充物。泡沫粒子是抱枕的最佳填充物，圆润、柔滑，有很好的流动性，而且富有弹性、不易变形、质感柔软、透气性极好。

（二）装饰性抱枕的选配

装饰性抱枕并不像实用的头枕一样注重功能性，而是更注重装饰性和趣味性。随着人们生活品位的不断提高，小小的抱枕已经演变为风情万种的时尚装饰。如图9-104所示。

图9-104　抱枕的色彩与选配

可根据使用的空间氛围选配不同风格特点的抱枕，与家居装饰风格相适应。例如，沙发上抱枕的材质既要使用者喜欢和舒适，又要与沙发的整体风格相称；若沙发的材质比较细腻，抱枕的面料就不要选择粗糙的；若喜欢比较夸张或粗犷的风格，建议选择帆布、麻布、棉麻等材质。抱枕的边饰有须边、荷叶边、宽边、内缝边、滚边及发辫边等，不同的边饰可以装饰不同的空间风格。通常，须边、发辫边抱枕比较适合古典家居空间。

对抱枕而言，色彩、图案和造型是其装饰性的重要元素。在冷色调的家居环境中，色彩艳丽的抱枕具有点缀和调节作用。例如，橘红、橙黄、嫣蓝、粉紫等流行的时尚配色可以提升居室的时尚感；条纹、格子图案的抱枕可为家居环境带来优雅的气息。运用不同颜色、图案的抱枕，还能够起到在视觉上分割空间的作用。例如，若客厅、餐厅、阳台是打通相连的，但只要给餐厅摆放橙色系靠枕，客厅的浅色沙发搭配蓝色抱枕，阳台的藤椅或座椅搭配碎花图案的抱枕，这样三个贯通而又功能各异的空间就显得既有关联又有区别。

如果空间内的色彩比较丰富，选择抱枕时最好采用同一色系且淡雅的颜色，这样不会使空间环境显得杂乱。如果空间内的色调比较单一，抱枕则可以选择一些撞击性强的对比色，起到活跃氛围、丰富空间的作用。抱枕如果前后叠放的话，尽量挑选单色系的与带图案的抱枕组合，单色的大抱枕在后，有图案的小抱枕在前。

抱枕的颜色选择要遵循色彩主线，需要搭配空间中的其他颜色。例如，若空间中的花卉植物较多，抱枕的色彩、图案则可以花哨一点；如果是简约风格，则可选择条纹抱枕，能很好地平衡纯色和样式简单的差异；如果房间中的灯饰很精致，可按灯饰的颜色选择抱枕；还可以根据地毯的颜色搭配抱枕。

抱枕的颜色选择也可以遵循递减色彩层次。例如，可先以沙发上的纯色抱枕为基础，串联起其他不同的颜色和图案，无论接下来选的抱枕上有什么图案，但其中一个图案的颜色必须是第一个抱枕上面出现过的，第三个抱枕的图案可以更复杂，同样上面的一种颜色必须和第一个抱枕重合，无论是颜色还是图案，面积都是从大到小层层递减的。

若房间里已有各种图案的饰品，且彩色沙发本身也有图案，应选择与沙发主色调相同，同时又带有凹凸纹理的纯色抱枕；若沙发靠背与坐垫是双色设计，抱枕的颜色要遵循两种色彩兼而有之，并注意色彩过渡。例如，棕色和白色双色沙发，可以在靠近沙发靠背的最里侧或靠近扶手的最外侧摆放一个浅色（白色或米色）带有细条纹的抱枕，然后紧挨着浅色抱枕摆放一个浅驼色或奶咖色抱枕作为过渡，最后再摆放一个装饰性较强的棕色系抱枕作为点睛之笔。

（三）布艺玩具

布艺玩具简称布玩，是历史悠久的中国传统艺术之一。很早以前，广大乡村妇女就常缝制一些活泼吉祥的禽兽花卉和生活用品，来美化生活和表达自己的美好愿望，后来，布玩具也逐渐成为各地有代表性的民间工艺。

布艺玩具品类繁多，工艺精巧，富有浓郁的生活气息和情趣，将形、色、情、意融为一体，构思新奇，夸张合理，具有对比鲜明、造型生动逼真等特点。常用彩色丝绸、绢缎、绒布、皮毛、彩线、金银线、空心珠等，通过复杂细致的手工精心缝制而成，如布老虎、各种布生肖动物、布荷包，把制成的虎头、扫帚、簸箕、黄瓜、葫芦等连成一串的叫"虎头串"，还有具有吉祥寓意、更多装饰性的虎头帽、猫头鞋，以及眼镜盒、烟荷包、针线扎等。这种装饰生活、寄托情思的民间工艺品，对家居环境都起到了很好的装饰作用。如图9-105所示。

图9-105　布艺玩具

　　布艺玩具材质多以丝绸、绒布、皮毛、彩线、金银线等材料加工而成，里面填上木粉、棉花，缝上刺绣，贴上眉眼，一个个活泼可爱的布玩具就做成了。虎在民间被称为百兽之王，布老虎既是精美的儿童玩具，同时又是一件寄托着长辈们美好愿望的家庭装饰品，在其中包含着中华民族的深厚文化。

五、餐桌摆件饰品与陈设

　　餐厅是人们最常用的室内活动场所之一，餐桌也是一个可以彰显艺术氛围的地方。把餐具、餐垫、桌旗、花艺、饰品等摆件饰品组合在一起，可以布置出不同寻常的餐桌艺术，不仅能给人带来无限创意，还可以创造出独特的就餐氛围。节假日和特殊的宴请则更需要用心布置餐桌，既可以愉悦家人，又体现对客人的尊重和重视。如图9-106所示。

图9-106　餐桌摆件饰品

（一）餐桌摆件饰品的常见类别

　　餐桌上的摆件饰品主要包括餐具、餐桌布艺、花艺及烛台等工艺品摆件。

1. 餐具

　　一套造型美观且工艺考究的餐具可以调节人们进餐时的心情，增加食欲，选用合适的餐具用餐，不仅具有仪式感，还能带来更好的味觉体验。

　　餐具根据使用功能大致分为盘碟类、酒具类和刀叉匙三大类。

　　（1）盘碟类。常用餐盘有5个规格尺寸：15cm的沙拉盘，18cm、21cm的甜品盘，23cm的餐盘及26cm的底盘。餐盘基本形状有圆形、方形、椭圆形或者八边形等。餐盘材质常见有陶瓷、玻璃、水晶、竹木、树脂、不锈钢等，风格各异，适用于不同风格与场合。

（2）酒具类。一般西方酒具以玻璃器皿为主，主要包括各式酒杯及附属器皿、醒酒器、冰桶、糖盅、奶罐、水果沙拉碗等，玻璃器皿形状多种多样，可根据家具风格、餐具款式选配。

（3）刀叉匙类。西餐的刀叉非常讲究，多以18~19世纪银匠传统的设计为工艺依据，结合现代设计的平实、简单、富有现代感的形状制作，整体造型典雅、图案优美。一套一人份的基本刀叉匙包括餐刀、叉、匙。材质主要有不锈钢、镀金、镀银等，可依据餐具款式、餐厅的风格等选用。

风格统一的成套系餐具是美化餐桌的重点，材质与风格应与空间其他器具保持一致，色彩则需呼应用餐环境和光线条件。例如，深色桌面搭配浅色餐具，而浅色桌面可以搭配多彩的餐具。

2. 餐桌布艺

餐桌布艺包括餐桌布、桌旗、餐巾、餐垫、杯垫、锅垫、茶巾等。餐桌布艺饰品不仅具有隔热、防护等实用功能，同时也是装饰餐桌、营造用餐氛围的重要软装材料。

日常的餐桌，如果没有时间精心布置，一块美丽的桌布就能立刻改观用餐环境；如果不愿意让桌布遮盖桌面本身漂亮的木纹，则可采用餐垫，既能隔热，又能点缀餐桌。不同的餐桌布艺能够随着季节转换和重要节日的来临，轻松应景变换。

餐桌布艺多采用棉、麻、涤棉、涤黏等面料，常用有漂白、染色、色织、小提花、大提花、印花等品种，也有的再加以局部绣花装饰等。在色彩上多见中浅色或纯正色，如橙黄、柠檬黄、大红、粉红、湖蓝、果绿、紫罗兰等，使人有洁净轻松愉悦之感，易于增添人们的食欲和美食情趣。如图9-107所示。

图9-107　餐桌布艺产品

（1）餐桌布。餐桌布指铺盖在餐桌表面用来防止桌面被弄脏或损坏、同时也起到装饰餐桌作用的一种台布。餐桌布按形状常见有方形、长形、圆形三类。按材质可分纺织类餐桌布和塑料类餐桌布。

①纺织类餐桌布。常见有：机织类，如素色餐桌布、印花餐桌布、色织餐桌布、色织提花餐桌布、抽纱餐桌布等；针织类，经编提花餐桌布以装饰性为主，常配玻璃或透明垫使用；绣花类餐桌布等。如图9-108所示。

| 素色餐桌布 | 色织餐桌布 | 色织提花餐桌布 | 印花餐桌布 |

| 绣花餐桌布 | 经编餐桌布 |

图9-108 各种纺织类餐桌布

②塑料类餐桌布。常见的有PVC餐桌布、EVA餐桌布、PEVA餐桌布、棉衬底PVC餐桌布、PP餐桌布等。有印花、压花、烫花等，一般结构简单，款式单一，但清洁方便，常用于酒店一次性餐桌布，是快消品。

（2）餐巾。餐巾是宴会酒席餐桌上一种专用保洁方布巾，又称口布、席巾。餐厅服务员通常在餐前将餐巾折卷成各式花样造型，插在餐桌上的杯中或放置在盘碟中，就餐者入席落座后展开铺放在膝上或胸前，以防衣物弄脏，也备擦嘴之用。餐巾不仅供宾客就餐时使用，同时还能起到美化餐桌、烘托餐台气氛、突出宴会主题与等级的重要作用，因此又是一种装饰餐桌的艺术品。

①西方餐巾的起源与发展。据说在15~16世纪时的英国，因为还没有剃刀，男士都留着大胡子。当时还没有刀叉，手抓肉食进餐时很容易把胡子弄脏，他们便扯起衣襟擦嘴。于是，家庭主妇就在男士的脖子上挂一块布巾，这是餐巾由来的一种说法。由于这种大块的餐巾使用时显得过于累赘，英国伦敦有一名裁缝想出了一种新主意，将餐巾裁成一块块的小方块，使用时挺方便，从而逐渐形成了现在宴席上用的餐巾。餐巾发展到17世纪，除了实用意义之外，还更注重观赏性。公元1680年，意大利已有26种餐巾的折法，如教士僧侣的诺亚方舟形，贵妇人用的母鸡形，以及一般人喜欢用的小鸡、鲤鱼、乌龟、公牛、熊、兔子等形状，美不胜收。西亚、埃及等地区的古代文献中也有使用餐巾的历史记载。

②中国餐巾的起源与发展。《周礼》中就已记载了周朝设幕人掌管用毛巾覆盖食物的古制。这种用以覆盖食物的毛巾，可以说是世界上最早的餐巾。到了清代，皇帝用餐时使用的称为"怀挂"的餐巾十分别致，它用明黄（皇帝御用的颜色）绸缎绣制而成，绣工精细，花纹别致，福寿吉祥图案华丽精美。餐巾的一角还有扣绊，便于就餐时套在衣扣上。这种具有中国特色的餐巾，比一般的西方餐巾要华贵得多，且使用方便。

现代餐巾是一种中西合璧的产物，被广泛应用于各式餐厅服务中，成为餐厅文化的一个重要的组成部分。

③餐巾的功能。

a. 卫生防护功能。宾客用餐时，餐厅服务员将餐巾放在宾客的膝上或胸前，可用来擦嘴或防止汤汁、酒水弄脏衣物。

b. 美化装饰功能。餐巾可以装饰美化餐台，烘托就餐气氛。不同的餐巾造型，蕴含着不同的宴会主题，形状各异的餐巾花摆放在餐台上，既美化了餐台，又增添了庄重热烈的气氛，给人以美的享受。

c. 主宾标示功能。餐巾造型与摆放可标示出主宾的席位。在折餐巾花时应选择好主宾的花型，主宾花型高度应高于其他花型，以示尊贵。餐巾花能起到沟通宾主之间感情的作用。

d. 用餐起止标示功能。在西方宴会中，餐巾的使用可以暗示宴会的开始或结束。西方人讲究女士优先，在西餐宴会上女主人是第一顺序。女主人把餐巾铺在腿上，则说明大家可以开始用餐；女主人把餐巾放在桌子上了，便是宴会结束的标志。

④餐巾性能要求。吸水性好，易清洗、易折叠，成型性好。

餐巾常用面料有纯棉织物、纯麻织物、棉麻织物、涤棉织物、涤黏织物、纯涤织物等。餐巾常见花色品种有素色餐巾、色织餐巾、提花餐巾、绣花餐巾、压花餐巾等。餐巾规格的大小在不同的地区不尽相同，一般45~50cm方型较为普遍。

（3）桌旗。桌旗是摆放在餐桌上的重要布艺装饰物品，常常被铺在餐桌的中线或是对角线上，能很快营造出氛围。餐桌上搭配桌旗对餐桌有装饰作用，在对整个餐厅乃至整体居室氛围的营造上起到画龙点睛的效果，还能作为桌垫使用，起到保护桌面的作用。桌旗的选用要与餐具、餐桌椅的色调乃至家居整体软装风格相协调。如图9-109所示。

图9-109 桌旗

（4）餐垫。一种铺于餐桌上用于垫放食器餐具、能保护和装饰餐桌的物品，具有防滑隔热、避免餐桌烫伤划破，保护餐桌布免受油渍和污渍侵染的作用。餐垫易更换、易打理，被广泛应用于酒店、餐馆、家庭等饮食场所。

根据材质不同，常见的餐垫有布艺餐垫、竹木餐垫、纸质餐垫、硅胶餐垫、藤草餐垫等。如图9-110所示。

图9-110　餐垫

（5）杯垫。一种置于杯子下面，起隔热、防滑和点缀作用的物品，可以单独使用，也常与餐垫配套使用。杯垫造型繁多，以圆形为主，方形也常见。根据材质不同，杯垫常见有布艺杯垫、钩编杯垫、纸质杯垫、竹木杯垫、硅胶杯垫等。

（6）餐巾环。餐巾环是餐巾使用时的配饰，虽小但能彰显餐桌的精致感，通常，材质、花样、造型能与其他装饰品呼应的被视为最佳选择，例如，与银器上的纹理呼应，与烛台造型呼应，与餐巾的颜色呼应等。如图9-111所示。

图9-111　不同风格精美餐巾环

3. 餐桌花艺

在选择餐桌花艺时，要根据餐厅风格来选择不同的花艺，同时也应该懂得各种花品代表的花语和花的体量大小，会使用各种形态的花器，甚至茶杯、酒杯等，更别出心裁。如图9-112所示。

图9-112 餐桌摆花

4. 其他餐桌饰品摆件

蜡烛是晚间用餐时的亮点，烛光拥有温暖的金色光芒，可以给灯光增添新的色彩，增强空间的温暖感，让人觉得浪漫、温馨。烛台的选择要根据所选餐具的花纹、材质来选择，一般同质同款的款式不会有大的纰漏。还可配饰精致的名牌、卡片等，或者糖罐等餐桌上存储调味料的小摆件，也可以精美别致。

（二）餐具的陈设

中西餐在餐桌的摆设上区别很大，一般中餐桌以圆台面为主，西餐桌一般为长方台，当然如今在多元化设计的推动下，不管是中餐还是西餐，都可以使用圆台或长方台，有时候甚至可以使用四人小方台，决定布置中餐还是西餐，有时候取决于餐厅的装饰风格及需要表达的文化内涵。

1. 西餐餐桌摆场

西餐大致分为便餐和宴会摆场两种，根据地域可区分为美式、英式和法式。人们比较习惯的摆法以法式为主。

（1）西餐便餐摆台（图9-113）。一般使用小方台和小圆台，餐具摆放比较简单，摆放顺序如下：

第一步，餐盘放在正中，离桌沿1.5cm，并对准椅位中线（圆台是顺时针方向按人数等距定位摆盘）；

第二步，口布折花放在餐盘内，也可以采用口布环；

第三步，餐叉放在餐盘的左边，叉尖向上，

图9-113 西餐便餐摆台

餐刀和汤匙放在餐盘右方，餐叉、餐刀和汤匙柄部均以离桌沿1.5cm为准；

第四步，水杯放在餐刀的上方，酒杯靠水杯右侧呈直线、三角形或者是弧形摆放。

（2）美式西餐摆台（图9-114）。美国人的饮食文化相对于传统西餐的烦琐礼仪简单许多，餐台上无需非常多的刀叉盘碟，仅放着最基本的刀叉匙就可以。只有在非常正式的宴会或家庭宴客时，才会有较多的规矩和程序。美式餐台摆设步骤如下：

第一步，在座位的正前方摆放餐盘，盘上折放餐巾花，盘离桌边约2cm；

第二步，在餐盘左侧，从左到右摆放沙拉叉和餐叉，叉齿向上，叉柄距桌边2cm；

第三步，在餐盘右侧，从左到右摆放餐刀、汤匙、咖啡匙，餐刀刀口向左，刀柄及匙柄距桌边均约2cm；

第四步，在餐叉前方摆放面包盘，盘上前侧摆放1把黄油刀，刀口朝内且刀身与桌边平行；

第五步，以餐刀的刀尖为基准摆放水杯或者酒杯，杯口向下倒扣摆放；

第六步，在餐盘的正前方放糖盅、胡椒瓶、盐瓶或者烟灰缸等。

（3）英式西餐摆台（图9-115）。英国人的餐饮文化崇尚简洁与礼仪并重，英式餐台摆设步骤如下：

第一步，在座位的正前方摆放餐盘，并离桌边2cm，盘上折放餐巾花；

第二步，在餐盘左侧从左到右依次摆放餐叉及钗，叉齿向上，叉柄距桌边2cm；

第三步，在餐盘右侧，从外到内依次摆放甜品匙、汤匙、鱼勿、肉刀，匙柄距桌边约2cm；

第四步，在餐叉左侧摆放面包盘，盘上右侧摆放1把黄油刀，刀刃向左，刀身与餐刀平行；

第五步，水杯及酒杯摆放在汤匙上方，杯口向上；

第六步，在餐桌的一侧摆放糖盅、胡椒瓶、盐瓶或者烟灰缸等。

图9-114　美式西餐摆台　　　　　　图9-115　英式西餐摆台

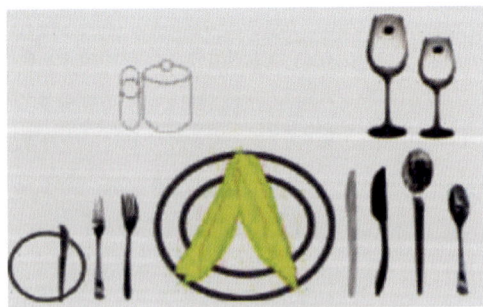

（4）法式宴会西餐摆台（图9-116）。法国的饮食文化历史悠久，早在路易十四时期，法国的饮食外交便世界闻名，同时，法国人思想浪漫、情感细腻，造就了法国西餐的精致和讲究。现代人们接触到的西餐摆设基本上是从法国西餐中演化而来的，法式西餐也就成了一种

标准，法式餐台摆设步骤如下：

第一步，在座位的正前方距离桌边2cm处摆放餐盘，餐盘上放置餐巾折花；

第二步，在餐盘的左侧从左至右依次摆放鱼叉和餐叉，叉齿向上，叉柄同样距桌边2cm；

第三步，在餐盘的右侧从左到右依次摆放牛排刀、鱼勺、清汤匙、生蚝叉，刀口向左，刀柄距离桌边2cm；

第四步，将面包盘放在鱼叉的左侧，盘上右侧摆放1把黄油刀，刀刃向右，并与餐刀平行；

第五步，在餐盘正前方摆放甜品匙及点心叉，匙在上方，匙柄向右，叉在下方，叉柄向左；

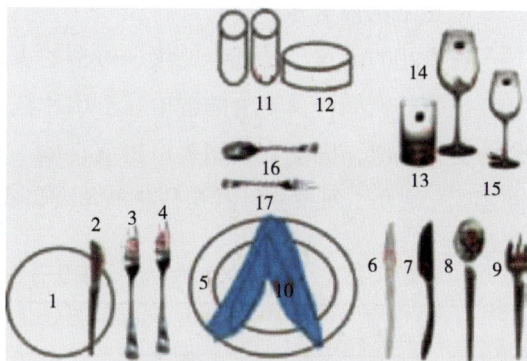

图9-116　法式宴会西餐摆台

1—面包盘　2—黄油刀　3—鱼叉　4—餐叉　5—餐盘
6—牛排刀　7—鱼刀　8—清汤匙　9—生蚝叉
10—餐巾　11—盐和胡椒粉瓶　12—烟灰缸　13—水杯
14—红酒杯　15—白酒杯　16—甜品匙　17—甜品叉

第六步，以餐刀刀尖为基准摆放红酒杯，红酒杯的右下方摆放白酒杯，左上方摆放水杯，水杯和白酒杯的距离要以怀影响取用红酒杯为准；

第七步，在甜点匙的前上方摆放烟灰缸、胡椒瓶、盐瓶。

2. 中餐餐具摆法（图9-117）

西餐与中餐摆设的共同点是：大盘只是底盘，就餐过程中不能移动和撤换，主要的作用是用来压住餐布的一角，用大盘来盛放东西被认为是不合餐桌礼仪的。一套中式餐具应该是有大盘、小盘和小碗组成，其中，小盘叠在大盘之上，用来盛放吃剩下的骨、壳、皮等，小碗用来盛汤。餐具的摆放如下：

（1）大盘正对椅子，离桌沿2cm。

（2）小盘叠在大盘之上，餐巾布折花放在小盘上。

（3）大盘前1cm处放小碗，小瓷汤勺放在碗内。

（4）小碗右侧依次放味碟、筷子架，筷子尾端与大盘齐平。

（5）大盘左前侧放置酒杯和水杯。

（三）餐巾花的折叠与摆放

餐巾的折花也称口布花，是把餐巾的实用性和艺术性融

图9-117　中餐餐具摆法

为一体的一项艺术创作。餐巾花分为盘花和杯花两大类。餐巾花的折叠与摆放在餐桌的摆设中起到画龙点睛的作用，在餐饮礼仪中，餐巾也作为一个标准配置存在。

1. 餐巾花的寓意

餐巾花的寓意，是基本礼仪、习俗的表现与要求。形状各异的餐巾花型，蕴含着不同的宴会主题。例如，喜宴上的餐巾花折出比翼齐飞、心心相印的花型，表示永结同心、百年好合的美好祝愿；国宴上，用餐巾折成喜鹊、和平鸽等花型表示欢快、和平、友好，给人以诚悦之感。表9-1列举常见的几种花鸟鱼类口布花的寓意。

表9-1 口布花的寓意

口布花	寓意
孔雀开屏	生活就像这五彩的屏一般幸福美满
马蹄莲	象征永恒、纯洁、纯净的友爱
松鼠	吉祥物象征
大鹏展翅	鹏鸟展翅，寓意"诞生""跃起"之意
多尾鱼	多子多孙兴旺的祥瑞
三尾鱼	象征合家团圆，寓意"年年有余"
老树新芽	象征生机无限
蝴蝶	幸福、爱情的象征
仙人掌	象征坚韧不拔
荷花	象征出淤泥而不染，不与世俗同流合污，洁身自好，不随俗浮沉，正直、不炫耀的如君子一样的高贵品质
牵牛花	寓意祖国欣欣向荣
芭蕉花	寓意诚信
扇面花	代表活力、激情
独叶花	指店里有特色的菜谱
圣诞火鸡	圣诞节正是感恩耶稣降临的日子，象征丰收团圆的感恩大餐

2. 餐巾花的折叠

餐巾花按折叠的造型分，常见的有花类、鸟类、鱼类等几种。不同场合的餐巾花折叠方法也有区别，折叠与摆放基本要求如下。

（1）折叠餐巾花要求把每块餐巾洗净、熨干，最好浆一下，这样折出来的口布花洁净挺拔。

（2）折叠餐巾花要注意卫生。折叠时先把手洗净，在干净卫生的托盘或服务桌上操作，操作时不允许用嘴叼、口咬，放花入杯时，要注意卫生，手指不能接触杯口。

（3）折叠餐巾花要事先设计好形状，尽量一次成形，切忌反复折叠，捏褶时要均匀，力求造型新颖，有真实感。

（4）餐巾花在摆放时要整齐，错落有致，动物形象的头，一般要求面向用餐者的右方。

(四)餐桌风格布置

1. 中式风格餐桌布置

中式风格追求的是清雅含蓄与端庄，在餐具的选择上要大气内敛，不能过于浮夸。例如，在餐扣或餐垫上设计一些带有中式韵味的吉祥纹样，以体现中国传统美学精神；用质感厚重粗糙的餐具，古朴而自然，清新而稳重。此外。中式餐桌上常用带流苏的玉佩作为餐盘布置的元素。

2. 港式风格餐桌布置

港式风格的餐桌布置最大的特点是餐具的选择。港式家居中的材料和造型大多精良，因此餐桌上常选择精致的陶瓷餐具搭配桌布，点缀色常用深紫、深红等纯度低的颜色。

3. 美式风格餐桌布置

美式风格的特点是自由舒适，没有过多的矫揉造作，讲究氛围的休闲和随意。因此，餐桌可以布置得内容丰富，种类繁多。烛台、风油灯、小绿植还有散落的小松果都可以作为点缀。餐具的选择上也没有严格要求一定是成套的，可以随意搭配，给人感觉温馨而又放松。

4. 法式风格餐桌布置

典雅与浪漫是法式风格的特点，餐具在选择上以颜色清新、淡雅为佳。印花要精细考究，最好搭配同色系的餐巾，颜色不宜出挑繁杂。银质装饰物可以作为餐桌上的搭配，如花器、烛台和餐巾扣等，但体积不能过大，宜小巧精致。

5. 北欧风格餐桌布置

北欧风格以简洁而著称，偏爱天然材料，原木色的餐桌、木质餐具的选择能够恰到好处地体现这一特点，使空间显得温暖与质朴。不需要过多华丽的装饰元素，几何图案的桌旗是北欧风格的不二选择。除了木材，还可以点缀线条简洁、色彩柔和的玻璃器皿，以保留材料的原始质感为佳。

6. 东南亚风格餐桌布置

东南亚风格因其自然之美和浓郁的民族特色而著称，常采用藤编和木雕家居饰品，体现原始、自然和淳朴，餐桌布置也秉承这一原则。此外，在餐桌上可以适当添加一些色彩艳丽的装饰物形成反差，有愉悦心情、增加食欲的作用。

7. 工业风格餐桌布置

工业风格的餐桌布置通常没有桌巾或桌布，保持干净整洁即可。餐桌中心往往会有一个醒目的中心饰物，例如，装着几个干燥南瓜的木盒、小木箱中的绿色植物、几枝硕大的玻璃烛杯，或者是铁艺的分层果盘和采用镀锌铁皮制作的果盘托架等。工业风格的餐具以素雅的白色陶瓷为主，表面通常没有彩绘。

8. 现代风格餐桌布置

现代风格以简洁、实用、大气为主，对装饰材料和色彩的质感要求较高。餐桌上的装饰物可选用金属材质，且线条要简约流畅。现代风格餐具的材质有玻璃、陶瓷和不锈钢，造型简洁，基本以单色为主。一般餐桌上餐具的色彩不会超过三种，常见黑白组合或者黑白红组合。有时会将餐具色彩与厨房或者冰箱色彩一起考虑。

9. 节假日餐桌布置

节日往往有特定的习俗和装饰要素，例如，圣诞节有红绿色彩搭配、松果图案等经典元素；春节有传统的大红色、剪纸、灯笼等元素；情人节的粉色和心形图案以及儿童节的卡通玩偶造型等。将这些应景的装饰元素有选择地应用于餐桌布置，节日气氛立刻被烘托出来。

模块四　软装花艺认知与应用

花艺，花卉艺术的简称。室内花艺是将花草、室内观赏树木等植物经过构思，结合各类花器设计创作出的艺术装饰品。在家居装饰中，花艺设计是一门综合性艺术，其造型、质感、色彩、自然生命力对室内的整体环境起着重要作用。

一、家居花艺绿植的功能

室内绿植花艺的功能不仅能美化空间，还具有文化功能和社会功能。如图9-118所示。

图9-118　盆景、插花和绿植的装饰功能

（一）柔化空间、增添生气

树木绿植的自然生机和花卉千娇百媚的姿态，能给居室带来勃勃生机，使室内空间变得

更加温馨自然，它们不但能柔化金属、玻璃、木材和水泥砖石构成的室内空间，还可通过装点、延伸，将家具和室内陈设有机地联系起来。

（二）组织空间、引导空间

采用绿植陈设空间，可以分隔、沟通、规划、填充空间界面；若用花艺分隔空间，可使各个空间在独立中见统一，达到似隔非隔，相互融合的效果。

（三）抒发情感、营造氛围

室内绿化和花艺陈设可以反映主人的个性和品位，例如，室内花艺装饰主题为松，能表现主人坚强不屈、不畏风雪严寒的品质；以竹为主题，则表现主人谦虚谨慎、高风亮节的品格；以梅花为主题，则可表现主人不畏严寒、纯洁高尚的品格；以兰为主题，则能表现主人格调高雅、超凡脱俗的性格，等等。

（四）美化环境、陶冶性情

植物经过光合作用可以吸收二氧化碳，释放出氧气；在室内合理摆设，能营造出置身于大自然中的感觉，可以起到放松精神、缓解生活压力、调节家庭氛围、维系心理健康的作用。

二、常见家居观赏绿植

常见的家居花艺绿植通常有观叶类、观花类、观果类、观根茎类、观姿类、芳香类六大类。如图9-119~图9-124所示。

图9-119 观叶类：常青藤	图9-120 观花类：杜鹃花	图9-121 观果类：石榴花

图9-122 观根茎类：榕树	图9-123 观姿类：文竹	图9-124 芳香类：栀子花

三、常见花材

花材按形态结构通常有线形花材、团块形花材、异形花材、散（点）形花材四大类。

（一）线形花材

常见的线形花材有银芽柳、竹、迎春花、唐菖蒲等。

银芽柳花语为希望、光明。竹是"岁寒三友"和"梅兰竹菊"四君子中的一员，品种繁多，经常出现在中式风格的室内家居环境中。迎春花蕴含着冬去春来。

石斛兰的花语有很多，如慈爱、吉祥、幸福、祝福、纯洁、勇敢、欢迎等，此外，还有"秉性刚强，慈祥可亲"的花语，可以用来形容父亲。如图9-125所示。

| 银芽柳 | 迎春花 | 石斛兰 |

图9-125　几种线形花材

唐菖蒲，品种较多，是节日喜庆不可缺少的插花衬料，其花朵由下往上渐次开放，象征节节高升，如图9-126所示。唐菖蒲花语寓意：怀念之情，也表示爱恋、用心、长寿、康宁、福禄，富贵、节节高升、坚固。

| 忧郁唐菖蒲 | 绯红唐菖蒲 | 鹦鹉唐菖蒲 |

图9-126　唐菖蒲

（二）团块形花材

团块形花材指外形呈整齐的团形、块形或近似圆形的花材，如向日葵、牡丹、玫瑰、康乃馨、紫罗兰、百合等。

向日葵又名太阳花、葵花，寓意倾心、崇拜、忠诚、辉煌。牡丹花朵硕大，婀娜多姿，中国人喜欢在朝岁时插花牡丹，放在厅堂、书斋之中，以表达追求想往美好富裕生活的愿望。玫瑰花象征爱情、爱与美、容光焕发和勇敢。如图9-127所示。

向日葵　　　　　　牡丹　　　　　　玫瑰

图9-127　团块形花材

康乃馨寓意母爱，是母亲节常用花，表示温馨、慈爱、祝福等。紫罗兰花语：相信我；永恒的美与爱；质朴，美德；盛夏的清凉。百合花是受人喜爱的世界名花，因其鳞茎由许多白色鳞片层环抱而成，状如莲花，因而取"百年好合"之意命名，具有婚姻美满、家庭幸福、伟大的爱之含意，还有庄重、尊敬、百事合意等寓意。如图9-128所示。

康乃馨　　　　　　紫罗兰　　　　　　百合花

图9-128　团块形花材插花

其他团块形花材还有非洲菊、荷花、睡莲、郁金香（寓意博爱、体贴、高雅、富贵、能干、聪颖、善良）等。如图9-129所示。

非洲菊　　　　　荷花　　　　　睡莲　　　　　郁金香

图9-129　团块形花材花艺插花

（三）异形花材

异形花材有帝王花、针垫花、天堂鸟、红掌等。如图9-130所示。

| 帝王花 | 针垫花 | 天堂鸟 | 红掌 |

图9-130　异形花材插花

（四）散点形花材

散点形花也称散状花，分枝较多且花朵较为细小，一枝或一枝的茎上有许多小花。具有填补造型空间、连接花与花的作用。例如，小菊、小丁香、满天星、小苍兰、白孔雀、勿忘我等。如图9-131所示。

| 小丁香 | 满天星 | 小苍兰 | 勿忘我 |

图9-131　散点形花材插花

四、常见花器

花器是指扦插花卉植物的容器或者支撑花卉的基础的总称。花器起源很早，经过几千年的演变，逐渐形成了材质多样、样式多变的各种器皿。花器不同，衬托出花卉植物的形态各有差异。若能适当选择，巧妙搭配，就能把花和器皿完美结合，将花卉的最美状态展现出来，呈现出不同的风景和情趣，达到理想的装饰效果。

花器主要是承受花枝、供给水分、衬托花卉，也为表现作品主题与造型服务，是构思和构图的重要组成部分。常见花器有以下类别。

（一）按材质分

花器按材质分，常见的有陶瓷花器、玻璃花器、金属花器、木藤草编花器等，如图9-132所示。

| 陶瓷花器 | 玻璃花器 | 金属花器 | 草编花器 |

图9-132 不同材质的花器

(二)按形体分

花器按形体分,常见的有瓶、盆、篮、钵、缸、筒等中国传统的代表性花器。如图9-133~图9-137所示。

图9-133 瓶类花器

图9-134 盆类花器

图9-135 钵、缸类花器

图9-136 篮类花器

图9-137 筒类花器

五、软装花艺选配要点

软装花艺的选配包括花器的选择和绿植花材的选配，总的原则是花器应与所装饰的花材绿植相配合，成为一个装饰整体，根据主人的需要和居室空间的装饰风格，起到理想的装饰效果。

（一）花器的选择要点

1. 符合应用目的和主题的需要

根据作品的应用目的和主题思想，选择适宜的花器。例如，为祝寿，则选用花篮比较适宜。

2. 色彩和款式与花材及空间环境相协调

花器的形状、色彩、质地、体量、款式等要与花材、造型及空间环境相协调。例如，中国传统式的建筑中宜选用中国古典的瓶、盆、篮、缸、钵、筒等花器，花器色彩要与主花的色彩和空间环境色调相协调。

3. 口径大小适宜

例如，选用瓶类花器时，瓶口不宜太小，否则花材插入会堵塞瓶口，影响空气流通，导致瓶水腐败，引起花材提早凋萎，缩短花艺作品的观赏期。

4. 重心平稳，便于陈设

花器应重心平稳，注水后插入花材、完成造型，仍能保持稳定，不会倾倒，便于布置和陈设。若使用高身细底的花器，要特别注意花器的稳定问题，不可采用过分倾斜的插花造型。

（二）花材绿植选配要点

（1）根据家居空间环境及花器选择花材绿植。力求花材绿植的姿态、形状及色彩与空间环境、花器及作品的主题协调。

（2）根据季节选择花材绿植。随着季节的变化，选用观赏效果最佳的花材绿植进行配饰造型，这是花艺装饰成功的关键之一。

（3）根据花卉绿植的发育状态选择。应选择发育状态最适宜的花材绿植，一般插花不宜采用花朵过分盛开的花枝。

（4）根据花材绿植的自然形态来选择。各种绿植和花材均具有各自的形态特征，表现出不同的风格。要以势相论，注重形态。

（5）根据花材绿植的种类和质量选择。选择的绿植要生长良好，长势有力。花材需结合插花的目的和用途选择，选用花材一定要新鲜。

六、家居环境中的花艺绿植设计

（一）家居花艺设计原则

每个家居空间的花艺均有一定的设计原则。

（1）从空间"局部—整体—局部"角度出发，对室内家居进行空间结构规划；

（2）针对家居的整体风格及色系，进行花艺的色彩陈列与搭配；

（3）运用花艺设计技巧，将家居花艺的细节贯穿于室内设计，保持整体家居风格统一协调；

（4）要进行主题创意，使花艺与陶瓷、布艺、地毯、壁画、家具有连贯性，在美化家居环境的同时，提升室内设计感。

（二）花艺与家居风格搭配

针对不同的家居风格，家居花艺应采用不同的色彩设计、花材选择、器皿搭配和空间陈列与之相搭配。

1. 中式风格

家居花艺注重意趣，选材简洁，崇尚自然，借景抒情。配色清新淡雅，通常是线条式插法，多用木本花材，符合自然生长规律，融书、画于花艺中，并吸取传统装饰的"形"与"神"，以传统文化为设计元素，体现中国数千年的传统艺术，营造出淡雅的文化氛围。

2. 地中海风格

地中海风格的家居环境非常重视绿化，藤蔓类植物是常选，小巧可爱的绿色盆栽也常使用。多取材于大自然，并且大胆而自由地运用色彩样式，向日葵、小石子、瓷砖、贝类、玻璃珠等素材都可加入花艺设计，表达地中海风格的纯美和浪漫情怀。

3. 东南亚风格

东南亚风格花艺设计充分体现人性化和个性化，以崇尚自然和休闲为主要诉求。艳丽的色彩、抽象的图案、常绿的热带植物，充满异国情调的花材绿植应用较多。

4. 欧式风格

注重花材外形，追求块面和组群的艺术魅力，作品简洁大方，构图多为对称式、齐头式，色彩艳丽浓厚，花材种类多、用量大，表现出热情奔放的风格；也可保留巴洛克的古典风格，采用大气、高雅的色系花草搭配晶莹剔透的漂亮花器。

5. 田园风格

田园风格的色彩基调一般以自然色系为主，绿色、土褐色较为常见，体现自然、怀旧，并散发出质朴气息。花艺和植物往往是客厅的点睛之笔，放置绿萝、散尾葵等常绿植物，就能显现出自然舒适的意象，而小空间则常用野花盆栽，小麦草、仙人掌等植物。田园风格表现为质朴的内饰和一种轻松的非正式的居室氛围，是一种很生活化的乡野风格，这种风格较多采用小碎花及绚烂的花艺来营造低调奢华的氛围。

6. 新古典风格

新古典风格非常注重历史感和文化纵深感，怀旧的浪漫情怀与现代人追求个性化的美学观点及文化品位相融合。白色的蝴蝶兰、百合、金丝菊等是新古典风格居室中常见的花艺主色调。

7. 现代简约风格

现代简约风格家居大多选择线条简洁、装饰柔美、节奏感雅致或苍劲的花艺。线条简单呈几何图形的花器是花艺设计造型的首选。色彩以单一色系为主，可高明度、高彩度，但不能太夸张，银、白、灰都是好的色彩选择。

（三）花艺色彩搭配

花艺的颜色搭配非常重要。通常，有同色系搭配、类似色（邻近色）搭配、对比色搭配、三角色搭配、缤纷色彩的搭配等。花艺色彩搭配方式如图9-138所示。

（四）家居花艺布置陈设

室内设计讲究"开门三见"，即见喜、见绿、见画。其中的"见绿"就是指进门最好能看到花艺绿植。

家居花艺的陈列、创意与设计，主要包含客厅、卧室、餐桌、书房、厨卫以及阳台等空间的花艺。设计师进行家居花艺陈列设计时，需要遵循在不同的空间中进行合理、科学的陈列与搭配，目的是营造温馨幸福的生活氛围。

1. 玄关

根据室内的装饰风格来选择玄关或者门厅处的花艺种类，在选择上一定要注意花种的主次。

2. 客厅

作为会客、家庭团聚的场所，客厅适宜陈列色彩大方的花艺，摆放位置应该在视觉较明显的区域，表现主人的持重与好客，使客人有宾至如归的感觉，这是家庭和睦温馨的一种象征；如果是夏季，也可以陈列清雅的花艺，给人增添凉爽感。

同色系搭配

类似色搭配

对比色搭配

三角色搭配

缤纷色彩的搭配

图9-138　花艺色彩的搭配

3. 厨房

原则是"无花不行，花太多更不行"。厨房一般面积较小，应选择生命力顽强、体积小，并且可以净化空气的植物，如吊兰、绿萝、仙人球、芦荟等。摆设宜简不宜繁，注意厨房不宜布置花粉太多的花，以免开花时花粉散入食物中。

4. 餐厅

以黄色配橘色、红色配白色等有助于促进食欲的花色为宜。以鲜花为主的插花，可使人进餐时心情愉快，增加食欲。选择餐桌花卉时，需注意桌、椅的大小、颜色、质感及桌巾、口布、餐具等的整体搭配，要注意色彩的呼应，花型大小以不妨碍对座视线的交流为原则。餐桌上可以摆放颜色明快的花材，通常一种花材最佳，花量也不宜过多，以免喧宾夺主，影响食欲。

5. 卧室

最好以单一颜色为主，花朵杂乱不能给人"静"的感觉，具体需视居住者情况而定。例如，中老年人的卧室，以色彩淡雅为主，赏心悦目的花艺可使中老年人心情愉快；新婚夫妇的卧室，不适合色彩艳丽的花艺，淡色的一簇花可象征心无杂念，纯洁永恒的爱情。

6. 书房

花艺点到为止最好，不可到处乱用。花艺不必拘泥于条条框框，不一定只是桌上、台上才能布置花艺，运用得当，墙面、天花板、屋角等都可陈设。但不可过于热闹，否则会分散注意力，打扰读书学习的宁静。

7. 卫生间

卫生间湿度高，适合放置真花真草的盆栽，湿气能滋润植物，使之生长茂盛，增添生气。

参考文献

［1］姚穆.纺织材料学［M］.3版.北京：中国纺织出版社，2009.

［2］于卫东.纺织材料学［M］.北京：中国纺织出版社，2009.

［3］谢光银.装饰织物设计与生产［M］.北京：化学工业出版社，2005.

［4］李加林，张小和，张惟恢，等.室内装饰织物［M］.北京：中国纺织出版社，1998.

［5］龚建培.现代家用纺织品的设计与开发［M］.北京：中国纺织出版社，2004.

［6］杜群.家用纺织品织物设计与应用［M］.北京：中国纺织出版社，2009.

［7］李亚滨，等.简明纺织材料学［M］.北京：中国纺织出版社，2004.

［8］周璐瑛，王越平.现代服装材料学［M］.2版.北京：中国纺织出版社，2011.

［9］朱焕良，许先智.服装材料［M］.北京：中国纺织出版社，2002.

［10］朱远胜.服装材料应用［M］.2版.上海：东华大学出版社，2011.

［11］安晓冬.服装材料塑造与应用［M］.北京：中国劳动社会保障出版社，2009.

［12］丁绍兰.革制品材料学［M］.北京：中国轻工业出版社，2009.

［13］严建中.软装设计教程［M］.南京：江苏人民出版社，2013.

［14］李江军，等，软装设计元素搭配手册［M］.北京：化学工业出版社，2017.

［15］蔡少祥.室内装饰材料［M］.北京：化学工业出版社，2016.

［16］孙晓红，等.室内设计与装饰材料应用［M］.北京：机械工业出版社，2016.

［17］理想·宅.室内材料应用［M］.北京：化学工业出版社，2018.

［18］丁立伟，陈金瑾，李晨光.室内陈设艺术设计［M］.北京：中国电力出版社，2017.

［19］陆红旗.中国古毯［M］，北京：知识出版社，2003.

［20］陈运能，等，美的历程：从机织专业到工艺美术——刍议陈之佛先生对美的探求［J］.浙江纺织服装职业技术学院学报，2017（016）002，75-77，96.